Ivar Veit

Technische Akustik

Kamprath-Reihe

Dr.-Ing. Ivar Veit

Technische Akustik

Grundlagen der physikalischen, physiologischen und Elektroakustik

5., durchgesehene Auflage

Vogel Buchverlag

Ivar Veit

Geboren 1936 in Liepāja/Lettland. Abitur 1954. Bis 1960 Studium der Elektrotechnik in Ilmenau (Thür.). 1971 Promotion (Dr.-Ing.) an der Technischen Hochschule Aachen.
Industrietätigkeit als Entwicklungsingenieur und Laborleiter in Dresden, Frankfurt/Oder und Erlangen (Siemens AG, UB Med). Arbeitsgebiete: Elektronenoptik, Halbleitermeßtechnik und Elektroakustik. – Wissenschaftlicher Mitarbeiter des Battelle-Instituts e. V., Frankfurt am Main. Forschungsarbeiten auf dem Gebiet der Akustik. – Leiter der Akademie für Hörgeräte-Akustik, Lübeck. – Forschungstätigkeit im Bereich der Bauakustik im Fraunhofer-Institut für Bauphysik, Stuttgart. – Seit 1984 Leiter der Entwicklungsabteilung Elektrostatische Wandler im Hause Sennheiser electronic KG, Wedemark.
Nebenberufliche Lehrtätigkeiten an der Fachhochschule Nürnberg (Elektronik; Übertragungstechnik), an der Universität Kiel (Hydroakustik) und an der Technischen Akademie Esslingen (Technische Akustik; Beschallungstechnik). – Fachschriftstellerisch tätig seit 1959.

Die Deutsche Bibliothek – CIP-Einheitsaufnahme
Veit, Ivar:
Technische Akustik: Grundlagen der physikalischen, physiologischen und Elektroakustik / Ivar Veit. – 5., durchges. Aufl. – Würzburg: Vogel, 1996
(Kamprath-Reihe)
ISBN 3-8023-1707-6

ISBN 3-8023-1707-6
5., durchgesehene Auflage 1996
Alle Rechte, auch der Übersetzung, vorbehalten. Kein Teil des Werkes darf in irgendeiner Form (Druck, Fotokopie, Mikrofilm oder einem anderen Verfahren) ohne schriftliche Genehmigung des Verlages reproduziert oder unter Verwendung elektronischer Systeme verarbeitet, vervielfältigt oder verbreitet werden. Hiervon sind die in §§ 53, 54 UrhG ausdrücklich genannten Ausnahmefälle nicht berührt.
Printed in Germany
Copyright 1974 by Vogel Verlag & Druck GmbH & Co. KG,
Herstellung: Wilhelm Röck, Weinsberg

Vorwort

Die Technische Akustik hat sich aus einem ursprünglichen Teilgebiet der Physik heraus im Laufe des letzten halben Jahrhunderts zu einer selbständigen wissenschaftlichen Disziplin entwickelt. Sie wird in diesem Buch in Form eines übersichtlichen Grundlagen-Skeletts dargeboten.
Schon in der ersten Auflage wurden neben den Grundlagen eine Reihe aktueller Themen abgehandelt, z.B.: das Smith-Diagramm, moderne Miniatur-Schallwandler, die Audiometrie, das Fachgebiet Hörgeräte und die akustische Meßtechnik.
Um das Buch auch über die 1. Auflage hinaus auf den neuesten Stand zu halten, wurde es in der 2. Auflage mit einem Kapitel über die Korrelations-Meßtechnik und einem weiteren Kapitel über den persönlichen Schallschutz erweitert.
Als Leser sind vor allen Dingen jene Personen angesprochen, die sich in ihrer praktischen Tätigkeit mit technischer Akustik befassen müssen und vorher keine Möglichkeit hatten, das notwendige Fachwissen auf einer berufsbildenden Schule zu erarbeiten. Daneben wendet sich das Buch an Studenten, Laboranten, Ingenieure und Hörgeräteakustiker. Die Resonanzen auf die erste Auflage des Buches zeigen, daß es auch gerne von Diplom-Ingenieuren und Diplom-Physikern aus Entwicklungs- und Forschungslaboratorien benutzt wird.
Aufgrund der bewährten Darstellungsweise, die in der Kamprath-Reihe üblich ist, wurde das Buch auch zu einem nützlichen Nachschlagewerk.
Alle Einheiten entsprechen dem internationalen Einheitensystem (SI).

Frankfurt

Ivar Veit

Vorwort zur vierten Auflage

Seit dem Abschluß des Manuskripts für die erste Auflage der „Technischen Akustik“ sind rund anderthalb Jahrzehnte vergangen. Während dieser Zeit hat sich auch in der Akustik der Wissensstand weiterentwickelt. Die hier vorliegende vierte Auflage dieses Buches bot, wie schon bei den früheren Neuauflagen, eine willkommene Gelegenheit, um – wenigstens stellenweise – den Inhalt zu aktualisieren sowie auf neue Entwicklungen hinzuweisen. Aktualisiert wurden die Ausführungen über den momentan erreichten Stand auf dem Gebiet der Elektret-Kleinstmikrofone. Völlig neu dagegen sind die Möglichkeiten, die die Entdeckung der Piezoelektrizität in entsprechend vorbehandeltem Polyvinylidenefluorid (PVDF) für den Aufbau von Schallwandlern eröffnen, und zwar sowohl für den Hörschall- als auch für den Ultraschallbereich. Ein Hinweis auf dieses neuartige und außerordentlich interessante Material wurde in den Text zum Abschnitt 7.4. nahtlos eingefügt.

Wedemark

Ivar Veit

Inhaltsverzeichnis

Verwendete Formelzeichen

Größe	Formelzeichen
Beschleunigung, Fourierkoeffizient	a
Fläche, Magnetische Leitfähigkeit	A
Fourierkoeffizient	b
Magnetische Induktion, Übertragungsfaktor	B
Geschwindigkeit, Wärmekapazität	c
Kapazität Co-Spektrum	C
Dicke, Durchmesser, Kenn-Verlustfaktor	d
Durchmesser, Richtungsmaß	D
Beleuchtungsstärke, Elastizitätsmodul, Elektrische Feldstärke, Schalldichte	E
Frequenz	f
Frequenzpegel, Kraft	F
Fallbeschleunigung	g
Elektrischer Leitwert, Schubmodul, Übertragungsmaß	G
Belichtung, Magnetische Feldstärke	H
Elektrische Stromstärke	i
Elektrische Stromstärke, Lichtstärke, Reziprozitätsparameter	I

Größe	Formelzeichen
Schallintensität	J
Wellenzahl Korrelationsfunktion	k
Mechanoakustische Umwandlungsfunktion, Kompressionsmodul Spektrale Leistungsdichte	K
Länge	l
Induktivität, Pegel, Schallpegel	L
Anpassungsfaktor, Frequenzmaß, Mechanische Masse, Ordnungszahl	m
Drehmoment, Elektroakustischer Umwandlungsfaktor	M
Akustische Masse	$\mathfrak{M}$
Akustischer Brechungsindex, Mechanische Nachgiebigkeit, Ordnungszahl, Stehwellenverhältnis, Windungszahl	n
Lautheit Probenzahl	N
Akustische Nachgiebigkeit	$\mathfrak{N}$
Druck, Schalldruck	p
Leistung	P
Elektrische Ladung, Schallfluß	q
Elektrische Ladung Quad-Spektrum	Q

Größen	Formelzeichen
Aussteuerungsfaktor, Kreisradius, Mechanischer Reibungswiderstand, Schallreflexionsfaktor	
Elektrischer Widerstand, Kreisradius, Schalldämm-Maß	R
Beiwert, Elektrodenabstand, Länge, Spaltbreite Signalfunktion	s
Fläche, Schwärzung	S
Zeit	t
Nachhallzeit, Periodendauer, Schwingungsdauer, Temperatur Integrationszeit, Beobachtungszeit	T
Elektrische Spannung	u, U
Geschwindigkeit, Schallschnelle	v
Verstimmung	v
Verstärkungsfaktor, Volumen	V
Mechanische Impedanz	w
Arbeit, Energie	W
Abszissenbezeichnung im rechtwinkligen Koordinatensystem, Schwingungsausschlag	x
Vereinbartes Symbol für lineare Größen	y
Admittanz, Vereinbartes Symbol für quadratische Größen	Y
Flächenverhältnis	z
Impedanz	Z, $\mathfrak{Z}$

Größe	Formelzeichen
Dämpfungskonstante, Schallabsorptionsgrad, Winkel	α
Phasenkonstante, Winkel	β
Fortpflanzungskonstante	γ
Richtungsfaktor	Γ
Abklingkonstante, Piezomodul, Schalldissipationsgrad	δ
Dielektrizitätskonstante	ε
Polarwinkel, Winkel, Temperatur	ϑ
Adiabatenexponent	$\varkappa$
Wellenlänge	λ
Logarithmisches Dekrement	Λ
Permeabilität, Poissonsche Querzahl	μ
Ordnungszahl	ν
Auslenkung, Ausschlag	ξ
Schallstrahlungsdruck	Π
Dichte, Kreisgüte, Resonanzschärfe, Schallreflexionsgrad	ϱ
Mechanische Spannung	σ
Einschwingzeit, Schalltransmissionsgrad Verzögerungszeit, Zeitverschiebungsparameter	τ
Azimutwinkel, Phasenwinkel	φ
Magnetischer Fluß, Schnellepotential	Φ
Kreisfrequenz, Winkelgeschwindigkeit	ω
Normierte Verstimmung	Ω

Allgemeines

Physikalisch gesehen kann man die **Akustik** als die Lehre von den **mechanischen Schwingungen** in **festen, flüssigen** und **gasförmigen Medien** definieren. Extrem niederfrequente Schwingungen bezeichnet man als Erschütterungen oder Beben (**Infraschall**), mittelfrequente als Schall und hochfrequente als **Ultraschall.**

Der Frequenzbereich des menschlichen Hörens liegt zwischen etwa 16 Hz und 16 kHz. Im Gegensatz zum Auge, das nur einen Frequenzumfang von knapp einer Oktave wahrzunehmen vermag, hört unser Ohr 10 Oktaven.

Bereits in der Antike war die Entstehung des Schalls als Folge von Schwingungen eines Körpers bekannt. — Der Name **Akustik** tauchte erstmals im Jahre 1693 auf. Die ersten brauchbaren Angaben über die Schallgeschwindigkeit stammen von **I. Newton** (1643–1727) und **P.S. Laplace** (1749–1827). Mit der systematischen Erforschung der Akustik beschäftigten sich in der Folgezeit hauptsächlich **E. Chladni** (1756–1827), **G. S. Ohm** (1748–1854), **H. L. F. v. Helmholtz** (1821–1894) und **Lord Rayleigh** (1842–1919). – Das Jahr 1861, in dem dem Lehrer **Philipp Reiss** als erstem die Übertragung der menschlichen Stimme auf elektrischem Wege gelang, darf als Geburtsjahr der **Elektroakustik** angesehen werden. – Das Aufkommen der Elektronenröhre und ihre Anwendung in Verstärkern, insbesondere in Verbindung mit der einsetzenden Rundfunktechnik, gab der Entwicklung der Akustik einen enormen Aufschwung. Sie bekam sowohl neue Aufgaben als auch neue Möglichkeiten zu deren Lösung: Man konnte jetzt kleine Schallintensitäten trägheitslos verstärken, hochwertige Schallaufzeichnungen vornehmen, Schall auf große Entfernungen übertragen usw. Es begann die Entwicklung eines neuen und eigenständigen Fachgebietes, nämlich der **Technischen Akustik.**

1. Physikalische Grundbegriffe

1.1. Größen

Physikalische Größen sind gekennzeichnet durch ihre eindeutige Meßbarkeit, gleichgültig ob es sich um physikalische Eigenschaften von Objekten oder um physikalische Vorgänge oder Zustände handelt; sie sind meßbare Eigenschaften, die man formal als **Produkt** aus **Zahlenwert** und **Einheit** ausdrücken kann, z.B. *Länge*, *Masse*, *Zeit*, *Geschwindigkeit*, *elektrische Stromstärke*, *Energie*, *Temperatur*, usw.

Größe = Zahlenwert · Einheit

Der Zahlenwert richtet sich nach der gewählten Einheit, in der die Größe gemessen wird. Die Größe selbst ist unabhängig von der Einheit. So bekommt man z. B. für die gleiche Geschwindigkeit unterschiedliche Zahlenwerte, wenn man verschiedene Einheiten wählt:

$$v = 50 \frac{\text{km}}{\text{h}} = 13{,}9 \frac{\text{m}}{\text{s}}$$

Bei schriftlichen Größenangaben, z.B. in gedruckten Texten, sollten Zahlenwerte daher stets in Verbindung mit dem **Einheitenzeichen** verwendet werden. Das Fortlassen des Einheitenzeichens ist nur in Tafeln, bzw. Diagrammen vertretbar, wo die Einheit bereits im Kopf der Tafel bzw. an der Koordinatenachse aufgeführt ist.

Im Schrifttum erkennt man Größen im allgemeinen daran, daß ihre Formelzeichen *kursiv* gedruckt erscheinen.

Die Einfachheit und Übersichtlichkeit mit der ein pysikalisches Gebiet oder Teilgebiet dargestellt werden kann, hängt entscheidend von der Zweckmäßigkeit der Auswahl und Festlegung der **Grundgrößen** ab. Die derzeit für Physik und Technik verbindlich festgelegten Grundgrößen sind so gewählt worden, daß man mit ihnen unter Zuhilfenahme der Naturgesetze möglichst einfache **abgeleitete Größen** bekommt. – Grundgrößen lassen sich nicht auf noch einfachere Größen zurückführen.

Größen, von denen Summen oder Differenzen physikalisch sinnvoll gebildet werden können, bezeichnet man als **Größen gleicher Art** oder als gleichartige Größen.

1.2. Einheiten

Unter einer **Einheit** versteht man eine aus der Menge der gleichartigen Größen ausgewählte und festgelegte Größe. Sie stellt eine Größe von ganz bestimmtem Wert dar, z. B. 1 m, 1 s, 1 A. Daneben gibt es auch noch **Zähleinheiten**, z. B. Stück, Windungszahl, usw. – Man unterscheidet zwischen **Grundeinheiten** und **abgeleiteten Einheiten.**

Grund- oder **Basiseinheiten** sind ausgewählte und vereinbarte Einheiten, mit denen man ein zweckmäßiges Einheitensystem aufbauen kann. Sie dienen zur Definition weiterer Einheiten.

Abgeleitete Einheiten können sich aus mehreren Grundeinheiten zusammensetzen oder über einen Zahlenfaktor mit den Grundeinheiten in Beziehung stehen. Ist der Zahlenfaktor 1, so nennt man die abgeleitete Einheit **kohärent**; unterscheidet sich der Zahlenfaktor von 1, so nennt man die abgeleitete Einheit **inkohärent.** Zu den inkohärenten Einheiten zählen auch dezimale Vielfache von Grundeinheiten. Inkohärent sind z. B. die Einheiten *Pond* (p), *Stunde* (h), aber auch *Kilometer* (km), usw. – Abgeleitete Einheiten besitzen entweder selbständige Namen, z. B. *Newton* (N), oder ihr Name wird aus denjenigen Einheiten gebildet, aus denen sie sich zusammensetzen, z.B. *Kilowattstunde* (kWh). – Einheiten haben Kurzzeichen.

1.3. Internationales Einheitensystem

Es gibt eine Reihe von verschiedenen Einheitensystemen, z. B. das cgs-System, das Technische Maßsystem, das MKS-System, usw. – Gesetzlich festgelegt und damit für die praktische Anwendung künftig verbindlich ist das **Internationale Einheitensystem** oder kurz das **SI-Einheitensystem** (Système International d'Unités). In diesem System wird für jede festgelegte Grundgröße eine Grundeinheit so definiert, daß ein **kohärentes Einheitensystem** entsteht. Es gewährleistet eine strenge Definition aller Einheiten, wobei gleichzeitig bei richtiger Anwendung Zweideutigkeiten ausgeschlossen sind. Der Vorteil dieses Systems wird dann besonders deutlich, wenn man z. B. Einheiten der Mechanik, der Elektrotechnik oder der Wärmetechnik miteinander vergleichen will. Die bisher lästigen Umrechnungen – mit „unrunden" Ergebnissen – sind nicht mehr erforderlich. So ist jetzt z. B. **1 Wattsekunde gleich 1 Newtonmeter** (**1** Ws = **1** Nm).

Das System der SI-Einheiten enthält **sechs Grundeinheiten**, siehe Tafel 1.1.

Es ist zu beachten, daß das **Kilogramm** als Einheit der **Masse** eine Grundeinheit geworden ist und nicht mehr als Krafteinheit benutzt werden darf.

Der **Grad Kelvin** ist die **Grundeinheit der absoluten Temperatur.** Kohärent und somit zulässig ist auch die Einheit **Grad Celsius** (Formelzeichen: ϑ oder auch t; Einheitenzeichen: °C), die wie bisher weiterverwendet wird. Die Einheiten K und °C sind gleichgroß; sie können aber nicht gegeneinander ausgetauscht werden.

$$\vartheta \text{ (in °C)} = T \text{ (in K)} - 273$$

Die absolute Temperatur bleibt vornehmlich der Thermodynamik und Physik vorbehalten. – **Temperaturdifferenzen** werden grundsätzlich nur noch in **Grad** (Einheitenzeichen: grd) angegeben, gleichgültig ob es Differenzen absoluter Temperaturen oder Temperaturen der Celsius-Skale sind.

Tafel 1.1. Grundeinheiten des SI-Einheitensystems.

Größe	Formelzeichen	Einheitenzeichen	Name der Einheit
Länge	l, s	**m**	Meter
Masse	m	**kg**	Kilogramm
Zeit	t	**s**	Sekunde
Elektr. Stromstärke	I	**A**	Ampere
Temperatur	T	**K**	Kelvin
Lichtstärke	I	**cd**	Candela

Aus den sechs Grundeinheiten lassen sich alle in der Technischen Akustik benötigten Einheiten ableiten, siehe Tafel 1.2.

Die wesentlichsten der bisher benutzten und künftig nicht mehr verwendeten Einheiten, sowie deren Umrechnungsbeziehungen zu den kohärenten SI-Einheiten sind im Anhang in der Tafel 13.1. zusammengefaßt dargestellt.

Dezimale Vielfache oder Teile von SI-Einheiten dürfen auch weiterhin verwendet werden.

1.4. Verhältnisgrößen und Pegel

In der Akustik verwendet man ähnlich wie in der Nachrichtentechnik sehr häufig **Verhältnisgrößen.** Verhältnisse von **linearen** elektrischen oder akustischen Größen zueinander (z.B.: *elektr. Spannung, elektr. Strom, Schalldruck*) bezeichnet man als **-faktoren** (z.B.: Reflexions**faktor**). Verhältnisse von **quadratischen** Größen zueinander (z.B.: *Leistung, Energie*) heißen **-grade** (z.B.: Wirkungs**grad**). Drückt man Verhältnisse von elektrischen oder akustischen Größen gleicher Einheit zueinander **logarithmisch** aus, so erhält man **-maße** (z.B.: Übertragungs**maß**) oder aber auch **-pegel** (z.B.: Schalldruck**pegel**). – Pegel werden in **Dezibel** (Kurzzeichen: dB) oder in **Neper** (Kurzzeichen: Np) gemessen und angegeben.

Das **Dezibel** ist definiert als der 20fache Briggsche Logarithmus eines Verhältnisses linearer Größen zueinander und als der 10fache Briggsche Loga-

Tafel 1.2. Zusammenstellung einiger abgeleiteter Einheiten im SI-Einheitensystem, die in der Technischen Akustik Anwendung finden.

	Größe	Formelzeichen	Einheitenzeichen	Name der Einheit	Anmerkung
Raum und Zeit	Fläche	A, S	m^2	Quadratmeter	–
	Volumen	V	m^3	Kubikmeter	–
	Geschwindigkeit	v, c	m/s	–	–
	Beschleunigung	a	m/s^2	–	–
	Fallbeschleunigung	g	m/s^2	–	$g = 9{,}81\ m/s^2$
Mechanik	Dichte	ϱ	kg/m^3	–	–
	Kraft	F	N	Newton	$1\ N = 1\ mkg/s^2$
	Druck[1]	p	N/m^2	–	–
	Mechan. Nachgiebigkeit	n	m/N	–	–
	Mechan. Impedanz	Z_m, w	Ns/m	–	–
	Arbeit, Energie	W	J	Joule	1 J = 1 Ws = 1 Nm
	Mechan. Leistung	P_m	W	Watt	–
Elektrotechnik	Elektrische Spannung	U	V	Volt	–
	Elektrische Feldstärke	E	V/m	–	–
	Elektrische Leistung	P_e	W	Watt	–
	Ladung	Q	C	Coulomb	1 C = 1 As
	Kapazität	C	F	Farad	1 F = 1 As/V
	Widerstand	R	Ω	Ohm	–
	Magnet. Fluß	Φ	Wb	Weber	1 Wb = 1 Vs
	Magnet. Induktion	B	T	Tesla	$1\ T = 1\ Vs/m^2$
	Magnet. Feldstärke	H	A/m	–	–
	Induktivität	L	H	Henry	1 H = 1 Vs/A
Akustik	Schalldruck	p	N/m^2	–	–
	Schallschnelle	v	m/s	–	–
	Schallfluß	q	m^3/s	–	–
	Schallkennimpedanz	Z_0	Ns/m^3	–	–
	Spezif. Schallimpedanz	Z_s	Ns/m^3	–	–
	Akustische Impedanz	$\mathfrak{Z}$, Z_a	Ns/m^5	–	–
	Schallintensität	J	W/m^2	–	–
	Schalleistung	P_a	W	Watt	–
	Schallstrahlungsdruck	Π	N/m^2	–	–

[1] An Stelle der Einheit N/m^2 ist in der Vakuumtechnik auch die Einheit **Pascal** (Pa) gebräuchlich: $1\ N/m^2 = 1\ Pa$

rithmus eines Verhältnisses quadratischer Größen zueinander:

$$20 \cdot \lg \frac{y_1}{y_0}, \quad \text{bzw.} \quad 10 \cdot \lg \frac{Y_1}{Y_0}$$

y_1, y_0 lineare Größen

Y_1, Y_0 quadratische Größen

Das **Neper** ist definiert als der natürliche Logarithmus eines Verhältnisses linearer Größen zueinander und als der halbe natürliche Logarithmus eines Verhältnisses quadratischer Größen zueinander:

$$\ln \frac{y_1}{y_0}, \quad \text{bzw.} \quad \frac{1}{2} \cdot \ln \frac{Y_1}{Y_0}$$

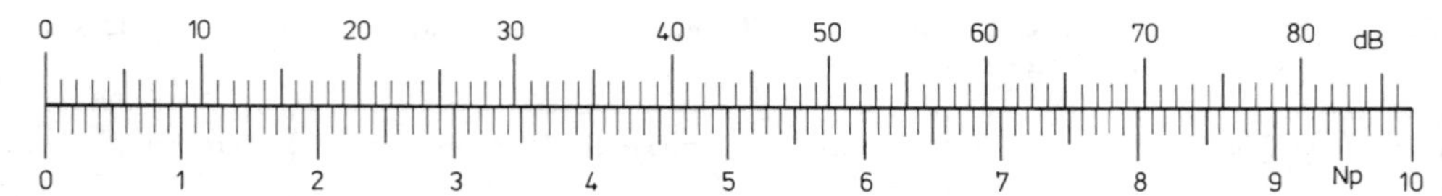

Bild 1.1. Dezibel-Neper-Umrechnung

Für die Umrechnung von Dezibel in Neper und umgekehrt gilt

$$1\ \text{dB} = 0{,}1151\ \text{Np}$$
$$1\ \text{Np} = 8{,}6858\ \text{dB}\,,$$

siehe auch Bild 1.1.

Es gibt **relative** und **absolute Pegel**. Relative Pegel sind ausschließlich Werteverhältnisse, aus denen keinerlei Rückschlüsse auf die Zahlenwerte und Einheiten der einzelnen, zueinander ins Verhältnis gesetzten Größen gezogen werden können.

Bei absoluten Pegeln ist die im Nenner stehende Größe y_0, bzw. Y_0 durch Vereinbarung festgelegt. Man nennt sie die **Bezugsgröße**. Dem Wert der Bezugsgröße wird der Pegelwert 0 (**Nullpegel**) zugeordnet.

In der drahtgebundenen Nachrichtentechnik werden absolute Pegel[1] überwiegend in Neper gemessen und angegeben.

In der Akustik werden die linearen **Schallfeldgrößen** (**Schalldruck** und **Schallschnelle**) und die **Schalleistung** üblicherweise nicht unmittelbar gemessen und angegeben. Die dabei auftretenden Zahlenwerte würden größenordnungsmäßig zu weit auseinanderliegen, so daß ihre praktische Handhabung sehr umständlich wäre. Außerdem hat die lineare Skale der Schallfeldgrößen kaum etwas gemein mit der Skale der Sinnesempfindungen bei Schall. Man hat daher auch in der Technischen Akustik absolute Pegel eingeführt, insbesondere den **Schalldruckpegel** und den **Schalleistungspegel**. Die Definitionsgleichung für den **Schalldruckpegel** L lautet:

$$L = 20 \cdot \lg \frac{p}{p_0}$$

p = Schalldruck

$p_0 = 2 \cdot 10^{-5}\ \text{N/m}^2$
Bezugsschalldruck (Schalldruck an der **Hörschwelle** des Menschen bei 1000 Hz)

[1] Der Bezugswert für den elektrischen Leistungspegel ist eine Leistung von 1 mW, abgegeben an 600 Ω. Damit ergibt sich als Bezugswert für den elektrischen Spannungspegel eine Spannung von 0,775 V.

Der Schalldruckpegel hat die Einheit Dezibel (dB). – Der **Schalleistungspegel** L_P ist definiert durch die Beziehung:

$$L_P = 10 \cdot \lg \frac{P_a}{P_{a0}}$$

P_a = die von einer Schallquelle abgestrahlte Schalleistung

$P_{a0} = 10^{-12}\ \text{W}$
Bezugsschalleistung

Der Schalleistungspegel hat die Einheit Dezibel (dB). – Die Einheiten des Schalldrucks (N/m²) und der Schalleistung (W) sind kohärente Einheiten. Die Einheiten des Schalldruckpegels und des Schalleistungspegels sind nicht unmittelbarer Bestandteil des SI-Einheitensystems, da sie wegen der Logarithmierung nicht mit dem linearen Maßstab des SI-Systems übereinstimmen. Außerdem sind die Werte der Bezugsgrößen mit einer gewissen Willkür gewählt worden. – Die Einheit Dezibel nimmt im SI-System eine Sonderstellung ein.

Der besondere Vorzug des logarithmischen Maßstabes besteht darin, daß man Pegel addieren, bzw. voneinander subtrahieren kann, statt der sonst im linearen Maßstab notwendigen Multiplikation, bzw. Division.

Eine Zusammenstellung von Verhältniszahlen linearer, bzw. quadratischer Größen zueinander für Pegel zwischen 0 und 20 dB, bzw. zwischen 0 und 10 dB ist in der Tafel 13.2. im Anhang wiedergegeben.

Für die Praxis genügt es, wenn man sich für einige ganz bestimmte Verhältniszahlen die dazugehörigen Zahlenwerte in dB merkt, z.B. von folgenden Verhältnissen linearer Größen (Spannungs- oder Schalldruckverhältnisse) zueinander:

2-fach (2:1)	≙	etwa	6 dB
3-fach (3:1)	≙	etwa	10 dB
5-fach (5:1)	≙	etwa	14 dB
10-fach	≙		20 dB
30-fach	≙	etwa	30 dB
100-fach	≙		40 dB
100000-fach	≙		100 dB

1.5. Schwingungslehre

Physikalische Vorgänge, die in bestimmten Zeitintervallen immer wieder den gleichen Zustand erreichen, bzw. durchlaufen, bezeichnet man als **Schwingungsvorgänge**. Die Zeitintervalle können entweder einander gleich sein oder aber voneinander verschieden sein. Im ersteren Falle nennt man die Schwingungen **periodisch**, im letzteren **nichtperiodisch**.

1.5.1. Einfache periodische Schwingungen

Einfache periodische Schwingungen kann man z. B. bei einer **elastisch aufgehängten Masse** oder auch bei einem **Pendel** beobachten. Ein besonders anschauliches Beispiel für einen periodischen Schwingungsvorgang findet man in der **Rotationsbewegung** eines materiebehafteten Punktes P, der sich mit gleichbleibender **Winkelgeschwindigkeit** ω auf einer Kreisbahn mit dem Radius r bewegt, siehe Bild 1.2.

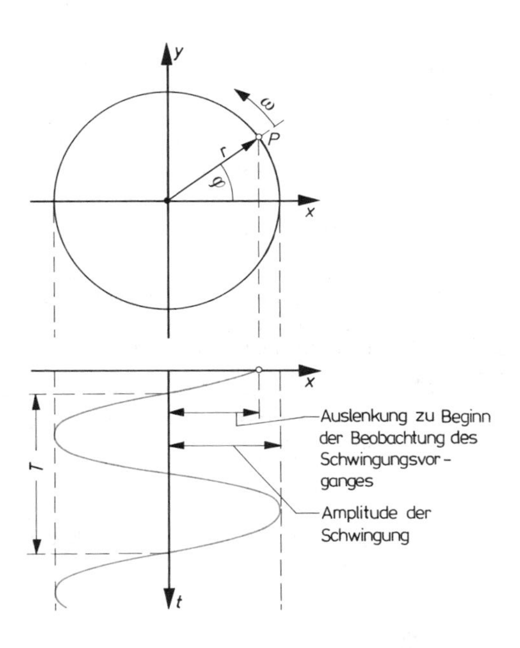

Bild 1.2. Zusammenhang zwischen Kreisbewegung und harmonischer (sinusförmiger) Schwingung

Die Projektion des rotierenden Punktes P auf die Abszisse[1] x wird durch die Gleichung

$$x = r \cdot \cos \omega (t - t_0)$$

t Zeit

t_0 Zeitpunkt zu Beginn der Beobachtung des Schwingungsvorganges

r Kreisradius

beschrieben. Die Kreisbewegung ist damit in eine geradlinige **harmonische (sinusförmige)** Schwingungsbewegung überführt worden.

1.5.1.1. Frequenz und Phase

Die Winkelgeschwindigkeit ω gibt den vom Zeiger r des Kreisradius pro Zeiteinheit durchlaufenen Winkel an; sie wird auch **Kreisfrequenz** genannt:

$$\omega = 2\pi f$$

f ist die **Frequenz**. Sie gibt die Anzahl der Schwingungen pro Sekunde an und wird in **Hertz** (Einheitenzeichen: Hz) gemessen. Der reziproke Wert der Frequenz heißt **Schwingungsdauer** oder **Periodendauer** T:

$$f = \frac{1}{T}$$

Die Periodendauer T ist gleich dem Zeitintervall zwischen zwei gleichgerichteten, periodisch aufeinanderfolgenden Schwingungszuständen. Sie wird in Sekunden angegeben. –

Das Produkt aus der Kreisfrequenz ω und der Zeit t_0 kennzeichnet die **Phase** φ der Schwingung zu Beginn der Beobachtung, siehe Bild 1.2.

$$\varphi = \omega\, t_0 = \frac{2\pi\, t_0}{T}$$

Den Winkel φ nennt man daher auch **Nullphasenwinkel**. Die Bewegungsgleichung des Punktes P lautet somit:

$$x = \hat{x} \cdot \cos (\omega\, t - \varphi)$$

[1] Mit der gleichen Berechtigung kann die Projektion auch auf die Ordinate y erfolgen. In diesem Falle erhält man eine sin-Funktion.

Sie beschreibt eine sinusförmige Schwingung mit der **Amplitude** oder dem **Scheitelwert** $\hat{x}$ (= Kreisradius r in der Darstellung in Bild 1.2.). Die jeweilige Entfernung x des Punktes P von seiner Ruhelage bezeichnet man als **Auslenkung**[1] oder **Elongation.** x ist ein **Momentanwert.**

1.5.1.2. Geschwindigkeit und Beschleunigung

Die **momentane Geschwindigkeit** oder **Schnelle** v des sich bewegenden Punktes P ist gegeben durch die zeitliche Änderung der Auslenkung. Man bekommt sie durch Differentiation der Bewegungsgleichung:

$$v = \frac{dx}{dt} = -\omega\,\hat{x} \cdot \sin(\omega t - \varphi)$$

Die **momentane Beschleunigung** a ist gleich der zeitlichen Änderung der Geschwindigkeit v:

$$a = \frac{dv}{dt} = \frac{d^2 x}{dt^2}$$
$$= -\omega^2\,\hat{x} \cdot \cos(\omega t - \varphi) = -\omega^2 x$$

Bei sinusförmigen Schwingungen haben die Geschwindigkeit v und die Beschleunigung a genauso wie die Auslenkung x sinusförmigen Verlauf. Die drei Größen unterscheiden sich jedoch in ihrer **Phasenlage** zueinander:

Die Beschleunigung eilt der Geschwindigkeit um den Phasenwinkel $\pi/2$ (= 90°) voraus. Die Geschwindigkeit wiederum eilt der Auslenkung um 90° voraus.

1.5.1.3. Arithmetischer und quadratischer Mittelwert

Zur genauen Beschreibung des zeitlichen Verlaufs einer periodischen Schwingung benutzt man neben dem Scheitelwert $\hat{x}$ auch noch den **arithmetischen Mittelwert** $\bar{x}$ und den **quadratischen Mittelwert** $\tilde{x}$ (= **Effektivwert**). Bei sinusförmigen Schwingungen sind Scheitelwert, Effektivwert und arithmetischer Mittelwert durch einfache Beziehungen miteinander verknüpft (siehe auch Bild 1.3.):

$\bar{x} = 0$ (Mittelwert über die gesamte Periode)

$\bar{x} = \frac{2}{\pi}\,\hat{x}$ (Mittelwert über die halbe Periode)

$$\tilde{x} = \frac{\hat{x}}{\sqrt{2}}$$

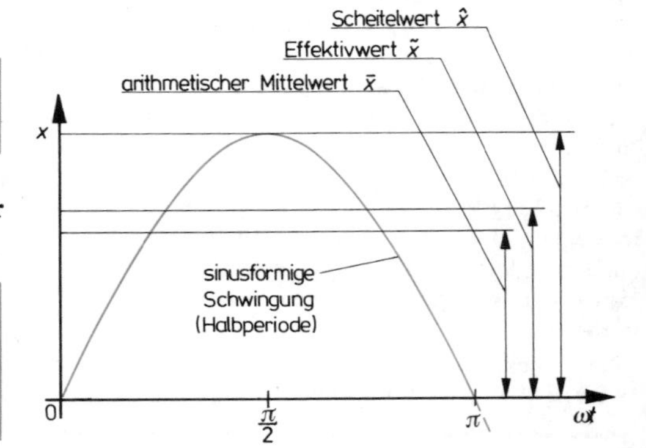

Bild 1.3. Scheitelwert $\hat{x}$, Effektivwert $\tilde{x}$ und arithmetischer Mittelwert $\bar{x}$ einer sinusförmigen Schwingung

Der wichtigere der beiden Mittelwerte ist wegen seiner direkten Beziehung zum **Energieinhalt** von Schwingungen der Effektivwert $\tilde{x}$. In der Elektrotechnik z.B. hat der Effektivwert eines Wechselstromes die gleiche Wirkung (=**Effekt**) wie ein Gleichstrom von gleicher Größe.

Über die Kurvenform einer Schwingung geben der **Formfaktor** F_f und der **Scheitelfaktor** F_s Auskunft[1]

$$\text{Formfaktor } F_f = \frac{\text{Effektivwert } \tilde{x}}{\text{arithm. Mittelwert } \bar{x}}$$

$$\text{Scheitelfaktor } F_s = \frac{\text{Scheitelwert } \hat{x}}{\text{Effektivwert } \tilde{x}}$$

[1] In der Akustik benutzt man für die Auslenkung x auch das Formelzeichen ξ.

[1] Im Schrifttum findet man auch die Formelzeichen ζ für den Formfaktor und σ für den Scheitelfaktor.

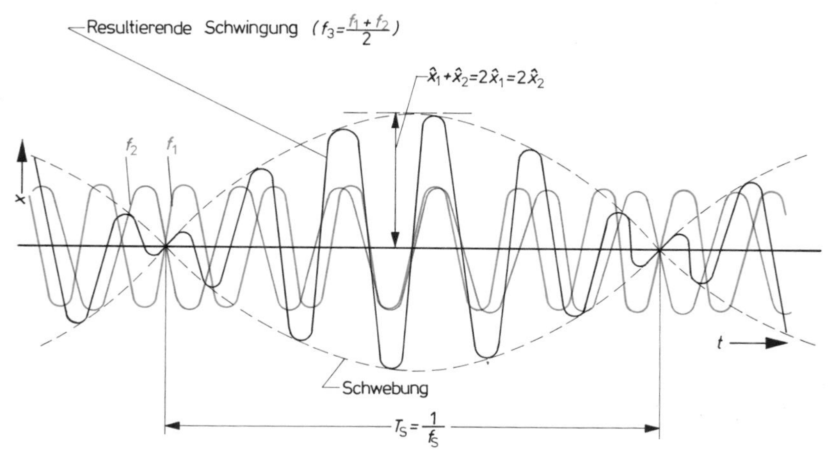

Bild 1.4.
Überlagerung zweier sinusförmiger Schwingungen gleicher Amplitude und ungleicher Frequenz. Die Frequenzen f_1 und f_2 unterscheiden sich nur wenig voneinander

1.5.2. Überlagerung von Schwingungen

Ein materiebehaftetes Teilchen, z.B. eine Luftpartikel, kann nicht gleichzeitig zwei oder mehreren voneinander verschiedenen Schwingungsbewegungen folgen, es kann lediglich die sich aus den **Teilschwingungen** zusammensetzende (resultierende) Schwingung ausführen. Die resultierende Schwingung kommt durch **Überlagerung** oder **Superposition** der Einzelschwingungen zustande.

1.5.2.1. Schwingungen gleicher Frequenz

Die additive **Überlagerung** von **sinusförmigen Schwingungen gleicher Frequenz** nennt man **Interferenz.** Die daraus resultierende Schwingung ist ebenfalls **sinusförmig.** Die Teilschwingungen müssen dabei nicht unbedingt in ihrer Amplitude und Phase übereinstimmen.

> Interferieren zwei Schwingungen von gleicher Amplitude und Phase, so hat die resultierende Schwingung eine doppelt so große Amplitude wie die Einzelschwingungen. – Bei Gegenphasigkeit, d.h. bei einem Phasenunterschied von 180°, und gleicher Amplitude resultiert eine Schwingung mit der Amplitude Null; beide Schwingungen löschen sich gegenseitig aus.

Das gilt auch für die Interferenz von beliebig vielen sinusförmigen Schwingungen.

1.5.2.2. Schwingungen ungleicher Frequenz

Bringt man **sinusförmige Schwingungen** zur **Überlagerung,** deren **Frequenzen ungleich** sind, so resultiert daraus eine Schwingung, die nicht mehr **sinusförmig** ist. –

Bei der Überlagerung von zwei Schwingungen gleicher Amplitude ($\hat{x}_1 = \hat{x}_2$) und unterschiedlicher, jedoch benachbarter Frequenz (f_1 und f_2) haben die beiden Einzelschwingungen je nach ihrer Phasenlage zeitweise gleiche und zeitweise entgegengesetzte Schwingungsrichtungen. Es entsteht dabei eine resultierende Schwingung, deren Frequenz f_3 sich aus dem Mittelwert

$$f_3 = \frac{(f_1 + f_2)}{2}$$

der beiden beteiligten Frequenzen ergibt und deren Amplitude im Rhythmus der Differenzfrequenz $f_s = f_1 - f_2$ (= **Schwebungsfrequenz**) zwischen den beiden beteiligten Frequenzen schwankt, siehe Bild 1.4.

Die **Schwebung** mit der Frequenz f_s tritt als **Hüllkurve** in Erscheinung, die die Amplituden der neu entstandenen Schwingung mit der Frequenz f_3 umhüllt. Die Amplituden der resultierenden Schwingung schwanken zwischen dem doppelten Scheitelwert der Einzelschwingungen ($\hat{x}_1 + \hat{x}_2 = 2\hat{x}_1 = 2\hat{x}_2$) im Maximum und Null im Minimum. In den Schwebungsminima zeigt die resultierende Schwingung **Phasensprünge.** – Sind die Amplituden der beiden Einzelschwingungen ungleich ($\hat{x}_1 \neq \hat{x}_2$), so gehen die Amplituden der resultierenden

Schwingung im Minimum nicht auf Null zurück, sondern nur bis auf die Amplitudendifferenz $\hat{x}_1 - \hat{x}_2$.

Besonders gut und anschaulich lassen sich Schwebungen bei der Überlagerung von Schwingungen beobachten, die sich in ihren Frequenzen nur sehr wenig voneinander unterscheiden. Bei geeigneter Wahl der Frequenzen können wir Schwebungen mit unserem Gehör akustisch wahrnehmen.

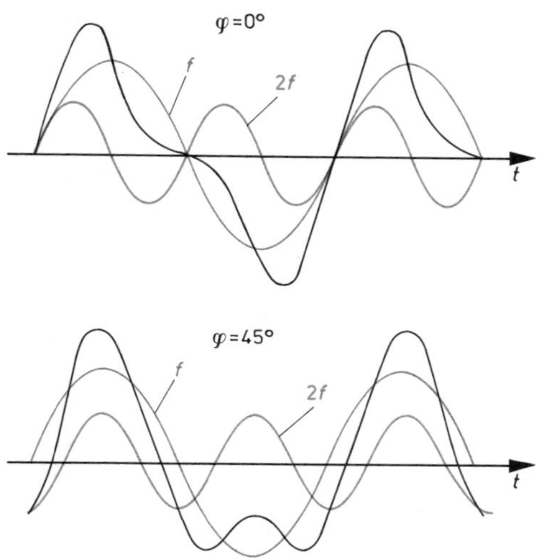

Bild 1.5. Beispiel zweier nichtharmonischer Schwingungen, die aus der Überlagerung von jeweils zwei amplitudenungleichen harmonischen Teilschwingungen mit den Frequenzen f und 2f resultieren. Die Teilschwingungen unterscheiden sich lediglich in ihren Phasenlagen zueinander

Die Wahrnehmbarkeit von Schwebungen macht man sich in der Praxis zunutze, um z. B. zwei **Töne**[1] aufeinander **abzustimmen.** Der abzustimmende Ton wird dabei solange verändert, bis die hörbare Schwebungsfrequenz immer niedriger wird und schließlich gleich Null ist (**Schwebungsnull**). Beide Töne sind damit frequenzgleich. –

Liegen die Frequenzen der zur Überlagerung gebrachten Schwingungen weit auseinander, so ändert sich auch die Kurvenform der resultierenden Schwingung; sie ist **nicht mehr harmonisch**. Die Änderungen der Kurvenform richten sich nach der Phasenlage, die die Einzelschwingungen zueinander haben, siehe Bild 1.5.

[1] Unter einem **Ton** versteht man **Schall**, der durch eine harmonische Schwingung einer ganz bestimmten „Ton"-Frequenz zustande kommt, siehe Abschnitt 2.

1.5.2.3. Zeit- und Frequenzdarstellung

Periodische Schwingungen kann man sowohl durch ihren zeitlichen Verlauf, d.h. durch ihr **Oszillogramm (Zeitfunktion, Zeitdarstellung)** als auch durch ihr **Frequenzspektrum (Frequenz-** oder **Spektralfunktion, Frequenzdarstellung)** grafisch darstellen, siehe Bild 1.6.

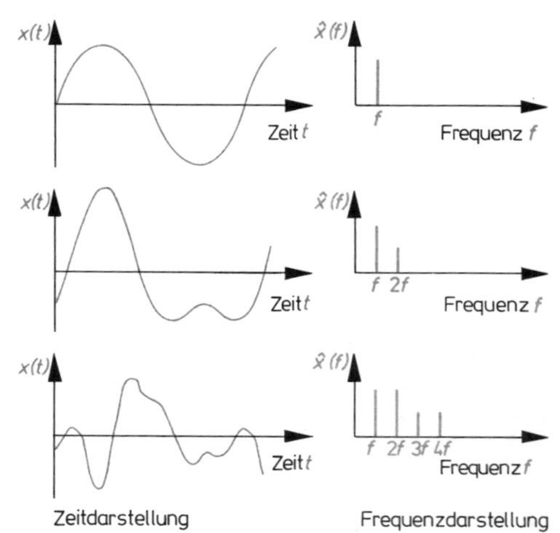

Bild 1.6. Periodische Schwingungen und ihre Frequenzspektren

In der **Frequenzdarstellung** zeigen **periodische Schwingungen** als charakteristisches Merkmal ein mehr oder minder großes Spektrum von **diskreten Linien (Linienspektrum)**. Jede Spektrallinie stellt eine sinusförmige Schwingung dar, deren Frequenz man an der Abszisse ablesen kann. Die Höhe der Spektrallinie ist ein Maß für die Amplitude der Schwingung.

1.5.2.4. Frequenzanalyse

Von den in der Praxis vorkommenden Schwingungen haben nur die wenigsten einen rein sinusförmigen Verlauf. Die weitaus meisten Schwingungen sind **nichtharmonischer** Natur. Eine bewährte und daher sehr häufig benutzte Methode zur Untersuchung derartiger Schwingungen ist die **Frequenzanalyse.** Sie beruht auf einem mathematischen Theorem, das seinerzeit **J. B. Fourier**

(1768–1830) formuliert hat und das nach ihm als **Fourieranalyse**[1] benannt wird. Danach kann jede **periodische nichtsinusförmige Schwingung** als **Überlagerung** einer entsprechenden Anzahl rein **sinusförmiger Teilschwingungen** angesehen werden, siehe auch Bild 1.5 Man kann daher jede nichtharmonische periodische Schwingung in eine Summe von – i.a. unendlich vielen – harmonischen Einzelschwingungen zerlegen, deren Frequenzen ganzzahlige Vielfache der tiefsten vorkommenden Kreisfrequenz ω_0 sind; die Kreisfrequenz ω_0 ist gleich der Kreisfrequenz der zu analysierenden nichtharmonischen Schwingung. Die Teilschwingung mit der Kreisfrequenz ω_0 nennt man **Grundschwingung** oder **1. Harmonische.** Die übrigen Teilschwingungen mit der doppelten ($2\omega_0$), dreifachen ($3\omega_0$), usw. Kreisfrequenz bezeichnet man als **1.,2.,** usw. **Oberschwingung** oder als **2., 3.,** usw. **Harmonische.**

Die mathematische Formulierung lautet folgendermaßen:

$$x(t) = x_0 + \sum_{n=1}^{\infty} \hat{x}_n \cdot \cos(n\,\omega_0\,t - \varphi_n)$$

$$= x_0 + \sum_{n=1}^{\infty} a_n \cdot \cos n\,\omega_0\,t + \sum_{n=1}^{\infty} b_n \cdot \sin n\,\omega_0\,t$$

$$n = 1, 2, 3, \ldots$$

$x(t)$ Momentanwert der zu analysierenden periodischen Schwingung (Oszillogramm).

x_0 Gleichanteil (z.B. Gleichstrom, Luftdruck, usw.). Er ist gleich dem arithmetischen Mittelwert $\bar{x}$ der zeitabhängigen Funktion $x(t)$ über eine Periode.

$\hat{x}_n, a_n, b_n$ Scheitelwerte der Teilschwingungen (**Fourierkoeffizienten**)

$$\hat{x}_n = \sqrt{a_n^2 + b_n^2},$$

siehe auch Bild 1.7.

φ_n Nullphasenwinkel der Teilschwingungen

$$\tan \varphi_n = \frac{b_n}{a_n}$$

[1] Die ersten Anwendungen der Fourieranalyse bei der Untersuchung akustischer Probleme gehen auf **G.S. Ohm** zurück.

In dieser Darstellung steht x (= Symbol für die Auslenkung einer Schwingung) stellvertretend für alle anderen Schwingungsgrößen (z.B.: Elektrische Wechselspannung, Schalldruck, usw.).

Bei der Fourieranalyse (auch **harmonische Analyse** genannt) wird eine **Zeitfunktion** in eine **Frequenzfunktion** umgewandelt. Man erhält dabei ein **Frequenzspektrum.** Die Analyse besteht im wesentlichen in der Auffindung der **Fourierkoeffizienten.**

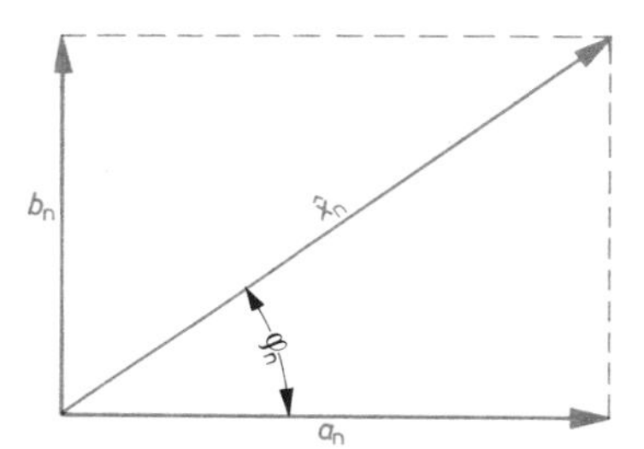

Bild 1.7.

Der Gleichanteil x_0 und die Fourierkoeffizienten können durch folgende Beziehungen aus der Ausgangsfunktion $x(t)$ errechnet werden:

$$x_0 = \frac{1}{T} \cdot \int_0^T x(t)\,dt$$

$$a_n = \frac{2}{T} \cdot \int_0^T x(t) \cdot \cos n\,\omega_0\,t\,dt$$

$$b_n = \frac{2}{T} \cdot \int_0^T x(t) \cdot \sin n\,\omega_0\,t\,dt$$

Für einfache Schwingungsformen, wie z.B. für **Rechteck-, Dreieck-, Sägezahn-, Trapez-, Parabelkurve, gleichgerichtete Sinusschwingung,** usw. lassen sich die Integrale relativ leicht lösen. Die auf diese Weise erhaltenen Fourierkoeffizienten und Frequenzspektren können aus Tabellen entnommen werden; siehe auch Bild 1.8.

Hat die zu analysierende Schwingung ihren Nulldurchgang im Nullpunkt des Koordinatensystems, so treten **nur Sinusglieder** auf ($a_n = 0$), siehe Bild 1.8. Ist dagegen die Ordinatenachse des Koordinatensystems gleichzeitig Symmetrieachse der Schwingung, so daß bei $t = 0$ die Scheitelwerte sämtlicher Teilschwingungen liegen, so treten **nur Kosinusglieder** auf ($b_n = 0$). Ansonsten sind sowohl Sinus- als auch Kosinusglieder vorhanden. – Oft genügt bereits eine kleine Anzahl von Teilschwingungen, um die Gesamtschwingung $x(t)$ zu beschreiben.

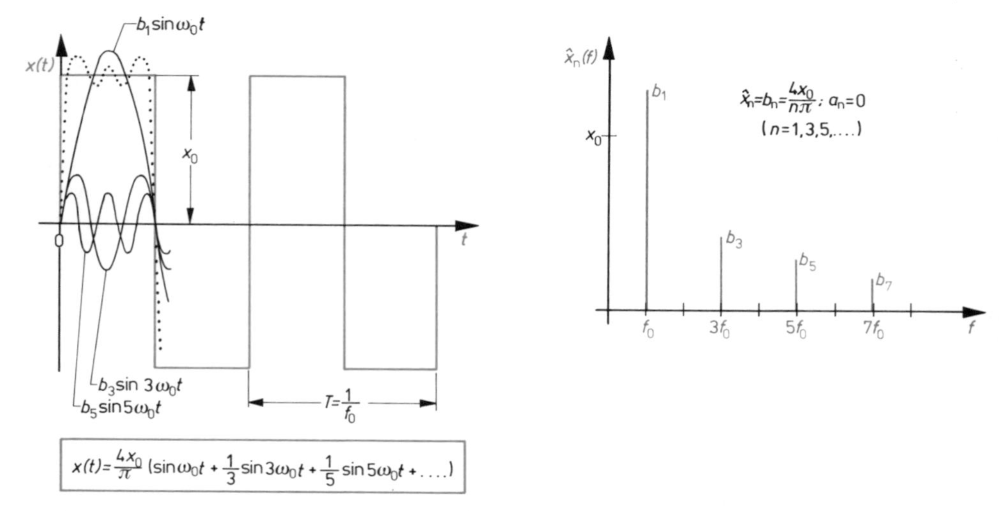

Bild 1.8. Fourieranalyse einer periodischen Rechteckschwingung

Die Frequenzanalyse spielt in der schalltechnischen Praxis, beispielsweise bei der Prüfung von elektroakustischen Übertragungseinrichtungen oder bei der Beurteilung von Schallvorgängen, eine große Rolle, siehe hierzu Abschnitt 8.1.5.

Bei der akustischen Wahrnehmung von zusammengesetzten Schwingungen, z. B. von **Klängen** (siehe Abschnitt 2.7.), erfolgt in unserem Gehörorgan ebenfalls eine Frequenzanalyse.

1.5.2.5. Phaseneinfluß

Wie aus dem Bild 1.5. zu ersehen ist, hat die Phasenlage der einzelnen Teilschwingungen zueinander erheblichen Einfluß auf die geometrische Form der Gesamtschwingung. Für die **akustisch-physiologische Empfindung** zusammengesetzter Schwingungen ist das aber ohne praktische Bedeutung, da unser Gehör Phasenverschiebungen zwischen den einzelnen Teilschwingungen, die ohnehin oft nur Zufallscharakter besitzen, i.a. nicht wahrzunehmen vermag; es empfindet stets *ein und denselben Klang*. Diese fundamentale Entdeckung machte bereits **G. S. Ohm**. Unser Ohr würde infolgedessen die beiden *schwarz* dargestellten Schwingungen im Bild 1.5. als von gleicher **Klangfarbe** empfinden, wenn es dieselben akustisch dargeboten bekäme. –

Bei der subjektiven Wahrnehmung von Schwebungen spielt die Phasenlage der einzelnen Teilschwingungen zueinander, sowie ihre zeitliche Änderung allerdings doch eine gewisse Rolle: Schwingungen, die durch Überlagerung zustande gekommen sind, lassen sich relativ leicht, z. B. mit Hilfe von selektiven Filtern, in ihre harmonischen Teilschwingungen zerlegen. Das gilt auch für den Fall, daß sich die Teilschwingungen in ihren Frequenzen nur sehr wenig voneinander unterscheiden. Die verwendeten **Analysiergeräte** müssen hierfür nur genügend *schmalbandig*, d.h. *trennscharf* ausgelegt sein. – Die **Trennschärfe unseres** Ohres ist begrenzt. Zwei gleichzeitig – beispielsweise über einen Lautsprecher – dargebotenen **Töne** (siehe Abschnitt 2.7.) von sehr eng benachbarter Frequenz „verschmelzen" daher für unser Gehör zu *einem einzigen Ton*, den wir in seiner Amplitude als fortwährend schwankend empfinden (**langsame Schwebung**). Das Getrennthören der beiden Einzelfrequenzen in Gestalt eines Klanges ist nicht möglich. – Liegen dagegen die Frequenzen der beiden Teilschwingungen weit auseinander, z. B. $f_1 = 2000$ Hz und $f_2 = 100$ Hz, so nehmen wir die Differenzfrequenz $f_s = 1900$ Hz nicht mehr als Schwebung wahr. Beide Tonfrequenzen sind getrennt hörbar; wir empfinden einen **Klang**. Die Erklärung für das **Schwebungshören** liegt darin, daß in den *Schwebungsminima* oder *Schwebungsknoten* die resultierende Schwingung (f_3) jeweils eine Phasendrehung von 180° erfährt, siehe auch Bild 1.4. Mit zunehmender Differenzfrequenz f_s wächst auch die zeitliche Folge der Phasensprünge. Unser Ohr vermag den schnell aufeinander folgenden Phasenwechseln nicht mehr zu folgen; ihre Wirkungen löschen sich gegenseitig aus. **Schnelle Schwebungen** können wir daher nicht mehr wahrnehmen.

1.5.3. Grundelemente mechanischer Schwingungsgebilde

Mechanische Schwingungsgebilde bestehen i.a. aus 3 Grundelementen. Es sind dies:

1. Die **Masse** m (Einheitenzeichen: kg) als Speicher für *Bewegungsenergie* (= *kinetische Energie*),

2. die **Nachgiebigkeit** n (Einheitenzeichen: m/N), z.B. eine *Feder*, als Speicher für *Lageenergie* (= *potentielle Energie*) und

3. der **Reibungswiderstand** r (Einheitenzeichen: Ns/m) als *Energieverbraucher* oder *mechanischer Verlustwiderstand*.

Die von diesen Elementen pro Zeiteinheit aufgenommene, bzw. in Wärme umgesetzte Energie, d.h. die *mechanische Momentanleistung*, ist gleich dem **Produkt** aus der wirksamen **Kraft** F und der durch sie hervorgerufenen **Geschwindigkeit** v. Zwischen der Kraft F und der Geschwindigkeit v bestehen bei den 3 Grundelementen folgende Beziehungen:

1. Bei der **Masse** m

$$F = m \cdot a = m \cdot \frac{dv}{dt}, \quad \text{bzw.}$$

$$= j\,\omega\, m \cdot v \text{ (bei sinusförmiger Bewegung)}$$

Kraft = Masse · Beschleunigung.
Newtonsches Kraftgesetz; es gilt ohne Einschränkungen.

2. bei der **Nachgiebigkeit** n

$$F = \frac{1}{n} \cdot x = \frac{1}{n} \cdot \int v \, dt, \quad \text{bzw.}$$

$$= \frac{v}{j\,\omega\, n} \text{ (bei sinusförmiger Bewegung)}$$

Hookesches Gesetz; es gilt exakt nur solange F und x proportional zueinander sind. Bei kleinen Auslenkungen x kann es i. a. als gültig angesehen werden.

3. beim **Reibungswiderstand** r

$$F = r \cdot v$$

Lineare Beziehung; sie gilt exakt solange die Geschwindigkeit v klein ist.

Die 3 Grundelemente können sowohl **parallel** als auch **in Reihe** „geschaltet" sein, siehe Bild 1.9., bzw. auch Abschnitt 6.

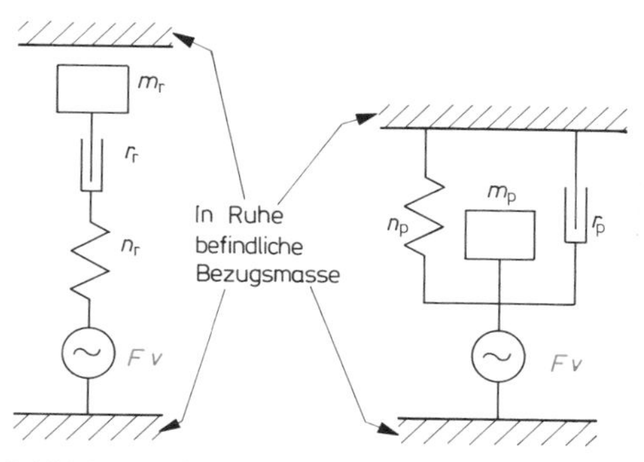

Bild 1.9. Reihen- und Parallel-Schaltung von Masse, Nachgiebigkeit und Reibungswiderstand

1.5.4. Freie und erzwungene Schwingungen

Wird eine **Masse** m, die an einer *elastischen Feder* von der **mechanischen Nachgiebigkeit** n federnd aufgehängt ist und ferner beispielsweise mit einer *Flüssigkeitsdämpfung* (= **Reibungswiderstand**) r versehen ist, aus ihrer Ruhelage herausgezogen, z.B. nach unten, und anschließend sich selbst überlassen, so wird sie durch die *Spannung* der Feder n in Richtung ihrer Ruhelage zurückbeschleunigt, siehe Bild 1.10. Infolge ihrer Massenträgheit wird die Masse, sofern die Flüssigkeit

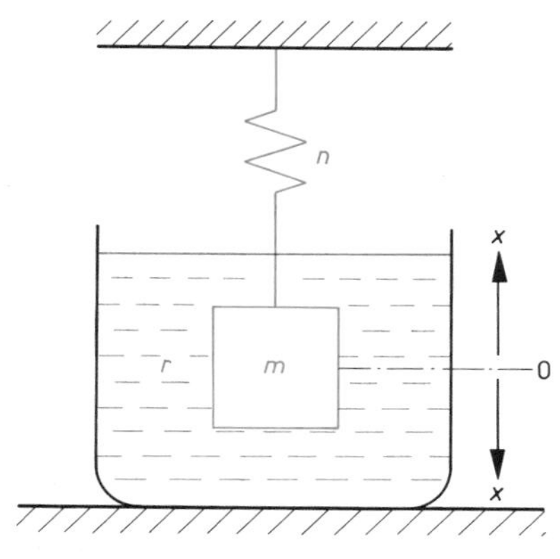

***Bild 1.10.** Mechanisches Schwingungsgebilde bestehend aus einer Masse m, einer Feder n und einer Flüssigkeitsdämpfung r*

keine extrem starke Dämpfung ausübt, über ihre Ruhelage hinausschwingen und nach dem Erreichen des oberen Umkehrpunktes wieder zurückschwingen. Da dem System durch die Reibung Energie entzogen wird, setzt sich dieser Schwingungsvorgang mit ständig abnehmender Amplitude solange fort, bis die Masse m schließlich wieder in ihrer Ruhelage verharrt. Während des Schwingungsvorgangs wird auf das gesamte System *keine äußere Kraft* ausgeübt, d.h. die Summe **aller Kräfte ist gleich Null:**

$$m \cdot \frac{dv}{dt} + r \cdot v + \frac{1}{n} \cdot \int v \, dt = 0$$

Das System führt **freie, gedämpfte Schwingungen** aus. Die Frequenz dieser Schwingungen hängt bei geringer Dämpfung nur von der Masse m und der Nachgiebigkeit n ab:

$$\omega_0 = \frac{1}{\sqrt{m \cdot n}}, \quad \text{bzw.} \quad f_0 = \frac{1}{2\pi \cdot \sqrt{m \cdot n}}$$

f_0 ist die **Resonanzfrequenz** des **frei schwingenden Systems.**

Die Schnelligkeit, mit der die Schwingungen abklingen, wird durch die **Abklingkonstante** $\delta = r/2m$ oder besser noch durch das **logarithmische Dekrement**

$$\Lambda = \ln \frac{x_n}{x_{n+1}} = \delta \cdot T_d = \frac{\delta}{f_d}$$

x_n und x_{n+1} sind zwei aufeinanderfolgende Ausschläge. Zeitlich liegt zwischen ihnen die Schwingungsdauer $T_d = 1/f_d$.

beschrieben. Λ wird in Neper angegeben. – Man unterscheidet grundsätzlich folgende 3 Fälle:

1. Kleine Dämpfung ($\delta < \omega_0$): Die Schwingungen klingen exponentiell gedämpft ab, und zwar mit der Kreisfrequenz

$$\omega_d = \sqrt{\omega_0^2 - \delta^2}\,.$$

Je kleiner die Dämpfung ist, um so mehr nähert sich ω_d der **Resonanz-** oder **Eigenfrequenz** ω_0 für die **freie, ungedämpfte Schwingung** ($\omega_d = \omega_0$; $f_d = f_0$).

2. Aperiodischer Grenzfall ($\delta = \omega_0$): Das System führt keine periodischen Schwingungen mehr aus ($\omega_d = 0$); es erreicht in der kürzest möglichen Zeit *asymptotisch* seine Ruhelage.

3. Sehr starke (überperiodische) Dämpfung ($\delta > \omega_0$): Das System „kriecht" in einem langsamen exponentiell abklingenden Ausschwingvorgang in seine Ruhelage zurück. –

Die Dämpfung eines mechanischen Schwingungsgebildes wird häufig auch durch den **Kenn-Verlustfaktor** d_0 (Einheit: 1) ausgedrückt:

$$d_0 = \frac{2 \cdot \delta}{\omega_0} = \frac{r}{\omega_0 \cdot m}$$

Den Kehrwert der Dämpfung bezeichnet man als **Resonanzschärfe** ϱ (auch: **Resonanzüberhöhung** oder **Kreisgüte**):

$$\varrho = \frac{1}{d_0}$$

Eine anschauliche Deutung der Resonanzschärfe besagt, daß nach ϱ freien Schwingungen die Schwingungsamplitude bis auf $e^{-\pi} = 1/23 \mathrel{\hat{=}} 4{,}3\,\%$ abgeklungen ist. –

Wird auf ein mechanisches Schwingungsgebilde, wie es z.B. im Bild 1.10. dargestellt ist, *von außen zusätzlich eine Wechselkraft F (t)* ausgeübt, so ist die **Summe aller Kräfte nicht mehr gleich Null:**

$$m \cdot \frac{dv}{dt} + r \cdot v + \frac{1}{n} \cdot \int v \, dt = \\ = m \cdot \frac{d^2 x}{dt^2} + r \cdot \frac{dx}{dt} + \frac{x}{n} = F(t)$$

Erfolgt die Anregung des schwingfähigen Systems mit einer *periodischen Wechselkraft,* deren Kreisfrequenz ω nicht gleich der Kreisfrequenz ω_0 bei *Eigenresonanz* ist, so führt das System **erzwungene Schwingungen** aus. In der Technischen Akustik ist das Verhalten eines schwingfähigen Systems bei erzwungenen Schwingungen von besonderem Interesse. Es spielt z.B. bei **elektroakustischen Wandlern** (s.a. Abschnitt 7.) eine sehr große Rolle.

Ein Maß für die frequenzmäßige Entfernung der erregenden Kreisfrequenz ω von der *Resonanz-* oder *Eigenfrequenz* ω_0 ist die **Doppelverstimmung** v (häufig auch nur als **Verstimmung** bezeichnet):

$$\mathrm{v} = \frac{\omega}{\omega_0} - \frac{\omega_0}{\omega}$$

Im **Resonanzfall** ($\omega = \omega_0$) ist $\mathrm{v} = 0$; für Frequenzen $\omega > \omega_0$ ist v positiv (> 0), für $\omega < \omega_0$ ist v negativ (< 0).

1.5.5. Resonanzkurve

Trägt man die Schwingungsamplitude $\hat{x}$ eines zu erzwungenen Schwingungen angeregten mechanischen Schwingungsgebildes in Abhängigkeit von der Verstimmung v grafisch auf, so bekommt man eine Kurve, die bei der Resonanzfrequenz ω_0 ein *Maximum* zeigt. Man bezeichnet diese Darstellung als **Resonanzkurve**. Je nachdem wie groß die wirksame *Dämpfung* d_0, bzw. die *Resonanzschärfe* ϱ

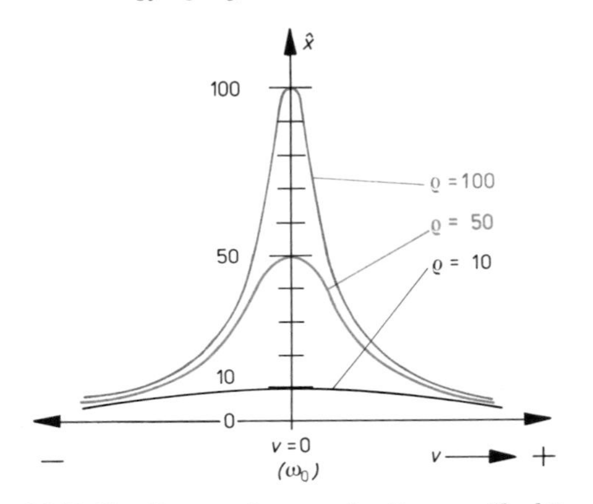

Bild 1.11. Resonanzkurven (= Resonanzüberhöhungen in Abhängigkeit von der Verstimmung) bei verschiedenen Resonanzschärfen

(= $1/d_0$) ist, können Resonanzkurven sehr stark *überhöht* sein oder aber auch sehr *flach* verlaufen. Je kleiner die Dämpfung ist, um so größer ist die Resonanzschärfe, was gleichbedeutend ist mit einer entsprechend *scharf* ausgeprägten *Resonanzüberhöhung*, siehe Bild 1.11. Es genügt dann bereits eine sehr kleine Verstimmung, um die im Resonanzfall auftretende Amplitude sehr stark absinken zu lassen.

> Die **Resonanzschärfe** ϱ gibt zahlenmäßig die Resonanzüberhöhung, d.h. die Überhöhung der Schwingungsamplitude im Resonanzfall gegenüber dem Fall sehr großer Verstimmung an.

Die Einführung des Begriffs der Verstimmung hat u.a. den Vorteil, daß auch bei größeren Verstimmungen die grafische Darstellung von Resonanzkurven i.a. einen symmetrischen Verlauf hat. Zwischen den Amplituden des zu erzwungenen Schwingungen angeregten mechanischen Schwingungsgebildes und der erregenden Kraft besteht eine Phasenverschiebung φ. Bei sehr niedrigen Frequenzen ($\omega \ll \omega_0$) ist $\varphi = 0°$, im Resonanzfall ist $\varphi = 90°$, und bei sehr hohen Frequenzen ($\omega \gg \omega_0$) ist $\varphi = 180°$. Die Phasenverschiebung φ hängt neben der Verstimmung v auch noch von der Resonanzschärfe ϱ ab. Ist die Resonanzschärfe sehr groß, so erfolgt im Resonanzfall eine besonders starke Phasenänderung, siehe Bild 1.12.

Bei $\varrho \cdot v = \pm 1$ beträgt die Phasenverschiebung 135°, bzw. 45°. Bezogen auf den Phasenwinkel im Resonanzfall ($\varphi = 90°$) bedeutet das eine

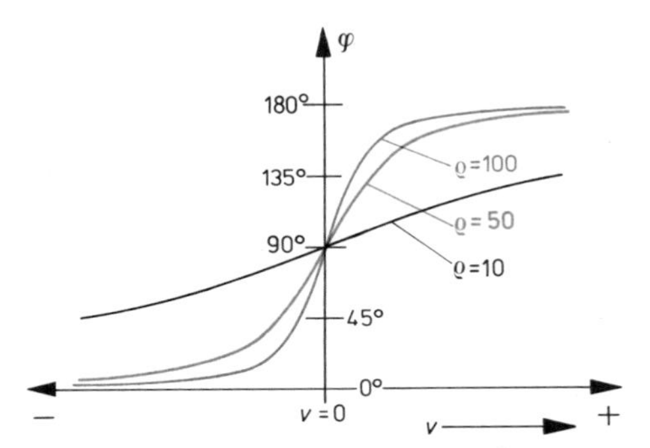

Bild 1.12. Phasenverschiebung zwischen einem schwingenden System und der erregenden Kraft in Abhängigkeit von der Verstimmung bei verschiedenen Resonanzschärfen

Phasenwinkeldifferenz von ± 45°. Die Verstimmung, bei der diese Bedingung erfüllt ist, nennt man auch $\pm v_{45}$:

$$\pm v_{45} = \frac{1}{\varrho}$$

Bei einer Verstimmung von $\pm v_{45}$ ist die Schwingungsamplitude auf etwa 70% ($\hat{=}$ 0,707 $= 1/\sqrt{2}$) gegenüber der Schwingungsamplitude im Resonanzfall (v = 0) abgesunken. –

Die im Bild 1.11. dargestellten **symmetrischen Resonanzkurven** beschreiben das Schwingverhalten des gesamten Systems. Trägt man dagegen das Verhalten der schwingenden Teilgrößen eines **Masse-Feder-Systems**, nämlich der Masse und der Feder, getrennt für sich grafisch auf, so bekommt man Kurven, die **unsymmetrisch** zur Resonanzlage verlaufen. Sie unterscheiden sich von der dazugehörigen symmetrischen Resonanzkurve durch den Faktor ω, bzw. $1/\omega$.

1.5.6. Nichtperiodische Schwingungen

Nichtperiodische Schwingungen, bzw. **Vorgänge** findet man z. B. bei **regellosen (stochastischen) Schwingungen** oder bei **transienten** (einmaligen Schwing-) **Vorgängen** und **Stößen,** wie sie in der Natur und im Alltag sehr häufig zu beobachten sind.

Stochastische Schwingungen sind dadurch gekennzeichnet, daß die schwingenden Teilchen unregelmäßige und sich nicht periodisch wiederholende Bewegungen ausführen, wie z.B. beim Rauschen.

Transiente Vorgänge und (mechanische) **Stöße** sind einmalige Ereignisse. Sie treten plötzlich auf und dauern nur kurz. Es wird dabei spontan Energie freigesetzt, wie z. B. bei **Einschwingvorgängen** nach vorangegangener **Stoßerregung** oder bei **Explosionen (knall**artiger Schall).

Im Gegensatz zu periodischen Schwingungen, deren Frequenzdarstellung aus einem **diskontinuierlichen Linienspektrum** besteht, findet man bei nichtperiodischen Vorgängen stets ein **kontinuierliches Frequenzspektrum,** das aus einer unendlichen Zahl von Teilschwingungen mit unendlich nahe beieinander liegenden Frequenzen besteht. – Während die Amplituden und damit die Längen der diskontinuierlichen Spektrallinien bei periodischen Schwingungen durch die Koeffizienten der Fourierreihe gegeben sind, errechnet sich die **Amplitudendichte** eines **kontinuierlichen Spektrums** bei nichtperiodischen Schwingungen mit Hilfe von **Fourierintegralen,** siehe Anhang. – Das Bild 1.13. zeigt einige qualitative Beispiele von transienten Vorgängen und Stößen in der Zeit- und Frequenzdarstellung.

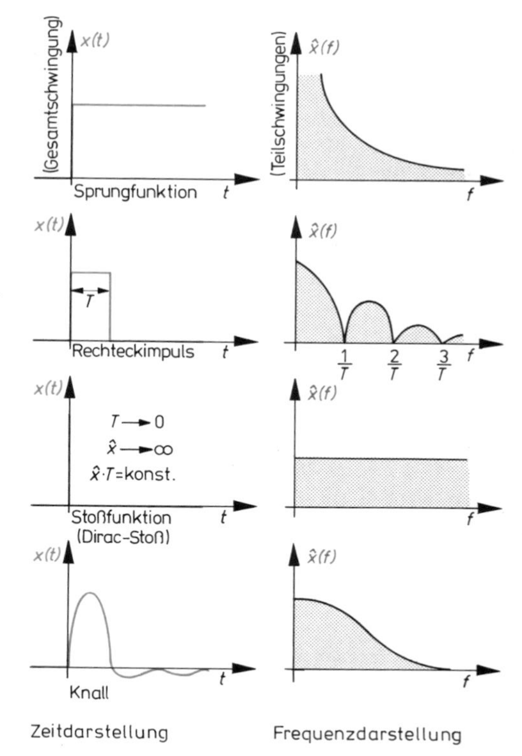

Bild 1.13. Qualitative Beispiele für transiente Vorgänge und Stöße in der Zeit- und Frequenzdar-darstellung

2. Schall und Schallfeld

2.1. Schall

Schall besteht seiner physikalischen Natur nach aus **mechanischen Schwingungen elastischer Medien.** Solche Schwingungen entstehen, wenn die kleinsten Teilchen eines elastischen Stoffes, nämlich seine Moleküle, durch eine äußere Kraft aus ihrer Gleichgewichtslage herausbewegt und anschließend sich selbst überlassen werden. Infolge der ihnen innewohnenden **Elastizitäts-** und **Trägheitskräfte** pendeln die Materieteilchen periodisch um ihre ursprüngliche Ruhelage hin und her. Das **Auftreten von Schall** ist untrennbar an die **Existenz von Materie** gebunden. Schall kann in festen, flüssigen und gasförmigen Körpern, bzw. Medien auftreten. **Im Vakuum gibt es keinen Schall.**

Die bekannteste und uns gewohnteste Form des Schalls, wie sie uns durch die Luft als Medium vermittelt wird, nennt man **Luftschall.** Daneben unterscheidet man entsprechend dem Medium, in dem er auftritt, auch noch den **Körperschall** und den **Flüssigkeitsschall.**

Schall erzeugt man dadurch, indem man beispielsweise einen Körper zu elastischen Schwingungen anregt. Einrichtungen, mit denen das möglich ist oder die eigens dafür geschaffen sind, nennt man **Schallquellen** oder **Schallsender.**

2.1.1. Luftschall

Luftschall entsteht durch Anregung von **Schwankungen der Luftdichte,** wobei **Über-** und **Unterdruck** entsteht, der sich **örtlich** und **zeitlich** auszugleichen versucht. Bei einem einmaligen kurzzeitigen Luftdruckausgleich, z.B. beim Zerplatzen eines Autoreifens oder beim Abfeuern eines Geschosses, treten **knallartige Schalle** auf. – Schall, der durch **periodische Schwingungen** entsteht, hervorgerufen z.B. durch ein Musikinstrument, empfinden wir als **Ton** oder auch als **Klang.**

Luftschall kann mittelbar auch durch Anregung fester Körper zu Schwingungen hervorgerufen werden, sofern diese Körper mit der Luft in Berührung stehen. Der primär entstehende **Körperschall** wird dabei auf die Luft übertragen, d.h. **in die Luft abgestrahlt.** Bekannte Schallquellen dieser Art sind z.B. **Glocken** oder **Lautsprecher.** Während bei den Glocken der Schall von den schwingenden Wandungen des Glockenkörpers abgestrahlt wird, erfolgt die Abstrahlung beim Lautsprecher durch eine schwingende Membran, siehe Bild 2.1. – Die eigentliche Schallerzeugung erfolgt im Falle der Glocke durch einen **mechanischen** und im Falle des Lautsprechers durch einen **elektromagnetischen,** bzw. **elektrodynamischen Vorgang.**

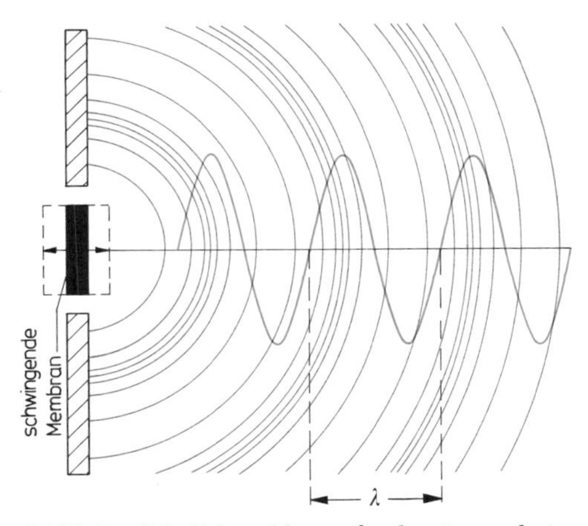

Bild 2.1. Schallabstrahlung durch eine schwingende Membran

Die zum Schwingen angeregten Luftteilchen bringen ihrerseits jeweils die ihnen benachbarten Luftpartikel zum Schwingen. Die von einer punktförmigen Schallquelle ausgehende Erregung breitet sich allseitig im Raume aus. Das Bild 2.2. zeigt diesen Vorgang schematisiert, aber dennoch sehr anschaulich: Man stelle sich vor, sämtliche Luftteilchen seien hochelastische Masseteilchen, z.B. Gummibälle, die in gerader Linie aneinander gereiht sind. Ein plötzlicher Stoß gegen das erste Teilchen der Reihe, bzw. gegen den ersten Ball, wird sich zunächst auf die benachbarten und dann auf die nächsten und übernächsten Luftteilchen, bzw. Bälle, übertragen. Es tritt dabei anfänglich eine **Verdichtung der Masseteilchen** auf, die dann **wellenartig** weiterläuft. Auf jede **Verdichtungswelle**

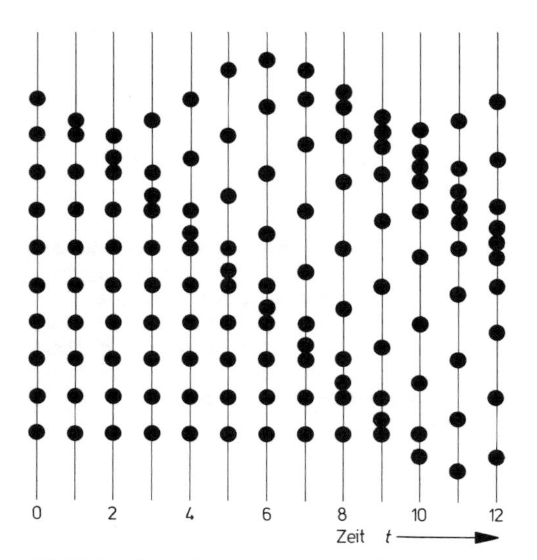

Bild 2.2. Fortpflanzung einer sinusförmigen Erregung in einer Reihe elastischer Masseteilchen. Die Darstellung zeigt schematisch die Erregung nach verschiedenen Zeitabschnitten

folgt eine **Verdünnungswelle.** In ganz bestimmten Abständen entlang einer solchen Welle wiederholen sich in Fortpflanzungsrichtung der Erregung jeweils die gleichen Erregungszustände, siehe Bild 2.1. Bei gleichbleibender **Anregungsfrequenz** f sind diese Abstände alle gleich groß. Man nennt sie die **Wellenlänge** λ der Schwingung. Das Produkt aus der Frequenz und der Wellenlänge ergibt die **Ausbreitungsgeschwindigkeit** der Erregung, d.h. die **Schallwellengeschwindigkeit** oder kurz die **Schallgeschwindigkeit** c:

$$c = f \cdot \lambda$$

Sie beträgt in Luft als **Ausbreitungsmedium** bei einer Temperatur von 20°C etwa **343 m/s**; in flüssigen oder festen Medien ist sie größer, siehe auch Abschnitt 2.5., bzw. Tafel 13.3.

Die schwingenden Teilchen des **Schallübertragungsmediums,** z.B. die Luftpartikel, wandern während eines solchen Erregungsvorganges nicht weiter, sie führen nur Schwingungsbewegungen um ihre Ruhelage aus. Mit der Welle wird lediglich die **Energie des Schalls** fortgetragen.

Die **Fortpflanzung von Energie** ist das typische Merkmal jeder Art von **Wellenbewegung.**

2.1.2. Körperschall und Flüssigkeitsschall

Schall, der sich in festen Körpern ausbreitet, bezeichnet man als **Körperschall.** Erfolgt die Schallausbreitung in Flüssigkeiten, so spricht man von **Flüssigkeitsschall.**

In der **Bauakustik** spielt der **Körperschall** oft eine unangenehme Rolle: Trifft beispielsweise Luftschall auf eine Wand, so wird ein Teil der Schallenergie daran **reflektiert,** während der andere Teil **schallgedämmt** (siehe Abschnitt 4.3.2.1.) „hindurchgeht" und von der gegenüberliegenden Wandseite als Luftschall wieder abgestrahlt wird. Ein beachtlicher Teil der Schallenergie bleibt in der Wand selbst, wo er z.T. in Wärme umgesetzt wird oder als **Körperschall** seitlich abwandert. Im festen Wandmaterial kann sich der Körperschall mit relativ geringer **Dämpfung** über größere Entfernungen ausbreiten. Fällt seine Frequenz zufällig mit der Eigenfrequenz von Wänden oder sonstigen mit dem Gebäude in mechanischer Verbindung stehenden Teilen zusammen, so kann er an diesen Stellen wieder als Luftschall abgestrahlt werden. Derartige Vorgänge sind meist schwer zu überblicken und daher besonders unangenehm.

Körperschall kann aber auch nutzbringend oder sogar gezielt zur Anwendung kommen, z.B. bei der **Auskultation** in der ärztlichen Diagnostik oder aber bei der **(Ultraschall-) Festkörper-Verzögerungsleitung,** einem modernen Bauelement, das u.a. in Farbfernseh-Empfangsgeräten verwendet wird. –

Für Schallvorkommen in Flüssigkeiten gibt es ebenfalls zahlreiche Beispiele. So stoßen z.B. Tümmler zum Zwecke der **Ortung** oder **Echopeilung** Unterwasserlaute aus, die sowohl im Schall- als auch im Ultraschallbereich liegen (Ultraschall hat den besonderen Vorzug, daß man ihn zu sehr scharfen und intensiven Strahlen bündeln kann). – Der Schallausbreitung in Flüssigkeiten bediente man sich ferner bereits bei den Vorläufern der heutigen **Sonar-Geräte**[1], nämlich den **Unterwasserglocken,** mit denen man Schiffe bis auf Entfernungen von über 20 km erreichen und warnen konnte. Die Glockensignale wurden von den Schiffen mit **Unterwassermikrofonen** aufgefangen. – Das **Echolot-Verfahren** beim Fischfang ist ein weiteres Beispiel für die Ausnutzung der Schallausbreitung in Flüssigkeiten.

---

[1] **Sonar** (= sound navigation and ranging) ist die Abkürzung für ein Verfahren zur akustischen Navigation und Entfernungsmessung unter Wasser.

2.1.3. Wellenarten

In **Gasen** und **Flüssigkeiten** pflanzt der Schall sich immer nur in Form von **Längs-** oder **Longitudinalwellen** fort. Die Schwingungsrichtung der einzelnen Mediumteilchen ist dabei identisch mit der Ausbreitungsrichtung des Schalls, siehe Bild 2.2.– Unter der Annahme einer punktförmigen Schallquelle erfolgt die Schwingungsanregung der Mediumteilchen gleichmäßig nach allen Seiten des materieerfüllten Raumes. Das bedeutet, daß alle Teilchen, die die gleiche Entfernung von der Schallquelle haben, d.h. auf einer **Kugeloberfläche** liegen, deren Mittelpunkt die Schallquelle ist, sich **im gleichen Erregungszustand (Verdichtung** oder **Verdünnung)** oder **in gleicher Phase** befinden. Schallwellen, die sich nach allen Seiten gleichmäßig ausbreiten, bezeichnet man infolgedessen als **Kugelwellen.** Dieser Wellenform begegnet man stets in unmittelbarer Nähe der Schallquelle. – Entfernt man sich weit genug von der Quelle und betrachtet dabei nur einen verhältnismäßig kleinen Ausschnitt der Kugelwelle, so kann man dieses Stück der Kugeloberfläche auch durch eine **Ebene** annähern. Man spricht daher in diesem Falle von einer **ebenen Schallwelle**, siehe Bild 2.3. –

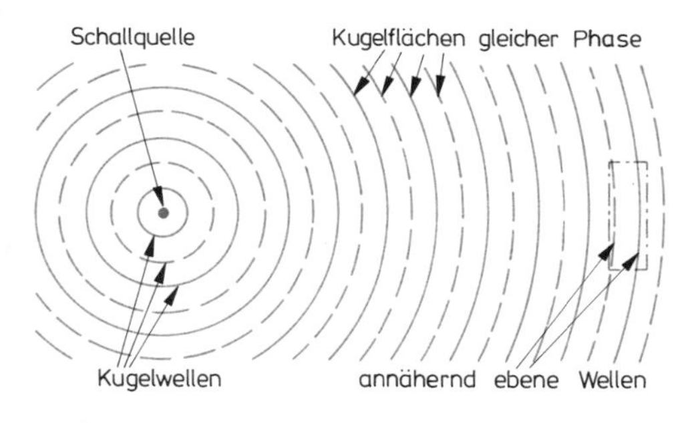

Bild 2.3. Kugelwelle und ebene Welle

Während die Schallausbreitung in Gasen und Flüssigkeiten nur von deren **Volumenelastizität** bestimmt wird, kommt bei der Schallausbreitung in **festen Körpern** noch der Einfluß der **Formelastizität** hinzu. Bei jeder **elastischen Dehnung** eines **festen, isotropen**[1] **Körpers** tritt nämlich gleichzeitig eine zur Dehnungsrichtung quer gerichtete Kontraktion **(Querkontraktion)** auf. Infolgedessen treten in festen Körpern neben **Longitudinal-** oder

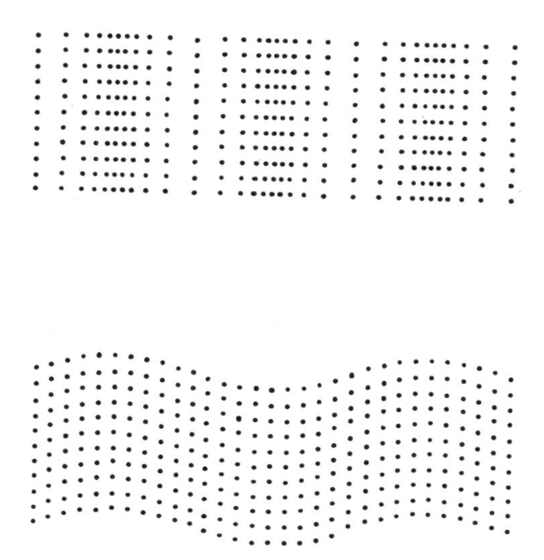

Bild 2.4.

Dichtewellen auch noch **Transversal-** oder **Schubwellen** auf, siehe Bild 2.4. Bei den Transversalwellen schwingen die einzelnen Teilchen **quer** zur Ausbreitungsrichtung des Schalls.

> Die **Longitudinalwelle** breitet sich mit der für das betreffende Material **größten Schallgeschwindigkeit** aus.

Reine Longitudinal- und **Transversalwellen** treten **nur in solchen Körpern** auf, deren **Ausdehnung** nach allen Richtungen als **unendlich groß** oder zumindest als sehr groß gegenüber der Wellenlänge angesehen werden darf. Diese beiden Wellenarten sind praktisch nur im Ultraschallbereich realisierbar.

Sind die Körperabmessungen in einer oder gar in zwei Dimensionen begrenzt und außerdem vergleichbar mit der Wellenlänge, so treten noch andere Wellenarten auf, z. B. **Biege-** und **Dehnwellen**, siehe Bild 2.5.

Biegewellen kann man in festen Körpern beobachten, die zweiseitig durch parallele Flächen begrenzt sind, z. B. in Platten, wobei die Plattendicke klein gegenüber der Wellenlänge ist. Ihre Ausbreitungsgeschwindigkeit ist frequenzabhängig. Die **Teilchenbewegung** ist **überwiegend transversaler Natur.**

Dehnwellen treten in Körpern auf, die in zwei Raumdimensionen begrenzt sind, wie z. B. in

---

[1] **isotrop:** Gleiche physikalische Eigenschaften, z.B. gleiche Schallgeschwindigkeit, in allen Richtungen des Körpers. Nicht isotrop sind z. B. Kristalle.

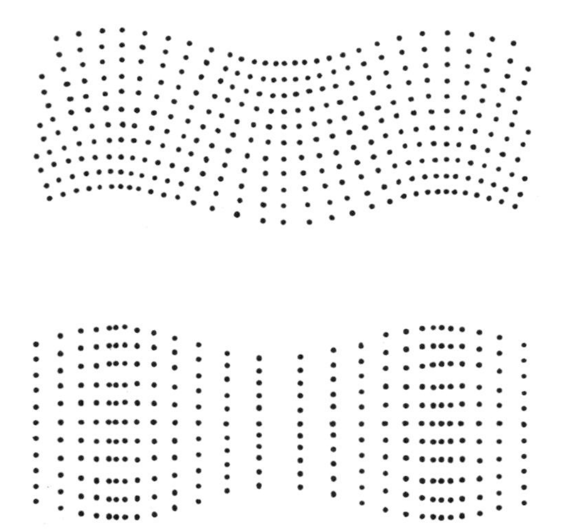

Bild 2.5.

Stäben. Bei dieser Wellenart **überwiegt** die **longitudinale** Schwingungskomponente. Man bezeichnet diesen Wellentyp daher auch als **quasilongitudinal.** Dehnwellen können sich mit einer sehr viel kleineren Geschwindigkeit ausbreiten als Longitudinalwellen in einem unbegrenzten Medium.

Bei entsprechender Anregung können sich entlang von Stäben auch **Torsionswellen** ausbilden.

In einseitig begrenzten Körpern, die mit einem anderem Medium eine Grenzschicht gemeinsam haben, können an der Grenzfläche **Oberflächenwellen (Rayleigh-Wellen)** in Erscheinung treten, siehe Bild 2.6.

Bild 2.6. Oberflächen- oder Rayleigh-Wellen

2.2. Schallfeldgrößen

Einen mit Materie, z.B. mit Luft, erfüllten Raum, in dem sich Schallwellen ausbreiten, bezeichnet man als **Schallfeld.**

In Gasen und Flüssigkeiten ist das Auftreten von Schallwellen gekennzeichnet durch **räumliche** und **zeitliche Schwankungen** der **Dichte** ϱ (= Masse pro Volumeneinheit; Einheitenzeichen: kg/m^3) des Mediums, des **Drucks** p (= Kraft pro Flächeneinheit; Einheitenzeichen; N/m^2) innerhalb des Mediums und der **Geschwindigkeit** v (= Weg pro Zeiteinheit; Einheitenzeichen: m/s) der Mediumteilchen um **räumlich** und **zeitlich konstante Mittelwerte** ϱ_-, p_- und v_-, die auch ohne Schall vorhanden sind:

$\varrho = \varrho_- + \varrho_\sim$; $\varrho_\sim$ = **Wechseldichte**

$p = p_- + p_\sim$; $p_\sim$ = **Schallwechseldruck** oder **Schalldruck**

$v = v_- + v_\sim$; $v_\sim$ = **Wechselgeschwindigkeit** oder **Schallschnelle**

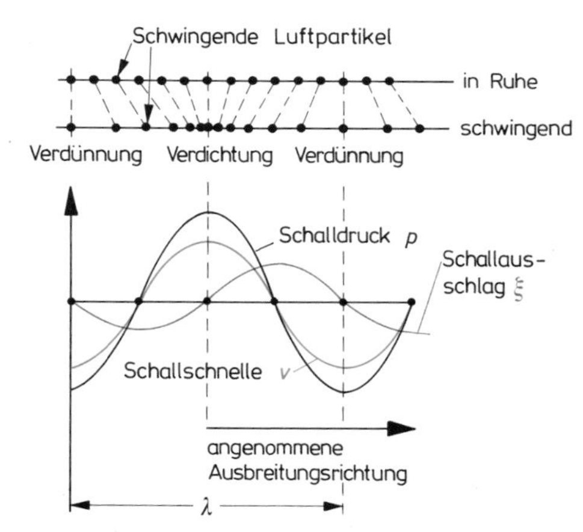

Bild 2.7. Momentandarstellung von Schallausschlag ξ, Schalldruck p und Schallschnelle v in einer ebenen fortschreitenden Welle

Ein Schallfeld läßt sich quantitativ eindeutig beschreiben, indem man beispielsweise für jedes schwingende Mediumteilchen die jeweilige Verschiebung aus seiner Ruhelage angibt, die es örtlich und zeitlich erfährt. – In der Praxis pflegt man die Struktur eines Schallfeldes i. a. jedoch durch die **örtliche** und **zeitliche Verteilung** des **Schalldrucks** oder der **Schallschnelle** anzugeben. Man bezeichnet diese Größen auch als **Schallfeldgrößen.**

Ebene Schallwellen breiten sich nur in **einer Raumrichtung** aus. Ihre quantitative Behandlung ist infolgedessen sehr übersichtlich und führt zu relativ einfachen Gleichungen, bzw. Darstellungen. Anhand eines Momentanbildes einer **ebenen fortschreitenden Welle** sollen daher die Schallfeldgrößen **Schalldruck** und **Schallschnelle** veranschaulicht und erläutert werden, siehe Bild 2.7.

2.2.1. Schalldruck

In einer ebenen fortschreitenden Welle erfahren die Mediumteilchen in, bzw. entgegen der Richtung der Wellenausbreitung eine **Auslenkung**, die man als **Schallausschlag** oder **Ausschlag**[1] ξ bezeichnet. Bei **sinusförmiger Erregung** ist der **Ausschlag:**

$$\xi = \hat{\xi} \cdot (\cos \omega t - \varphi_{\xi})$$

Es wiederholen sich dabei im Abstand von jeweils einer Wellenlänge λ in wechselnder Folge Verdichtungen und Verdünnungen innerhalb des Übertragungsmediums, d.h. **Überdruck** und **Unterdruck**, siehe Bild 2.7. – Bei **Luftschall** stellen die schwingenden Luftpartikel **örtliche** und **zeitliche Änderungen der Luftdichte** und somit des **Luftdrucks** dar. Diese Druckänderungen bezeichnet man als **Schallwechseldruck** oder **Schalldruck** $p_{\sim}$. Der Schalldruck ist dem **normalen atmosphärischen Luftdruck** überlagert. Normaler **Sprachschall** verursacht 1 m vom Sprecher entfernt einen Schalldruck, d.h. Luftdruckschwankungen, von etwa 10^{-2} bis 10^{-1} N/m². Ein Schalldruck von etwa 20 N/m² bei einer Frequenz von 1 kHz wird von unserem Gehör bereits als sehr unangenehm, bzw. als schmerzerregend empfunden. Verglichen mit dem atmosphärischen Luftdruck (im Normalfalle: 101 325 N/m²) sind diese Druckschwankungen dennoch außerordentlich klein.

In der akustischen Meßtechnik ist der **Schalldruck**, bzw. der **Schalldruckpegel** (siehe Abschnitt 2.2.1.2.), eine der am häufigsten gemessenen Größen. Im Gegensatz zur **Schallschnelle** ist der **Schalldruck** einer Messung besonders leicht zugänglich. Die meisten Mikrofone sind nämlich ihrer Natur nach **(Schall-) Druckempfänger**. Auch unser Ohr ist ein **Druckempfänger**.

[1] In der allgemeinen Schwingungslehre wird die Auslenkung meist durch das Formelzeichen x dargestellt. In der Akustik dagegen bezeichnet man mit x i.a. lediglich die Raumkoordinate in Richtung der Auslenkung oder des Ausschlages.

Der Schalldruck $p_{\sim}$ ist eine **Wechselgröße**. Man kann ihn daher sowohl als Scheitelwert $\hat{p}$, als Effektivwert $\tilde{p}$ oder als arithmetischen Mittelwert $\bar{p}$ messen und angeben. – Der einfacheren Schreibweise wegen wird fortan überall dort, wo es sich einwandfrei erkennbar um Schalldruck handelt, der Wechselgrößen-Index „$\sim$" beim Formelzeichen p weggelassen.

Zwischen dem **Schallausschlag** ξ **und dem Schalldruck** p besteht bei einer **ebenen fortschreitenden Welle** eine **Phasenverschiebung** von **90°**, siehe Bild 2.7.

Im Maximum und im Minimum des Ausschlags ξ haben die schwingenden Teilchen den gleichen Abstand zueinander wie in ihrer Ruhelage. Das bedeutet, daß der Schalldruck hier gleich Null ist; es herrscht normaler Luftdruck.

2.2.1.1. Adiabatengesetz

Bei der Schallausbreitung bewirken die Bewegungen der Mediumteilchen **elastische Zustandsänderungen** im Medium. An Orten erhöhter Dichte (Verdichtung) tritt **Erwärmung** auf, an Orten herabgesetzter Dichte (Verdünnung) erfolgt **Abkühlung**. Die **Zustandsänderungen** verlaufen normalerweise dermaßen schnell, daß während der Zeit von jeweils einer Schwingungsperiode **kein Wärmeaustausch** mit der Umgebung stattfindet. Die Zustandsänderungen verlaufen daher **nicht isotherm** sondern **adiabatisch**. Die Schallausbreitung in Gasen gehorcht dem **Adiabatengesetz**:

$$p \cdot V^{\varkappa} = \text{const.}$$
$$p = \text{const.} \cdot \varrho_{\sim}^{\varkappa}$$

V = Volumen

$\varkappa = c_p / c_v$ = **Adiabatenexponent**

c_p = Spezifische Wärmekapazität bei gleichbleibendem Druck

c_v = Spezifische Wärmekapazität bei gleichbleibendem Volumen

Der **Adiabatenexponent** ist abhängig von der Temperatur. Für einatomige Gase ist $\varkappa = 1{,}66$ bei 0 °C. Für zweiatomige Gase, z.B. für O_2, CO und Luft, ist $\varkappa = 1{,}40$ bei 0 °C.

Bei verhältnismäßig kleinen Dichteänderungen ($\varrho_{\sim} \ll \varrho_{-}$), wie sie beispielsweise bei der Ausbreitung von Schall auftreten, besteht zwischen dem

Schalldruck p und der **Wechseldichte** $\varrho_\sim$ folgender Zusammenhang:

$$\frac{p}{p_-} = \varkappa \cdot \frac{\varrho_\sim}{\varrho_-}$$

$$p = \frac{p_- \cdot \varkappa}{\varrho_-} \cdot \varrho_\sim$$

p_- = Gleichdruck; i.a. gleich dem atmosphärischen Luftdruck

ϱ_- = Ruhedichte; i.a gleich der Luftdichte bei normalem atmosphärischen Luftdruck und 20 °C (= 1,189 kg/m³)

2.2.1.2. Schalldruckpegel

Der (absolute) **Schalldruckpegel** oder **Schallpegel** L ist durch die Beziehung

$$\frac{L}{\text{dB}} = 20 \lg \frac{\tilde{p}}{\tilde{p}_0}$$

definiert, Die Messung und Angabe des Schalldruckpegels erfolgt in **Dezibel** (dB über $2 \cdot 10^{-5}$ N/m² oder einfach dB). Der Bezugsschalldruck $\tilde{p}_0$ (= $2 \cdot 10^{-5}$ N/m²) entspricht dem Schalldruck eines Sinustones mit der Frequenz 1000 Hz, den unser Gehör gerade noch wahrzunehmen vermag (**Hörschwelle**). Für den Schalldruck $\tilde{p}$ ist der Effektivwert einzusetzen. Das Bild 2.8. zeigt ein Nomogramm zur Umrechnung von Schalldruck in Schalldruckpegel und umgekehrt.

Für einen Schalldruckpegel von beispielsweise 74 dB entnimmt man dem Nomogramm für den dazugehörigen Schalldruck einen Wert von $\tilde{p} = 10^{-1}$ N/m². Diesem Schalldruck entspricht bei einer Frequenz von 1000 Hz ein Schallausschlag $\tilde{\xi}$ von etwa $0{,}04 \cdot 10^{-6}$ m. (An der Hörschwelle beträgt der Schallausschlag $\tilde{\xi}_0$ bei 1000 Hz etwa $0{,}8 \cdot 10^{-11}$ m).

Der Schalldruckbereich, den wir mit unserem Gehör normalerweise wahrnehmen, erstreckt sich z. B. bei 1000 Hz von $2 \cdot 10^{-5}$ N/m² (entsprechend: $L = 0$ dB) bis zu etwa 20 N/m² (entsprechend: $L = 120$ dB), d.h. über 6 Größenordnungen. Hierfür bietet sich die Verwendung des logarithmischen Maßstabs geradezu an.

2.2.1.3. Addition von Schalldruckpegeln

Erhöht man den von *einer* Schallquelle erzeugten Schalldruck auf den doppelten Wert, so steigt der Schalldruckpegel um 6 dB an. – Überlagert man jedoch einem bestimmten Schalldruck einen *gleichgroßen* Schalldruck einer *zweiten* Quelle, so erhöht sich der resultierende Gesamtschallpegel

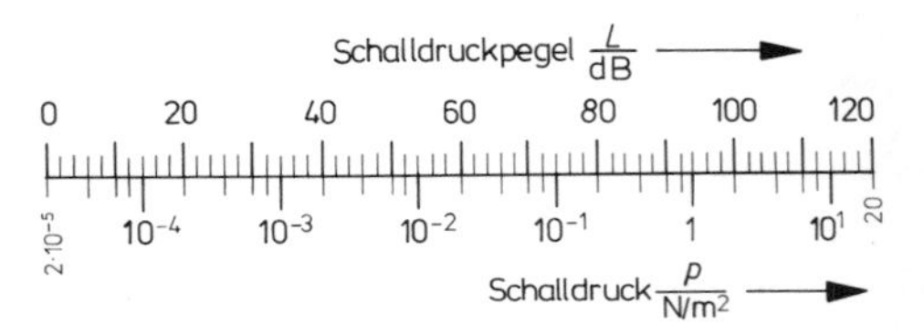

Bild 2.8. Schalldruck-Schalldruckpegel-Umrechnung

L_{ges} gegenüber dem Schallpegel L_1, bzw. L_2 der Einzelquelle nur um 3 dB. Das ist zugleich auch der höchstmögliche Schallpegelzuwachs ΔL, den zwei Schallquellen gemeinsam zu erzielen vermögen. – Sind die beiden Schallpegel *ungleich*, so nimmt der Einfluß des niedrigeren Pegels rasch ab. Bei einer Schallpegeldifferenz $L_1 - L_2$ von 10 dB – dabei ist mit L_1 jeweils der größere der beiden Einzelpegel gemeint – ist der resultierende Gesamtschallpegel nur noch um etwa 0,4 dB höher als L_1, siehe Bild 2.9.

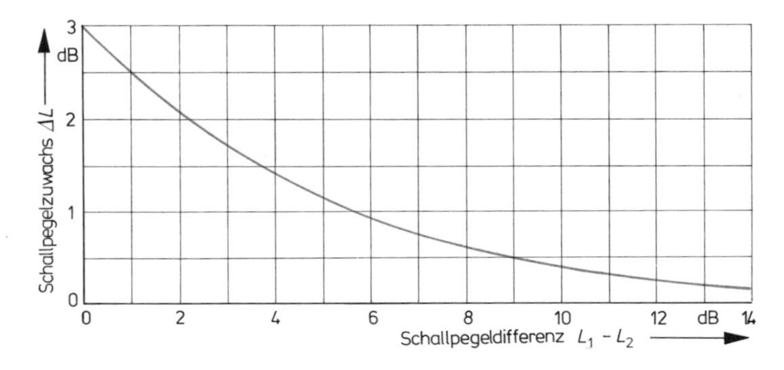

Bild 2.9. Aus der Überlagerung (Addition) zweier Schalldruckpegel L_1 und L_2 resultiert ein Gesamtschallpegel L_{ges}, der um ΔL höher ist als der größere der beiden Einzelschallpegel (L_1). Der Schallpegelzuwachs ΔL hängt von der Schallpegeldifferenz $L_1 - L_2$ ab. Er beträgt im Höchstfalle ($L_1 = L_2$) 3 dB

Beim Umgang mit Pegeln sollte man sich stets des vorliegenden physikalischen Sachverhalts bewußt sein. Der Schalldruckpegel ist durch das Verhältnis der **Effektivwerte** zweier Schalldrucke definiert. Bei der **Schallpegeladdition** sind daher die **Quadrate** der einzelnen Schalldrucke **logarithmisch zu addieren.** Das Quadrat des Schalldrucks ist aber der **Schallintensität** J, d.h. einer quadratischen Größe, proportional, siehe Abschnitt 2.6.1. Man kann auf diese Weise die Schallpegelerhöhung um 3 dB erklären, die zwei gleichgroße Schalldrucke (p), bzw. Schalldruckquadrate oder zwei gleichgroße Schallintensitäten hervorrufen. Es handelt sich in jedem Falle um eine **Verdopplung der Schallenergie.**

Treten an einem bestimmten Ort zwei Schalldrucke $\tilde{p}_1$ und $\tilde{p}_2$ auf, die von zwei verschiedenen Schallquellen herrühren, so ergibt die logarithmische Addition für diesen Ort einen Gesamtschallpegel von

$$\frac{L_{\text{ges}}}{\text{dB}} = 20 \cdot \lg \sqrt{\left(\frac{\tilde{p}_1}{\tilde{p}_0}\right)^2 + \left(\frac{\tilde{p}_2}{\tilde{p}_0}\right)^2} = 10 \cdot \lg \left[\left(\frac{\tilde{p}_1}{\tilde{p}_0}\right)^2 + \left(\frac{\tilde{p}_2}{\tilde{p}_0}\right)^2\right].$$

Sind beide Schalldrucke gleichgroß ($\tilde{p}_1 = \tilde{p}_2$), so ist

$$\frac{L_{\text{ges}}}{\text{dB}} = 10 \cdot \lg 2 \cdot \left(\frac{\tilde{p}_1}{\tilde{p}_0}\right)^2 = 10 \cdot \lg \left(\frac{\tilde{p}_1}{\tilde{p}_0}\right)^2 + 10 \cdot \lg 2 = 20 \cdot \lg \frac{\tilde{p}_1}{\tilde{p}_0} + 3 .$$

n-Schallquellen haben an einem bestimmten Ort einen Gesamtschallpegel von

$$\frac{L_{\text{ges}}}{\text{dB}} = 10 \cdot \lg \sum_n \left(\frac{\tilde{p}_\nu}{\tilde{p}_0}\right)^2_{\nu=1\cdots n}$$

zur Folge. Darin sind mit $\tilde{p}_\nu$ die einzelnen Schalldruck-Effektivwerte gemeint, die die Schallquellen $1 \cdots n$ am betrachteten Ort erzeugen. – Zehn pegelgleiche Schallquellen ergeben somit einen Gesamtschallpegel, der um 10 dB höher ist als jeder der einzelnen Schallpegel.

2.2.2. Schallschnelle

Unter der **Schallschnelle** oder der **Schnelle** v (Einheitenzeichen: m/s) versteht man die Wechselgeschwindigkeit, mit der die schwingenden Partikel des Schallübertragungsmediums um ihre Ruhelage oszillieren. Die Schnelle ist definiert als Schallausschlag pro Zeiteinheit

$$v = \frac{d\xi}{dt}, \quad (\xi = \int v \, dt) .$$

Erfolgt die Bewegung der Mediumteilchen sinusförmig mit der Frequenz $f = \omega/2\pi$, so ist

$$v = \omega \cdot \xi .$$

Die Schnelle ist eine Wechselgröße. Sie wird in der Praxis vorwiegend als **Effektivwert** angegeben.

In einer ebenen fortschreitenden Welle ist die Schallschnelle jeweils an denjenigen Stellen am größten, wo sich die Bewegung der Teilchen, d.h. der Schallausschlag ξ, am schnellsten ändert. Das ist überall dort der Fall, wo $d\xi/dt$ Extremwerte annimmt, d.h. wo die Wellendarstellung des Teilchenausschlags ihre Nulldurchgänge hat, siehe Bild 2.7.

Das bedeutet aber, daß bei einer **ebenen fortschreitenden Schallwelle Schallschnelle** und **Schalldruck phasengleich** sind. Es kommt somit zur **Fortpflanzung von Schallenergie,** und zwar in Richtung der Wellenausbreitung.

Bei der Kugelschallwelle liegen die Verhältnisse anders: Die von einer (punktförmigen) Schallquelle abgestrahlte Schallenergie verteilt sich auf einer ständig (mit Schallgeschwindigkeit) wachsenden Kugeloberfläche. Im Gegensatz zur ebenen Welle nimmt die **Schallenergie** im **Kugelschallfeld** bezogen auf die durchschallte Flächeneinheit mit größer werdender Entfernung r von der Schallquelle ab, und zwar mit $1/r^2$. Ähnlich wie bei elektromagnetischen Kugelwellen unterscheidet man auch bei Kugelschallwellen zwischen einem **Nahfeld** ($r < 2\lambda$) und einem **Fernfeld** ($r > 2\lambda$), siehe Abschnitt 4. Die **Schallschnelle** v und der **Schallausschlag** ξ nehmen im **Nahfeld** mit $1/r^2$ und im **Fernfeld** mit $1/r$ ab; der **Schalldruck** p dagegen nimmt im **Nah-** und im **Fernfeld** mit $1/r$ ab. Im Kugelschallfeld besteht die **Schnelle** aus einem **Wirkanteil** ^-v und einem **Blindanteil** $'v$. Der $1/r^2$-Abfall der Schnelle im Nahfeld wird im wesentlichen durch die Blindschnelle $'v$ verursacht. Bei der Schallabstrahlung im Nahfeld tritt nämlich neben der eigentlichen (Wirk-) Schallenergie auch noch eine Blindenergie-Komponente auf, die durch die sogenannte **mitschwingende Mediummasse** zustande kommt. Darunter versteht man diejenige Mediummasse, z. B. Luft, die in unmittelbarer Nähe der Schallquelle „wattlos" hin- und hergeschoben wird, ohne dabei komprimiert zu werden. Infolge dieser nicht zu vernachlässigenden **Massewirkung** des **mitschwingenden Mediums** tritt zwischen **Schallschnelle** und **Schalldruck** eine **Phasenverschiebung** auf, die für die Größe der Blindenergie kennzeichnend ist.

> Bei der **Kugelschallwelle eilt** der **Schalldruck** der **Schallschnelle voraus**, siehe Bild 2.10. Im Nahfeld beträgt die Phasenverschiebung 90° (kein Energietransport), während im Fernfeld beide Schallfeldgrößen wieder phasengleich werden.

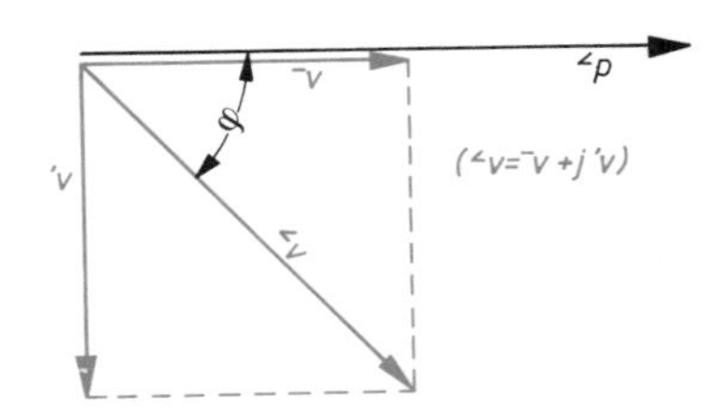

Bild 2.10. Zeigerdarstellung der Schallschnelle und des Schalldrucks für eine Kugelschallwelle, wobei die Schnelle <v (<v = Schreibweise für einen ruhenden Zeiger) in ihren Wirkanteil ⁻v und in ihren Blindanteil 'v zerlegt ist

Im ebenen Schallfeld besteht die **Schnelle** nur noch aus ihrem **Wirkanteil.** –

Die Schallschnelle v ist nicht zu verwechseln mit der Schallgeschwindigkeit c. Die Schallgeschwindigkeit gibt die Geschwindigkeit an, mit der sich die Schallenergie ausbreitet, während die Schnelle lediglich die Wechselgeschwindigkeit der Teilchen darstellt. Bei normalem atmosphärischen Luftdruck und 20 °C beträgt die Schallgeschwindigkeit etwa 343 m/s. Die Schnelle dagegen ist wesentlich kleiner: An der **Hörschwelle** des Menschen z. B beträgt sie bei einer Frequenz von 1000 Hz

$$\tilde{v}_0 = \omega \cdot \tilde{\xi} = 2\pi\, 10^3 \cdot 0{,}8 \cdot 10^{-11} \approx 5 \cdot 10^{-8}\ \mathrm{m/s}.$$

Dieser Wert wird auch zur Definition des **Schallschnellepegels**

$$\frac{L_v}{\mathrm{dB}} = 20 \lg \frac{\tilde{v}}{\tilde{v}_0}$$

benutzt. – Bei einem Schalldruckpegel von beispielsweise 120 dB ist $\tilde{v} \approx 5 \cdot 10^{-2}$ m/s, und zwar ebenfalls bei 1000 Hz.

2.3. Schallfluß

Der **Schallfluß** ist definiert als **Produkt** aus der **Schallschnelle** v und dem **Strömungsquerschnitt** S:

$$q = v \cdot S$$

> Schallfluß = Schallschnelle · durchströmte Fläche

Unter dem **Schallfluß** q (Einheitenzeichen: $\mathrm{m^3/s}$) hat man sich ein bestimmtes Volumen des Übertragungsmediums vorzustellen, das pro Zeiteinheit durch die Fläche S hindurchströmt, und zwar mit periodisch wechselnder Richtung.

Die Angabe des Schallflusses hat physikalisch nur dann einen Sinn, wenn sichergestellt ist, daß sämtliche Teilchen des Mediums die gleiche Schnelle v haben, d.h. daß die rhythmische Durchströmung der Fläche S überall gleichphasig erfolgt. Voraussetzung hierfür ist, daß der Strömungsquerschnitt S als sehr klein gegenüber dem Quadrat der Wellenlänge λ^2 angesehen werden kann ($S \ll \lambda^2$).

Schallfluß und Schallschnelle sind stets phasengleich. Im *Kugelschallfeld* ist der *Schallfluß* daher ebenfalls *komplex.*

2.4. Schallkennimpedanz

Das **Verhältnis** von **Schalldruck** zu **Schallschnelle** ist bei einer **ebenen Schallwelle** zu jedem Zeitpunkt und an jeder Stelle eines Raumes **konstant.** Es ist gleich dem Produkt aus der Ruhedichte ϱ_- und der Schallgeschwindigkeit c des betreffenden Mediums. Man bezeichnet dieses Produkt als **Schallkennimpedanz** Z_0 (Einheitenzeichen: $\mathrm{Ns/m^3}$):

$$Z_0 = \frac{\tilde{p}}{\tilde{v}} = \varrho_- \cdot c$$

Die Schallkennimpedanz – früher auch als **Schall-Wellenwiderstand** bezeichnet – ist eine **charakteristische Größe** für das jeweilige **Schallausbreitungsmedium**: Für Luft z. B. (unter normalen atmosphärischen Bedingungen) ist $Z_0 = 408\ \mathrm{Ns/m^3}$.
In der Tafel 13.3. im Anhang sind für eine Reihe von Stoffen als Schallausbreitungsmedium die Schallkennimpedanzen angegeben.
Das Verhältnis $Z_0 = p/v$ stellt formal ein **akustisches Analogon** zur elektrischen Leitung dar, die mit ihrem Wellenwiderstand $Z = u/i$ reflexionsfrei abgeschlossen ist. Auf einer solchen Leitung ist bekanntlich das Verhältnis von Spannung zu Strom an jeder beliebigen Stelle ebenfalls konstant ($= Z$). – Das soll aber nicht heißen, daß p und u, bzw. v und i in jedem Falle zueinander analoge Größen sein müssen.
Bei der **Kugelschallwelle** ist das **Verhältnis** von **Schalldruck** zu **Schallschnelle nicht** mehr überall **konstant.** Man bezeichnet in diesem Falle den Quotienten aus Schalldruck und Schallschnelle als **spezifische Schallimpedanz** oder **Feldimpedanz** Z_s:

$$Z_s = \frac{p}{v} = \varrho_- \cdot c \cdot \frac{\mathrm{j}\,k\,r}{1 + \mathrm{j}\,k\,r}$$

$$= Z_0 \cdot \frac{\mathrm{j}\,2\pi \frac{r}{\lambda}}{1 + \mathrm{j}\,2\pi \frac{r}{\lambda}}$$

$$k = \frac{\omega}{c} = \frac{2\pi}{\lambda}\ \textbf{Wellenzahl}$$

Die **spezifische Schallimpedanz** ist im **Kugelschallfeld komplex**; sie hängt ab vom Verhältnis der Schallquellenentfernung r zur Wellenlänge λ, d. h. von r/λ. Bereits in einer Entfernung von $r = \lambda$ differieren die Beträge der spezifischen Schallimpedanz Z_s des Kugelschallfeldes und der Schallkennimpedanz Z_0 des ebenen Schallfeldes nur noch um etwa 1,2 % voneinander. Ist die Entfernung $r \gg \lambda$, so wird die spezifische Schallimpedanz Z_s reell und identisch mit der Schallkennimpedanz Z_0.
In der Technischen Akustik gibt es noch zwei weitere Impedanzbegriffe:

2.4.1. Mechanische Impedanz

Im Umgang mit mechanischen Schwingungsgebilden, z. B. bei elektroakustischen Wandlern, benutzt man den Begriff der **mechanischen Impedanz** Z_m (Einheitenzeichen: Ns/m):

$$Z_m = \frac{F_\sim}{v}; \quad F_\sim = \textbf{Wechselkraft}$$

$$\text{Mechanische Impedanz} = \frac{\text{Wechselkraft}}{\text{Schnelle}}$$

2.4.2. Akustische Impedanz

Den Quotienten aus Schalldruck und Schallfluß bezeichnet man als **akustische Impedanz** Z_a (Einheitenzeichen: $\mathrm{Ns/m^5}$):

$$Z_a = \frac{p}{q}$$

$$\text{Akustische Impedanz} = \frac{\text{Schalldruck}}{\text{Schallfluß}}$$

Die akustische Impedanz spielt beispielsweise bei akustischen Rohrleitungen eine wesentliche Rolle.–
Die bislang benutzten und im SI-Einheitensystem nicht mehr vorhandenen Impedanz-Einheiten **Rayl, mechanisches Ohm** und **akustisches Ohm** sowie ihre Umrechnungsbeziehungen zu den heute üblichen SI-Einheiten sind im Anhang in der Tafel 13.1. zusammengestellt.

2.5. Schallgeschwindigkeit

Die Schallgeschwindigkeit c ($= f \cdot \lambda$: siehe auch Abschnitt 2.1.1.) errechnet sich für Gase und somit auch für Luft nach folgender Beziehung:

$$c = \sqrt{\frac{\varkappa \cdot p_-}{\varrho_-}}$$

Bei Luft beträgt der Adiabatenexponent $\varkappa = 1{,}4$. Unter **Normalbedingungen** (Temperatur: 20°C; Luftdruck: 101 325 $\mathrm{N/m^2}$; Luftdichte: 1,189 $\mathrm{kg/m^3}$) breitet sich der Schall in trockener Luft mit einer Geschwindigkeit von $c = \mathbf{343\ m/s}$ aus.
Bei einer Frequenz von 100 Hz beträgt die Wellenlänge in Luft $\lambda = c/f \doteq 3{,}43$ m. Bei 10 kHz ist die Wellenlänge nur noch 3,43 cm.

In Flüssigkeiten ist die Schallgeschwindigkeit:

$$c = \sqrt{\frac{K}{\varrho_-}}; \quad K = \textbf{Kompressionsmodul} \quad \left(= \frac{\text{Druckänderung}}{\text{Relative Volumenänderung}}\right)$$

Der Kompressionsmodul K (Einheitenzeichen: N/m^2) ist ein Maß für die **adiabatische Volumenelastizität**, d.h. für die „Zusammendrückbarkeit“ einer Flüssigkeit; er beträgt bei Wasser mit einer Dichte von 1000 kg/m^3 und einer Temperatur von 10 °C $K = 2{,}08 \cdot 10^9$ N/m^2. Damit bekommt man eine Schallgeschwindigkeit von $c = 1440$ m/s.

Bei Flüssigkeiten und Gasen ist das Quadrat der Schallgeschwindigkeit c^2 der Proportionalitätsfaktor zwischen Schalldruck und Wechseldichte (siehe auch Abschnitt 2.2.1.1.):

$$p = c^2 \cdot \varrho_\sim = \frac{\varkappa \cdot p_-}{\varrho_-} \cdot \varrho_\sim = \frac{K}{\varrho_-} \cdot \varrho_\sim$$

Die Schallgeschwindigkeit ist temperaturabhängig. Sie nimmt mit der Wurzel aus der absoluten Temperatur T zu. Gibt man die Temperatur in °C an, so ist

$$c = 331{,}4 \cdot \sqrt{\frac{\vartheta + 273}{273}}.$$

ϑ Temperatur in °C

In festen Körpern treten neben der Longitudinalwelle noch weitere Wellenarten auf, siehe Abschnit 2.1.3. Die Schallgeschwindigkeit ist für die verschiedenen Wellenarten unterschiedlich groß. Sie beträgt bei der **Longitudinalwelle** in räumlich unbegrenztem Medium (Abmessungen $\gg \lambda$):

$$c_l = \sqrt{\frac{E\,(1 - \mu)}{\varrho_-\,(1 + \mu)\,(1 - 2\mu)}}$$

$$E = \frac{F/S}{\Delta l / l} \; \textbf{Elastizitätsmodul}$$

$$\left(= \frac{\text{Spannung, z.B. Zug oder Druck}}{\text{Relative Längenänderung, z.B. Dehnung}}; \text{ siehe } \textbf{Hookesches Gesetz}\right)$$

$$\mu = \textbf{Poissonsche Querzahl}$$

$$\left(= \frac{\text{Relative Querverkürzung}}{\text{Relative Längendehnung}}\right)$$

Der Elastizitätsmodul E (Einheitenzeichen: N/m^2) und die Querzahl μ (Einheitenzeichen: 1) sind Stoffkonstanten, vorausgesetzt, daß die Materialbeanspruchung klein und elastisch ist und somit das **Hookesche Gesetz** gilt. Bei den meisten Stoffen, bzw. Körpern liegt die Querzahl μ zwischen 0,1 und 0,5. –

Bei **Transversalwellen** (Abmessungen $\gg \lambda$) ist die Schallgeschwindigkeit durch die Beziehung

$$c_{tr} = \sqrt{\frac{E}{2\,\varrho_-\,(1 + \mu)}}$$

gegeben.

Sind die Längsabmessungen eines festen Körpers sehr groß gegenüber der Wellenlänge λ, die Querabmessungen dagegen $\ll \lambda$, wie das z.B. bei Stäben der Fall sein kann, so ist

$$c_{D\,(Stab)} = \sqrt{\frac{E}{\varrho_-}}; \quad \text{Index D: Dehnwelle}.$$

Die höchste Schallgeschwindigkeit hat stets die Longitudinalwelle im räumlich unbegrenzten Medium. – Die übrigen Wellenarten breiten sich mit einer z.T. sehr viel kleineren Schallgeschwindigkeit aus. Ein besonders krasses Beispiel hierfür findet man beim Gummi. Gummi ist nahezu inkompressibel. Sein Elastizitätsmodul ist sehr klein, seine Querzahl dagegen groß. In einem Gummikörper, dessen Abmessungen $\gg \lambda$ sind, pflanzt sich der Schall (bei t = 20 °C) mit einer Geschwindigkeit von $c_l = 1479$ m/s fort; in einem Gummifaden hingegen, in dem sich der Schall in Form einer Dehnwelle ausbreitet, beträgt die Schallgeschwindigkeit $c_{D\,(Stab)}$ nur noch etwa 30 bis 50 m/s.

In der Tafel 13.3. im Anhang sind für eine Reihe von festen, flüssigen und gasförmigen Stoffen die Schallgeschwindigkeiten angegeben.

2.6. Energieinhalt des Schallfeldes

Der Energieinhalt eines Schallfeldes wird im wesentlichen durch die **Schallintensität** (oder **Schallstärke**), die **Schalleistung** und die **Schalldichte** (oder **Schallenergiedichte**) charakterisiert.

2.6.1. Schallintensität

Unter der **Schallintensität** oder **Schallstärke** J (Einheitenzeichen: W/m²) versteht man die pro Zeiteinheit durch ein Flächenelement hindurchtretende Schallenergie. Im Schallfeld einer ebenen Welle ergibt sich die Schallintensität aus dem Produkt der Effektivwerte von Schalldruck und Schallschnelle:

$$J = \tilde{p} \cdot \tilde{v}$$

Schallintensität = Schalldruck · Schallschnelle

$$= \frac{\tilde{p}^2}{Z_0} = \tilde{v}^2 \cdot Z_0 \,; \quad Z_0 = \varrho_{-} \cdot c$$

Im Kugelschallfeld besteht zwischen Schalldruck und Schallschnelle ein Phasenwinkel $\varphi \neq 0$. Die Schallintensität verringert sich in diesem Falle um den Faktor $\cos \varphi$:

$$J = \tilde{p} \cdot \tilde{v} \cdot \cos \varphi$$

Der Schwellwert der Schallintensität beträgt an der menschlichen Hörschwelle bei 1000 Hz $J_0 = 10^{-12}$ W/m². Dieser Wert liegt der Definition des **Schallintensitätspegels** L_J

$$\frac{L_J}{\text{dB}} = 10 \lg \frac{J}{J_0}$$

zugrunde.

2.6.2. Schalleistung

Die **Schalleistung** P_a (Einheitenzeichen: W) stellt die Schallenergie dar, die pro Zeiteinheit durch eine beliebig große, senkrecht zur Schallausbreitungsrichtung befindliche Fläche S hindurchströmt. Bei gleichmäßig verteilter Schallintensität erhält man die Schalleistung als Produkt aus der Schallintensität J und der durchschallten Fläche S

$$P_a = J \cdot S \,.$$

Schalleistung =
= Schallintensität · durchschallte Fläche

Integriert man die Schallintensität über eine im Fernfeld geschlossene Kugeloberfläche mit der Schallquelle als Kugelmittelpunkt, so bekommt man die gesamte Schalleistung, die von einer Schallquelle ausgesendet wird.

In der akustischen Meßtechnik benutzt man z. B. bei der Geräuschmessung an Maschinen den Begriff des **Schalleistungspegels** L_P, siehe auch Abschnitt 1.4. Die gewählte Bezugsschalleistung beträgt $P_{a0} = 10^{-12}$W.

Die Tafel 2.1. gibt einen kleinen Überblick über die Schalleistungen einiger Schallquellen.

Tafel 2.1. Schalleistung von einigen Schallquellen.

Schallquelle	Schalleistung P_a in Watt
Unterhaltungssprache (Mittelwert)	$7 \cdot 10^{-6}$
Menschliche Stimme (Höchstwert)	$2 \cdot 10^{-3}$
Geige (fortissimo)	$1 \cdot 10^{-3}$
Klarinette, Horn	$5 \cdot 10^{-2}$
Klavier	$2 \cdot 10^{-1}$
Trompete (fortissimo)	$3 \cdot 10^{-1}$
Autohupe	5
Orgel, Pauke (fortissimo)	10
75-Mann-Orchester	70
Großlautsprecher (Höchstwert)	100
Alarmsirene	1000

2.6.3. Schalldichte

Die **Schallenergiedichte** oder **Schalldichte** E (Einheitenzeichen: Ws/m³) ist definiert als Quotient aus der Schallintensität J und der Schallgeschwindigkeit c:

$$E = \frac{J}{c}$$

$$\text{Schalldichte} = \frac{\text{Schallintensität}}{\text{Schallgeschwindigkeit}}$$

Im Gegensatz zur Schallintensität, die die pro Flächeneinheit hindurchtretende Schallenergie angibt, beschreibt die Schalldichte den zeitlichen Mittelwert der Schallenergie pro Volumeneinheit;

sie gibt Auskunft über die Schallenergie, die an einem bestimmten Ort des durchschallten Raumes anzutreffen ist. Die Schalldichte ist gleichzeitig ein Maß für diejenige Schallenergie, die auch unser Ohr wahrnimmt. Ihre Einheit ist die eines Druckes: 1 Ws/m³ = 1 N/m².

2.6.4. Schallstrahlungsdruck

Bei der Durchschallung eines Mediums ändert dieses seinen stationären Zustand, so daß der zeitliche Mittelwert der Druckschwankungen **nicht** gleich Null ist. Man bezeichnet diesen von Null verschiedenen Mittelwert der Druckschwankungen als **Schallstrahlungsdruck** oder **Strahlungsdruck** Π (Einheitenzeichen; N/m²). In einer ebenen Schallwelle ist er gleich der mittleren Schalldichte E:

$$\Pi = E$$

Schallstrahlungsdruck = Schalldichte

Bei Luftschall im Hörfrequenzbereich ist der Schallstrahlungsdruck sehr klein. Er liegt etwa 5 Zehnerpotenzen unterhalb des Schalldruck-Effektivwertes $\tilde{p}$. Im Ultraschallbereich dagegen erreicht der Strahlungsdruck durchaus beachtliche Werte. So tritt z.B. bei der Reflexion von Ultraschall an der Trennfläche zwischen einer Flüssigkeit und Luft ein gerichteter Schallstrahlungsdruck auf, der sich durch einen deutlich sichtbaren Sprudel äußert. Bei vollständiger Reflexion verdoppelt sich die Energiedichte vor der reflektierenden Fläche und damit auch der Schallstrahlungsdruck $\Pi = 2\,E$.

2.7. Ton und Klang

2.7.1. Ton

Unter einem **Ton** versteht man Schall, der durch eine **harmonische Schwingung einer einzigen Tonfrequenz** zustande kommt. Der Schalldruck p ändert sich dabei nach einer **sinusförmigen Zeitfunktion**:

$$p = \hat{p} \cdot \cos(\omega t - \varphi)$$

Unser Ohr beurteilt einen Ton nach seiner **Lautstärke** und nach seiner **Höhe**. Die **Tonhöhe** hängt von der Frequenz des Schalls ab, sie ist eine **Empfindungsqualität**. – Das Tonhöhenempfinden wird geringfügig auch von der Lautstärke mitbestimmt. Dieser Einfluß ist jedoch außerordentlich klein und tritt vornehmlich bei den tieferen Frequenzen in Erscheinung.

Das Tonhöhenempfinden ändert sich mit dem **Logarithmus der Frequenz**. Das bedeutet, daß bei einer Frequenzänderung die entsprechende Tonhöhenempfindung **nicht dem Betrage**, sondern dem **Verhältnis** der **Änderung** proportional ist. Aus diesem Grunde verwendet man in der Technischen Akustik bei der grafischen Darstellung frequenzabhängiger Größen für die Frequenz-Koordinate nahezu ausnahmslos einen **logarithmischen Maßstab.**

2.7.2. Klang

Reine Töne kommen in der Natur selten vor. Es handelt sich fast immer um zusammengesetzten Schall, d.h. um **nichtsinusförmige Schwingungen.** Stehen dabei die **sinusförmigen Teilschwingungen,** d.h. die **Teiltöne**, in einem ganzzahligen Verhältnis – z.B.: 1:2, 1:3, ... oder aber auch 2:5, 5:6, ... – zum tiefsten, vorkommenden Ton, d.h. zum **Grundton**, so spricht man von einem **Klang.** Die Phasenlage der Teiltöne zueinander ist für den **Sinneseindruck des Klangempfindens**, d.h. für die **Klangfarbe**, bedeutungslos, siehe auch Abschnitt 1.5.2.5. Der **Klangfarbeneindruck** wird im wesentlichen von der **Frequenz**, der **Amplitude** und dem **Frequenzverhältnis** der Teiltöne zum Grundton bestimmt. –

Schall, der aus Klängen mit Grundtönen beliebiger Frequenz zusammengesetzt ist, nennt man **Klanggemisch.**

Schall, der aus Tönen beliebiger Frequenz zusammengesetzt ist, nennt man **Tongemisch.** –

Für die Untersuchung von Klängen oder Klanggemischen stellt die **Frequenzanalyse**, siehe Anschnitt 1.5.2.4., ein wertvolles Hilfsmittel dar. Mit ihrer Hilfe läßt sich die Zusammensetzung eines Klanges oder Klanggemisches genau und anschaulich analysieren. In unserem Gehör erfolgt ebenfalls eine Frequenzanalyse, nur mit dem Unterschied, daß als Ergebnis ein geschlossener Klangfarbeneindruck in unserem Bewußtsein entsteht.

2.7.3. Musikalische Empfindung und Tonleiter

Die gleichzeitige Darbietung mehrerer nahezu gleichlauter Töne nennt man einen **Akkord**. Entsprechend dem Zahlenverhältnis, in dem die einzelnen Tonfrequenzen zueinander stehen, löst ein Akkord beim Zuhörer ganz bestimmte Empfindungen aus. In der Musik bezeichnet man dieses Zahlenverhältnis auch als **Tonintervall** oder **Intervall**. Bestehen die Intervalle aus ganzzahligen Verhältnissen kleiner Zahlen, so empfinden wir die Töne, bzw. Klänge als **harmonisch**. Das charakteristischste Intervall ist die **Oktave**; bei ihr stehen die Tonfrequenzen im Verhältnis 2:1 zueinander. Die Oktave hat nach dem **Einklang** (auch **Prime** genannt; Frequenzverhältnis 1:1) die höchste **Konsonanz**. Auf Musikinstrumenten lassen sich Oktaven besonders leicht einstimmen. Die der Oktave nächstbeste Konsonanz mit einem Frequenzverhältnis von 3:2 hat die **Quinte**, gefolgt von der **Quarte** (4:3) usw. Je niedriger die im Frequenzverhältnis vorkommenden Zahlen sind, um so höher ist die subjektiv empfundene Konsonanz, siehe Tafel 2.2.

Tafel 2.2. Beispiele für verschiedene Intervalle. Die Reihenfolge ihrer Aufzählung gibt den subjektiv empfundenen Grad der Konsonanz an.

Intervall	Frequenzverhältnis	Größte vorkommende Zahl
Prime oder Einklang	1:1	1
Oktave	2:1	2
Quinte	3:2	3
Quarte	4:3	4
Große Terz	5:4	5
Kleine Terz	6:5	6

Die Benennung der Intervalle richtet sich nach der **Ordnungszahl** der Töne bezogen auf den Grundton der **Tonleiter**. Eine Tonleiter hat 7 **Stammtöne**. Die **C-Dur-Tonleiter** beginnt mit dem **(Grund-) Ton** c und endet mit dem Ton h. Das Intervall zum nächsthöheren Ton c, d.h. zum **8. Ton**, ist die **Oktave**. Siehe hierzu auch Bild 2.11. Unter einer **Quinte** versteht man demzufolge das Intervall zwischen dem **1.** und dem **5. Ton** der Tonleiter. Bei der C-Dur-Tonleiter sind das die Töne c und g. Die Töne c, e und g bilden einen **Dur-Dreiklang**, siehe Bild 2.12.

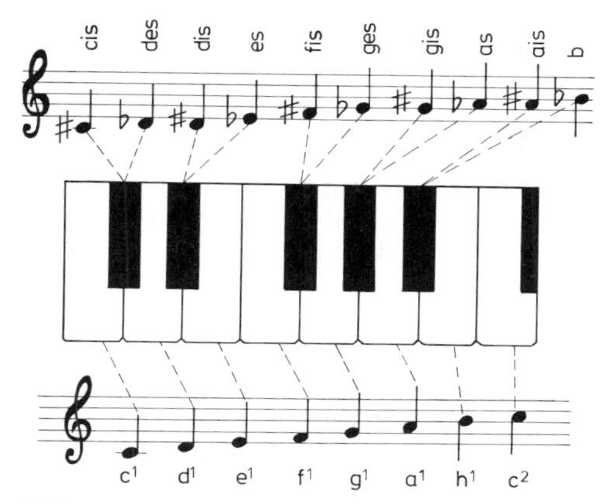

Bild 2.11. Tastatur eines Klavieres mit der dazugehörigen Notenschrift für die C-Dur-Tonleiter einschließlich sämtlicher Halbtöne (schwarze Tasten). – Das Vorzeichen ♯ bedeutet eine Erhöhung des nachfolgenden Tones um 1/2 Stufe während des ganzen Taktes. Das Vorzeichen ♭ bedeutet eine Herabsetzung des nachfolgenden Tones um 1/2 Stufe während des ganzen Taktes

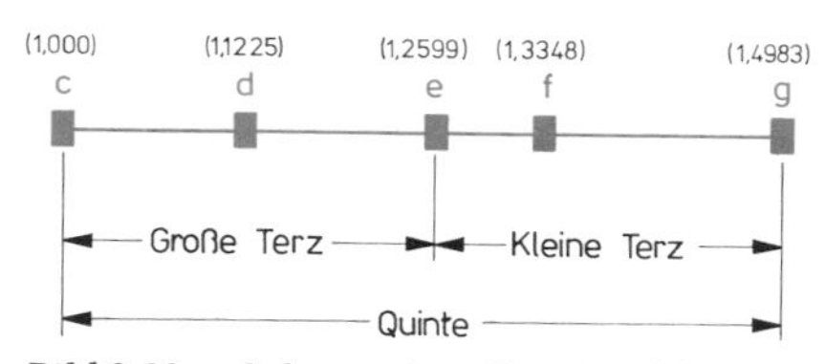

Bild 2.12. Schema eines Dur-Dreiklanges

In der Musik hat man die Vereinbarung getroffen, daß das **eingestrichene a** (a^1), auch **Kammerton** genannt, eine Tonfrequenz von 440 Hz hat. Die übrigen Töne der C-Dur-Tonleiter in der gleichen Tonhöhenlage haben folgende Frequenzen, bzw. Intervalle (siehe auch Tafel 13.4. im Anhang):

Töne:	c^1	d^1	e^1	f^1	g^1	a^1	h^1	c^2
Frequenz in Hz:	261,63	293,67	329,63	349,23	392,00	**440,00**	493,89	523,25
Intervalle:	1,1225	1,1225	1,0595	1,1225	1,1225	1,1225	1,0595	

Die Tonleiter schreitet ungleichmäßig fort; ihre Intervalle sind unterschiedlich groß. Die großen Intervalle nennt man **Ganztonintervalle (Ganztöne)**, die kleinen - **Halbtonintervalle (Halbtöne)**. Dur-Tonleitern beginnen stets mit **zwei Ganztonintervallen**, gefolgt von **einem Halbton-** und **drei Ganztonintervallen**, und sie enden mit **einem Halbtonintervall** (1 1 ½ 1 1 1 ½).

2.7.4. Tonarten

Jeder Ton einer Tonleiter kann Grundton zweier eigener **Tonarten** sein, nämlich einer **(harten) Dur-Tonart** und einer **(weichen) Moll-Tonart**. Zu jeder Dur-Tonart gibt es eine parallellaufende Moll-Tonart. Die (Ur-) Moll-Tonart (oder auch *äolisch*-Moll) beginnt mit ihrem Grundton eine kleine Terz tiefer als die entsprechende Dur-Tonart, z. B. **C-Dur** und **a-Moll**. Ganztöne und Halbtöne wechseln dabei nach folgendem Schema: 1 ½ 1 1 ½ 1 1 . Da das Ganztonintervall zwischen der 7. und 8. Stufe das Ohr nicht befriedigt, erhöhte man die 7. Stufe um einen Halbton (*harmonisch*-Moll). Erhöht man außerdem auch noch die 6. Stufe um einen Halbton, und zwar in Aufwärtsrichtung, so bekommt man das *melodisch*-Moll; in Abwärtsrichtung werden die 6. und 7. Stufe jedoch wieder aufgelöst. – **Es gibt 12 Dur- und 12 Moll-Tonarten.**

2.7.5. Chromatische Tonleiter

Um auf einem Musikinstrument, z. B. einem Klavier, nicht nur in einer, sondern in allen Tonarten spielen zu können, hat man das Intervall der Oktave, nämlich das Frequenzverhältnis von 2:1 (= 2), in **12 gleiche Halbtonstufen** aufgeteilt. Das Frequenzverhältnis zweier benachbarter Halbtonstufen beträgt dabei gleichbleibend $\sqrt[12]{2}:1 =$ 1,0595; die Schwingungszahlen unterscheiden sich um jeweils etwa 6 % voneinander. Mit dieser Festlegung der Intervalle bekommt man eine **gleichschwebende** oder **temperierte Stimmung.** Die Abweichung der temperierten Stimmung von der **musikalisch reinen Stimmung**[1] ist so gering, daß sie den Musikgenuß nicht stört. Eine in 12 Halbtonstufen fortschreitende Tonleiter nannt man **chromatisch**. Die Tafel 2.3. zeigt die Tonfolge einer **chromatischen Tonleiter**; siehe auch Bild 2.11.

Tafel 2.3. Musikalische Intervalle der temperierten chromatischen Tonleiter.

Intervall	Notenbezeichnung	Ordnungszahl der Halbtonstufen	Verhältnis der Tonfrequenzen zur Frequenz des Grundtones
Reine Prime	c	0	1,0000 = 1:1
Übermäßige Prime Kleine Sekunde	cis des	1	1,0595
Große Sekunde	d	2	1,1225
Übermäßige Sekunde Kleine Terz	dis es	3	1,1892 ≈ 6:5
Große Terz	e	4	1,2599 ≈ 5:4
Reine Quarte	f	5	1,3348 ≈ 4:3
Übermäßige Quarte Verminderte Quinte	fis ges	6	1,4142
Reine Quinte	g	7	1,4983 ≈ 3:2
Übermäßige Quinte Kleine Sexte	gis as	8	1,5874 ≈ 8:5
Große Sexte	a	9	1,6818 ≈ 5:3
Übermäßige Sexte Kleine Septime	ais b	10	1,7818
Große Septime	h	11	1,8878
Oktave	c′	12	2,0000 = 2:1

Schwarz: Tonfolge der C-Dur-Tonleiter.
Rot: Zusätzlich eingefügte Töne zur Schaffung der chromatischen Tonleiter (= schwarze Tasten auf dem Klavier).

[1] Bei der **reinen** oder **diatonischen Stimmung** betragen die Intervalle der Dur-Tonleiter: 9/8 — 10/9 — 16/15 — 9/8 — 10/9 — 9/8 — 16/15.

Bei der 12er-Teilung ergibt sich eine besonders hohe Anzahl von Tönen, deren Frequenzverhältnis zum Grundton in sehr guter Näherung durch kleine ganze Zahlen ausgedrückt werden kann, siehe Tafel 2.3. –

2.7.6. Frequenzmaß

Wie schon im Abschnitt 2.7.1. angedeutet wurde, benutzt man in der Technischen Akustik zur Darstellung der Frequenz fast ausnahmslos einen logarithmischen Maßstab. Man wählt dabei – im wesentlichen wohl aus historischen Gründen (Tonleiter) – den Logarithmus zur Basis 2 (**Logarithmus Dyadicus**; Abkürzung: ld) und bekommt das **Frequenzmaß** m

$$m = \mathrm{ld}\frac{f_2}{f_1} \text{ in Oktaven}\,.$$

Ein Frequenzverhältnis $f_2/f_1 = 2/1$ entspricht einer Oktave. Der gesamte Bereich der hörbaren Tonfrequenzen – etwa 16 Hz bis 16 kHz – erstreckt sich über 10 Oktaven.

2.7.7. Frequenzpegel

In Analogie zum Schalldruck*pegel* hat man für die in Oktaven abgestufte **Tonhöhenskale**, den Begriff des **Frequenzpegels** F eingeführt:

$$\frac{F}{\text{octa}} = \mathrm{ld}\,\frac{f}{f_0}$$

Die gewählte **Bezugsfrequenz** beträgt $f_0 = 125$ Hz. Die Einheit des Frequenzpegels ist **octa**. Sie wurde vom Wort Oktave abgeleitet. Während man mit der Oktave ein genau definiertes Intervall zwischen zwei *beliebig großen Frequenzen* kennzeichnet, ist der in octa gemessene Frequenzpegel ein **absolutes Tonhöhenmaß**. Für die Frequenz f und den Frequenzpegel F ergibt sich im hörbaren Bereich die Zuordnung folgender Zahlenreihen (s. unten).

Die Zahlenwerte der unteren drei Frequenzen stimmen nicht exakt. Ihre tatsächlichen Werte, nämlich 15,625, 31,25 und 62,5 Hz, wurden aus Gründen der Zweckmäßigkeit geringfügig aufgerundet und so festgelegt. Dadurch wiederholen sich nach jeweils 3 Zehnerpotenzen stets die gleichen Zahlenwerte für die Frequenz f (16 Hz, 16 kHz,...). – In bezug auf die Musik liegen alle 10 Frequenzen zwischen den Schwingungszahlen der musikalischen Töne c und h, und zwar von H_1/C_2 bis h^6/c^7.

Bei der grafischen Darstellung der Frequenz f im logarithmischen Maßstab haben alle oben genannten Frequenzen gleiche Abstände zu ihren Nachbarfrequenzen. –

Frequenz f:	16	31,5	63	125	250	500 Hz	1	2	4	8	16 kHz
Frequenzpegel F:	−3	−2	−1	0	1	2	3	4	5	6	7 octa

3. Schallerzeugung

Regt man einen Körper zu freien oder erzwungenen elastischen Schwingungen an, so kommt es zur **Erzeugung von Schall**, siehe auch Abschnitt 2.1. Die in der Praxis auftretenden und technisch interessierenden Schalleistungspegel L_P können dabei zwischen etwa 40 und 170 dB liegen. Einen Schalleistungspegel von etwa 40 dB strahlt z.B. ein im Betrieb befindlicher Kompressor-Haushaltskühlschrank ab. Strahltriebwerke erzeugen Schalleistungspegel bis etwa 160 dB.

Bei den meisten Schallsendern wird primär **mechanische** oder **elektrische Energie** in **Schallenergie** umgewandelt. Man bezeichnet sie daher auch als **mechanische** oder **elektrische Schallsender.**

3.1. Mechanische Schallsender

Je nach der Art und Beschaffenheit der schwingenden Gebilde, die zur Schallerzeugung führen, unterscheidet man **mechanische Schallsender** mit zum Schwingen angeregten

Saiten,
Stäben,
Zungen,
Membranen,
Platten
und **Luftsäulen.**

Schallsender dieser Art findet man z.B. bei Musikinstrumenten. Es sind **Schwinger** mit **unendlich vielen Freiheitsgraden**[1] (= unendlich viele Eigenschwingungen). – Es gibt außerdem mechanische Schallsender, die zur Schallerzeugung keine besonderen schwingfähigen Gebilde benötigen. Die bekanntesten Beispiele hierfür sind

Sirenen
und **Schneiden-**, bzw. **Hiebtonerzeuger.**

3.1.1. Schwingende Saiten

Gespannte Saiten können durch **Streichen** mit einem Bogen (Geige, Cello, Kontrabaß), durch **Zupfen** oder **Anreißen** (Gitarre, Zither, Harfe) oder durch **Anschlagen** mit einem Hammer (Klavier, Flügel) zum Schwingen gebracht werden. Die Schallabstrahlung durch die Saite selbst ist gering; entstehende Druckunterschiede zwischen entgegengesetzten Seiten einer schwingenden Saite können sich leicht ausgleichen. Um dennoch einen nennenswerten Schallpegel zu erzeugen, **koppelt** man schwingende Saiten mit einem abstrahlungsfähigen, großflächigen (**Resonanz-**) **Körper**. Regt man eine beidseitig befestigte, gespannte Saite zu **transversalen Schwingungen** an, so kann sie sowohl in ihrer gesamten Länge als auch in beliebig vielen, gleichmäßig unterteilten Abschnitten mit ausgeprägten **Schwingungsknoten** und **Schwingungsbäuchen** schwingen, siehe Bild 3.1. Eine mit ihrer vollen Länge schwingende Saite schwingt in ihrer **niedrigsten Eigenfrequenz** f_1; es ist ihre **Grundschwingung**. Ihre Eigenfrequenzen höherer Ordnung bezeichnet man als ihre **Oberschwingungen.**

Die Eigenfrequenzen f_n einer Saite hängen ab von ihrer Länge l, von der Dichte ϱ ihres Materials und von der Zugspannung F/S, mit der sie gespannt ist:

$$f_n = \frac{n}{2 \cdot l} \sqrt{\frac{F}{\varrho \cdot S}} = \frac{n}{2 \cdot l} \cdot c_S$$

n = 1, 2, 3, ...
Ordnungszahl der Eigenschwingung
F = Kraft, mit der die Saite gespannt ist
S = Saitenquerschnitt
c_S = Schallgeschwindigkeit entlang der Saite

Die Grund- und Oberschwingungen einer Saite verhalten sich wie sie Zahlen 1:2:3:4... In diesem

[1] Schwinger mit nur **einem Freiheitsgrad** (= nur eine Eigenschwingung) sind z.B. das mathematische und das physikalische **Pendel.**

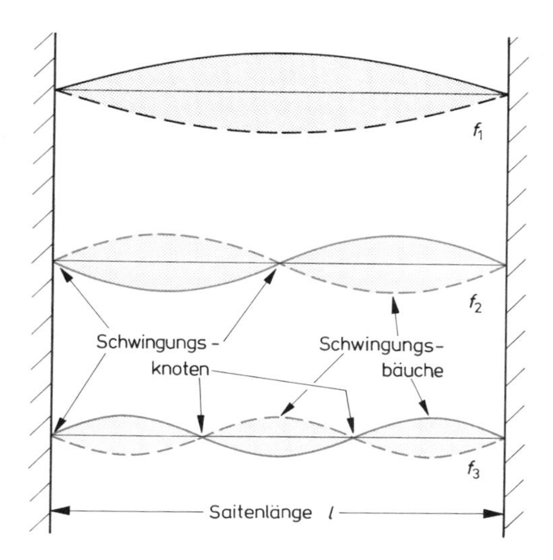

Bild 3.1. Seitenansichten einer transversal schwingenden Saite
——— *Grundschwingung*
═══ *Oberschwingungen*

Falle bezeichnet man Grund- und Oberschwingungen auch als **Harmonische**:

> **Grundschwingung**
> mit der Frequenz f_1 = **1. Harmonische**
>
> **1. Oberschwingung**
> mit der Frequenz $f_2 = 2f_1$ = **2. Harmonische**
>
> **2. Oberschwingung**
> mit der Frequenz $f_3 = 3f_1$ = **3. Harmonische**
>
> usw.

Musikalisch gesehen bilden sie eine harmonische Tonfolge.

3.1.2. Schwingende Stäbe und Zungen

Während Saiten i.a. nur transversal schwingen, lassen sich Stäbe sowohl zu **Biegeschwingungen** (überwiegend transversaler Schwingungscharakter), **Dehnschwingungen** (überwiegend longitudinaler Schwingungscharakter) als auch zu **Torsionsschwingungen** anregen. Bei schwingenden Stäben, die zu **Dehnschwingungen** oder zu **Torsionsschwingungen** angeregt worden sind (siehe Bild 3.2. und

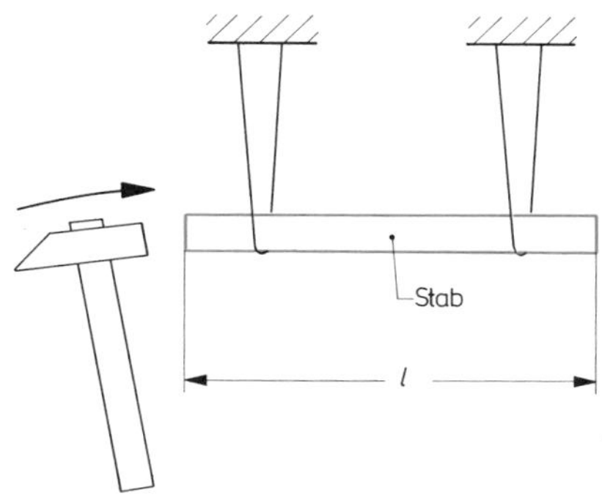

Bild 3.2. Anregung eines an Fäden aufgehängten Stabes zu Dehnschwingungen

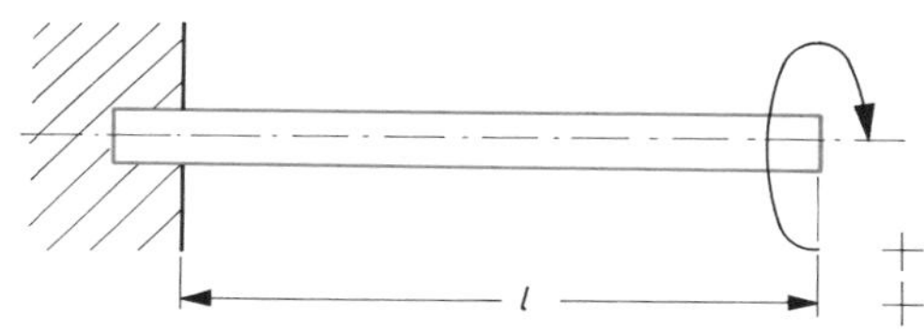

Bild 3.3. Anregung eines einseitig eingespannten Stabes zu Torsionsschwingungen durch Ausübung eines Drehmomentes um die Stabachse

3.3.), tritt genau wie bei schwingenden Saiten eine **harmonische Folge** von Eigenfrequenzen auf:

> $$f_{\mathrm{Dn}} = \frac{\mathrm{n}}{2 \cdot l}\sqrt{\frac{E}{\varrho}} = \frac{\mathrm{n}}{2 \cdot l} \cdot c_{\mathrm{D}}$$
>
> $$f_{\mathrm{Tn}} = \frac{\mathrm{n}}{2 \cdot l}\sqrt{\frac{G}{\varrho}} = \frac{\mathrm{n}}{2 \cdot l} \cdot c_{\mathrm{T(Rundstab)}}$$
>
> $\mathrm{n} = 1, 2, 3, \ldots$
> Ordnungszahl der Eigenschwingung
>
> G = **Schubmodul** $\left(G = \frac{E}{2(1+\mu)}\right)$
>
> c_{D} = Dehnwellengeschwindigkeit
>
> c_{T} = Schubwellengeschwindigkeit
>
> ϱ = Materialdichte
>
> Bei Stäben mit quadratischem Querschnitt ist
> $c_{\mathrm{T(Quadrat.\,Stab)}} = 0{,}92 \cdot \sqrt{G/\varrho}$

Anders verhält es sich bei **Biegeschwingungen,** siehe Bild 3.4. Im Gegensatz zu den übrigen Wellenarten ist die **Ausbreitungsgeschwindigkeit** von Biegewellen **frequenzabhängig** ($c_{\mathrm{B}} \sim \sqrt{f}$).

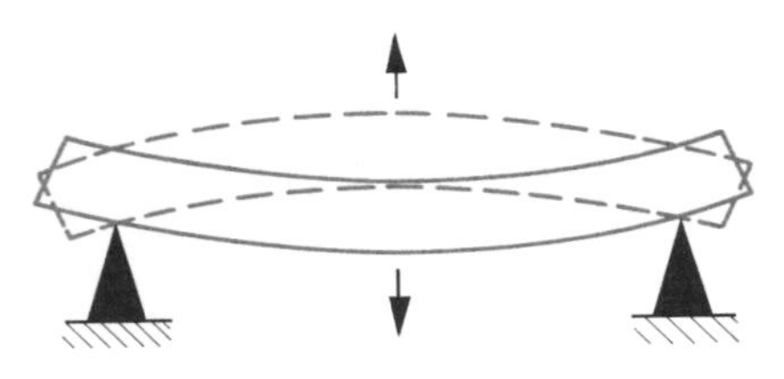

Bild 3.4. Biegeschwingung eines Stabes, der in zwei Schwingungsknoten auf Schneiden gelagert ist. Die Stabenden schwingen frei

Das hat zur Folge, daß die entstehenden Oberschwingungen **nicht harmonisch** zur Grundschwingung liegen. Die Eigenfrequenzen errechnen sich nach folgender Beziehung:

$$f_{\mathrm{Bn}} = \frac{s_{\mathrm{n}}^2 \cdot K}{2 \cdot \pi \cdot l^2} \sqrt{\frac{E}{\varrho}}$$

n = 1, 2, 3, ...
Ordnungszahl der Eigenschwingung

$K = d/\sqrt{12}$ bei rechteckigem Stabquerschnitt, wobei d die Dicke in Schwingrichtung ist.

$K = R/2$ bei kreisförmigem Stabquerschnitt, wobei R der Kreisradius ist.

Die Beiwerte s_{n} richten sich nach der Art der Lagerung, bzw. Einspannung der Stabenden und nach der Ordnungszahl der Eigenschwingung (Grundschwingung: n = 1), siehe Tafel 3.1. Die Eigenfrequenzen wachsen unverhältnismäßig schnell mit der Ordnungszahl an. Die 5. Eigenschwingung eines einseitig fest eingespannten Stabes hat z.B. die ($s_5^2/s_1^2 \approx$) 57fache Frequenz der Grundschwingung.

Die Schallabstrahlung erfolgt i.a. direkt vom schwingenden Stab (Triangel, Xylophon).

Gebogene Stäbe, z. B. **Stimmgabeln,** zeigen bei Anregung zu **Biegeschwingungen** in erster Näherung das gleiche Verhalten wie **gerade Stäbe**: Ihre Oberschwingungen liegen ebenfalls **unharmonisch** zur Grundschwingung, siehe Bild 3.5. – Die Verwendung der **Stimmgabel als Tonnormal** beruht auf ihrer – bei kleinen Auslenkungen – sehr

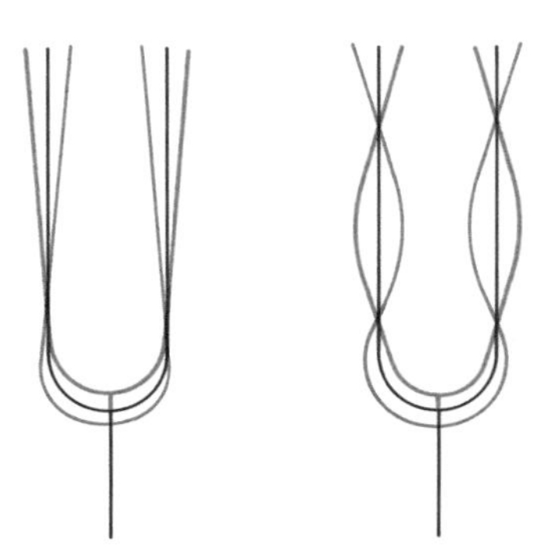

Bild 3.5. Grundschwingung und Oberschwingung einer Stimmgabel

großen Frequenzkonstanz (0,01 % pro °C). Entstehende Oberschwingungen klingen rasch ab, so daß die Stimmgabel kurze Zeit nach dem Anschlagen nur noch mit ihrer Grundfrequenz schwingt, und zwar nahezu sinusförmig. –

Tafel 3.1. Beiwerte s_{n} für die Berechnung der 1. bis 5. Eigenfrequenz von Stäben bei Biegeschwingungen.

s_{n} für n = 1 ··· 5	Stabenden *fest–frei*	Stabenden *frei–frei* *fest–fest*	Stabenden *beidseitig gestützt*
s_1	1,875	4,730	
s_2	4,694	7,853	
s_3	7,855	10,996	$s_{\mathrm{n}} = \mathrm{n} \cdot \pi$
s_4	10,996	14,137	
s_5	14,137	17,279	

Schwingende **Zungen,** z.B. **Blattfedern,** stellen einen speziellen Fall von einseitig eingespannten, schwingenden Stäben dar. Bei ihrer Anwendung in Musikinstrumenten werden sie durch einen Luftstrom zum Schwingen angeregt, bzw. „angeblasen". Die Schallerzeugung erfolgt dabei entweder durch die Zunge allein oder mit Unterstützung durch einen mit der Zunge gekoppelten **(Helmholtz-) Resonator.**

3.1.3. Membranen

Dünne, am Rande auf **Zug gespannte Membranen** sind das zweidimensionale Gegenstück zu gespannten Saiten. Man unterscheidet im wesentlichen zwischen **kreisförmigen** und **rechteckigen Membranen.**

3.1.3.1. Kreisförmige Membranen

Kreisförmige Membranen besitzen – im Gegensatz zu schwingenden Saiten – eine **nicht harmonische Folge** von **Eigenfrequenzen.** Unter der Voraussetzung, daß die **innere Biegesteife** der Membran vernachlässigbar klein ist, gilt:

$$f_{mn} = \frac{s_{mn}}{2\pi R} \cdot \sqrt{\frac{\sigma_F}{\varrho}} = \frac{s_{mn}}{2\pi R} \cdot c_M$$

mn = 00, 01, 02, .. 10, 11, ...
Ordnungszahlen der Eigenschwingung; bei der Grundschwingung ist mn = 00.

R = Membranradius

σ_F = Von der Einspannung herrührende Flächenspannung der Membran; entlang des Membranrandes allseitig gleich groß.

ϱ = Dichte des Membranmaterials

c_M = Schallgeschwindigkeit entlang der Membran.

Die Beiwerte s_{mn} richten sich nach den Ordnungszahlen der Eigenschwingung; es sind **Nullstellen Besselscher Zylinderfunktionen,** siehe Tafel 3.2.

Tafel 3.2. Beiwerte s_{mn} für m = 0, 1, 2, 3 und n = 0, 1, 2, 3.

n \ m	0	1	2	3
0	2,40	3,83	5,14	6,38
1	5,52	7,02	8,42	9,76
2	8,65	10,17	11,62	13,02
3	11,79	13,32	14,80	16,22

Die Grundfrequenz ist f_{00}; bei ihr schwingt die Membran an allen Stellen mit gleicher Phase. – Bei sämtlichen Oberschwingungen (m ≠ 0; n ≠ 0) dagegen kommt es auf der Membran zur Ausbildung von **Schwingungsknotenlinien,** die die Membran in Abschnitte mit gegenphasigem Schwingungsverhalten aufteilen. Membranpunkte, die sich unmittelbar auf den Knotenlinien befinden,

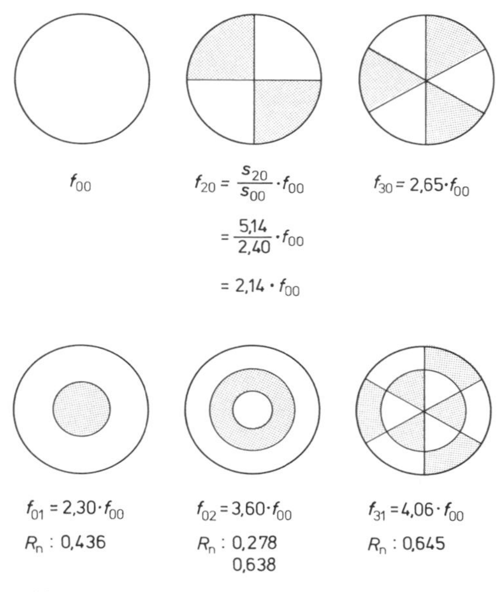

Bild 3.6. Beispiele für Schwingungsbilder, die auf einer schwingenden kreisförmigen Membran entstehen können. Die Eigenfrequenzen f_{mn} der Oberschwingungen (bezogen auf die Grundfrequenz f_{00}), sowie die relativen Radien R_n der Knotenkreise sind für die jeweiligen Schwingungsbilder angegeben. – Die mit rotem Raster gekennzeichneten Membranflächen schwingen gegenphasig zu den hell gelassenen Flächen

schwingen nicht mit. – Die Knotenlinien lassen auf der Membran ganz bestimmte **Schwingungsbilder** entstehen. Entsprechend dem Verlauf dieser Linien unterscheidet man bei kreisförmigen Membranen 3 verschiedene Schwingungsformen:

1. Die **Knotenlinien** fallen mit den **Durchmessern** der Membran zusammen,

2. die **Knotenlinien** verlaufen **kreisförmig** um den Membranmittelpunkt – und

3. die **Knotenlinien** bestehen aus einer **Kombination** der **Schwingungsbilder** nach **1.** und **2.**, siehe Bild 3.6.

Die Ordnungszahl m gibt die Zahl der **Knotendurchmesser** an, die Ordnungszahl n gibt die Zahl der **Knotenkreise** an. Die Grundschwingung (f_{00}) hat keine Knotenlinie.

In der Technischen Akustik finden kreisförmige Membranen eine weit verbreitete Anwendung, z.B. bei **Kondensatormikrofonen,** siehe Abschnitt 7.2.4. Hierbei kann es zwischen den nach der oben angeführten Gleichung errechenbaren Eigenfrequenzen f_{mn} und den tatsächlichen Eigenfrequenzen zu Abweichungen kommen: Die Federeigenschaft des zwischen Membran und Gegenelektrode befindlichen Luftpolsters kann nämlich eine zur Membranspannung σ_F zusätzlich wirksam werdende Rückstellkraft verursachen.

3.1.3.2. Rechteckige Membranen

Die Eigenfrequenzen **rechteckiger Membranen** ergeben sich aus der Beziehung:

$$f_{mn} = \frac{1}{2} \cdot \sqrt{\left(\frac{m}{l_1}\right)^2 + \left(\frac{n}{l_2}\right)^2} \cdot \sqrt{\frac{\sigma_F}{\varrho}} = \frac{1}{2} \cdot \sqrt{\left(\frac{m}{l_1}\right)^2 + \left(\frac{n}{l_2}\right)^2} \cdot c_M$$

l_1, l_2 = Seitenlängen des Rechtecks.

Die Grundfrequenz der rechteckigen Membran ist f_{11}. – Der Unterschied zwischen den Ordnungszahlen für die Grundfrequenz bei der rechteckigen und bei der kreisförmigen Membran (f_{00}) hat nur formale Bedeutung: er rührt daher, daß bei der Kreismembran die für die Berechnung der Eigenfrequenzen benötigten Beiwerte s_{mn} **Nullstellen von Besselfunktionen** sind, bei denen die „Zählweise" mit Null beginnt.

Auf einer zu **Oberschwingungen** angeregten **Rechteckmembran** bilden sich ebenfalls **Knotenlinien** aus, die je nach dem Seitenverhältnis $l_1:l_2$ sowohl parallel zu den Membrankanten (Schachbrettmuster) als auch „krumm", verlaufen können.

3.1.4. Platten

Biegesteife Platten sind das zweidimensionale Gegenstück zu schwingenden Stäben. Die mathematische Behandlung von **Plattenschwingungen** ist außerordentlich schwierig. – Man unterscheidet auch hier zwischen **kreisförmigen** und **rechteckigen Platten.** Die Eigenschwingungen bestehen in beiden Fällen aus einer **nicht harmonischen** Frequenzfolge.

3.1.4.1. Kreisförmige Platten

Die Eigenfrequenzen **kreisförmiger Platten** sind durch folgenden Ausdruck gegeben:

$$f_{mn} = \frac{d \cdot s'^2_{mn}}{2\pi R^2} \cdot \sqrt{\frac{E}{12(1-\mu^2)\varrho}}$$

mn = 00, 01, ...
Ordnungszahlen der Eigenschwingung; bei der Grundschwingung ist mn = 00.

d = Plattendicke

R = Plattenradius

Die Beiwerte s'^2_{mn} richten sich nach den Ordnungszahlen der Eigenschwingung und nach der Art der Plattenlagerung, bzw. -einspannung, siehe Tafel 3.3.

Tafel 3.3. Beiwerte s'_{mn} für Kreisplatten mit fest eingespanntem und mit freiem Rande für m = 0, 1, 2 und n = 0, 1, 2.

n \ m	Rand fest eingespannt			Rand frei (μ = 0,25)		
	0	1	2	0	1	2
0	3,20	4,61	5,91	—	—	2,35
1	6,31	7,80	9,20	2,98	4,52	5,94
2	9,44	10,96	12,40	6,19	7,73	9,19

Ähnlich wie bei der Kreismembran bilden sich auch bei der zu **Oberschwingungen** angeregten **Kreisplatte** Schwingungsbilder[1] mit m **Knotenkreisen** und n **Knotendurchmessern** aus. Die Frequenzen der miteinander vergleichbaren Oberschwingungen nehmen bei der Kreisplatte mit wachsenden Ordnungszahlen schneller zu als bei der kreisförmigen Membran. – Die gezielte Erzeugung einer ganz bestimmten Oberschwingung erfolgt in der Weise, daß man die Platte während des Anregungsvorganges an einer oder mehreren ausgewählten Stellen berührt, bzw. festhält, durch die der Verlauf einer zu dieser Oberschwingung gehörenden Knotenlinie zu erwarten ist.

[1] **E.F.F. Chladni** (1756–1827) hat solche Schwingungsbilder seinerzeit mit feinem **Sand** oder **Lykopodiumpulver** (Bärlapp) auf schwingenden **Platten** und **Membranen** sichtbar gemacht **(Chladnische Klangfiguren):** Der Sand, bzw. das Pulver bleiben entlang der Knotenlinien liegen, während die Bestäubung von allen bewegten Stellen fortgeschleudert wird.

Gewölbte Kreisplatten führen zu schalenförmigen Klangkörpern, wie z.B. zu **Glocken**. Glockenschwingungen lassen sich mathematisch nur unvollkommen beschreiben.

3.1.4.2. Rechteckige Platten

Die Eigenfrequenzen **rechteckiger Platten** sind in geschlossener Form nicht ableitbar. – Die Grundfrequenz f_{11} einer **quadratischen Platte** mit **freiem Rand** erhält man aus folgender Beziehung:

$$f_{11} = \frac{2 \cdot d\sqrt{12{,}43}}{\pi \cdot l^2} \cdot \sqrt{\frac{E}{12\,(1-\mu^2)\cdot\varrho}}$$

d = Plattendicke

l = Seitenlänge der quadratischen Platte

3.1.5. Schwingende Luftsäulen

Luftsäulen, die sich z.B. in Rohren befinden, lassen sich zu einer harmonischen Folge von Eigenschwingungen anregen. Es entstehen dabei **stehende Wellen**, siehe Abschnitt 5.1. Die Rohre selbst sind an diesen Schwingungsvorgängen unbeteiligt. Die Frequenzen der Eigenschwingungen richten sich neben der Rohrlänge l auch noch danach, ob die **Rohre einseitig offen** oder **beidseitig offen**, bzw. **geschlossen** sind.

Einseitig offene Rohre bezeichnet man in diesem Zusammenhang auch als **gedeckte Pfeifen, beidseitig offene Rohre** als **offene Pfeifen.**

3.1.5.1. Einseitig offene Rohre

Bei einem **einseitig offenen Rohr** kann sich eine unendliche Folge von Eigenschwingungen ausbilden, deren Frequenzen durch die Rohrlänge bestimmt werden: Die **Rohrlänge** l ist gleich der **Viertelwellenlänge** $\lambda/4$ der sich ausbildenden Eigenschwingung, bzw. gleich einem ungeradzahligen Vielfachen (1, 3, 5,...) davon: $l = 1 \cdot \lambda/4$, $3 \cdot \lambda/4$, $5 \cdot \lambda/4, \ldots$, siehe Bild 3.7. Die Eigenfrequenzen sind folglich

$$f_n = \frac{(2n-1)}{4 \cdot l} \cdot c\,.$$

n = 1, 2, 3, ...
Ordnungszahl der Eigenschwingung

l = Rohrlänge

c = Schallgeschwindigkeit in Luft

Bei **offenen Rohrmündungen** liegen die Druckknoten nicht exakt in der Mündungsebene, sondern in einer Entfernung a außerhalb davor, siehe Bild 3.8.

Die Rohrlänge l ist daher bei der genauen Berechnung der Eigenfrequenzen um die Strecke a zu korrigieren[1]. Für das einseitig offene Rohr ist $\lambda_1/4 = (l + a)$, bzw. $a = (\lambda_1/4) - l$.

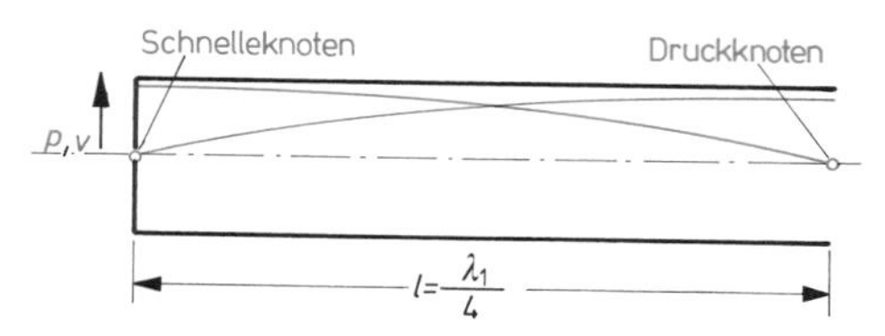

Bild 3.7. Einseitig offenes Rohr (gedeckte Pfeife) mit der dazugehörigen Verteilung von Schalldruck p und Schallschnelle v bei Anregung der Luftsäule in ihrer Grundfrequenz $f_1 = c/\lambda_1$. Die Mündungskorrektur ist hierbei nicht berücksichtigt

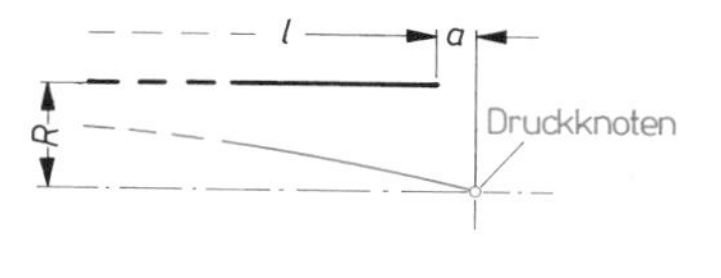

Bild 3.8. Mündungskorrektur

3.1.5.2. Beidseitig offene und beidseitig geschlossene Rohre

In **beidseitig offenen**, bzw. **beidseitig geschlossenen Rohren** können sich ebenfalls unendlich viele Eigenschwingungen ausbilden, nur daß hier die **halbe Wellenlänge** $\lambda/2$, bzw. ganzzahlige Vielfache $(n \cdot \lambda/2)$ davon gleich der Rohrlänge l sind: $l = n \cdot \lambda/2$; n = 1, 2, 3, ..., siehe Bild 3.9.

Die Eigenfrequenzen sind

$$f_n = \frac{n}{2 \cdot l} \cdot c$$

n = 1, 2, 3, ...
Ordnungszahl der Eigenschwingung

Im Falle des beidseitig offenen Rohres muß die doppelte Mündungsstrecke $2a$ berücksichtigt werden: $\lambda_1/2 = (l + 2a)$, bzw. $a = \frac{1}{2} \cdot \left(\frac{\lambda_1}{2} - l\right)$.

[1] Das Verhältnis der Strecke a zum Rohrradius R bezeichnet man auch als **Mündungskorrektur** α.

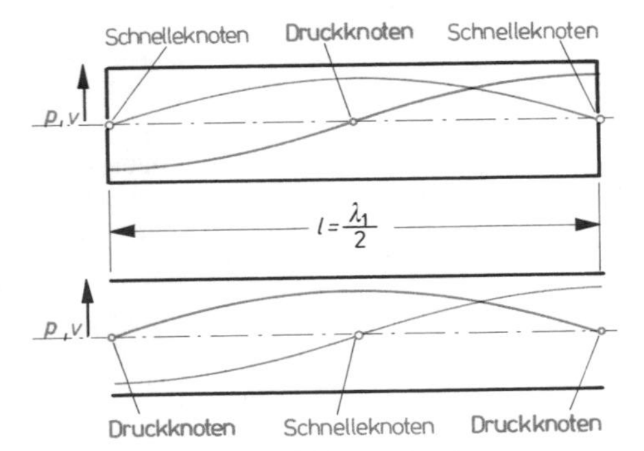

Bild 3.9. Beidseitig geschlossenes und beidseitig offenes Rohr (offene Pfeife) mit den dazugehörigen Verteilungen von Schalldruck p und Schallschnelle v bei Anregung der Luftsäulen in ihrer Grundfrequenz $f_1 = c/\lambda_1$. Beim beidseitig offenen Rohr sind die Mündungskorrekturen nicht berücksichtigt.

3.1.5.3. Schwingende Luftsäulen bei Musikinstrumenten

Schwingende Luftsäulen findet man bei einer Reihe von Musikinstrumenten. Die Schwingungsanregung erfolgt dabei im wesentlichen entweder durch **schwingende Zungen** (Orgel mit **Zungenpfeifen,** Klarinette, Oboe) oder durch **periodische Wirbelablösung** in einem Luftstrom, der gegen eine **Schneide** geblasen wird (Orgel mit **Lippenpfeifen,** Blockflöte), siehe auch Abschnitt 3.1.7. Bei Trompeten oder Posaunen drückt der Bläser seine Lippen fest gegen das Mundstück und regt den Ton, d.h. die „tönende" Luftsäule, durch seine eigenen Lippenschwingungen an.

3.1.6. Sirenen

Sirenen-„Töne" entstehen durch eine periodische Unterbrechung eines Luftstromes. Eine bekannte Ausführungsform ist die **Lochsirene.** Sie enthält als Hauptbestandteil eine kreisförmige Scheibe mit mehreren konzentrisch angebrachten Lochreihen. Die Löcher einer jeden Lochreihe haben voneinander gleiche Abstände. Wird ein Luftstrom – z.B. mit Hilfe einer Luftaustrittsdüse – gegen eine solche Lochreihe geblasen, wobei die Scheibe rotiert, so entstehen durch periodische Freigabe und Sperrung des Luftstromes regelmäßig aufeinanderfolgende **Luftstöße,** d.h. impulsartige Luftdruckänderungen, die den bekannten Sirenen-„Ton" ergeben. Die Frequenz wächst mit der Rotationsgeschwindigkeit der Lochscheibe. – Sirenen vermögen akustische Leistungen bis zu mehreren kW abzugeben.

3.1.7. Schneiden- und Hiebtonerzeuger

Schneiden- und **Hiebtöne** entstehen bei **Wirbelablösungen,** wie man sie z. B. bei Relativbewegungen zwischen Luft und scharfkantigen Hindernissen beobachten kann.

Richtet man einen Luftstrom, der beispielsweise aus einer engen Düse austritt, gegen eine scharfe Schneide oder gegen einen dünnen Draht, so kommt es daran zu einer **Wirbelbildung.** Die Wirbel strömen zunächst an dem scharfkantigen Hindernis wechselseitig vorbei und lösen sich dann in rascher Folge ab. Bei dieser Ablösung entstehen **Schneidentöne,** deren Frequenz – sofern die **Schneide frei steht** – von der Luft-Strömungsgeschwindigkeit v_{Sch} und vom Abstand d zwischen Schneide und Düse bestimmt wird:

$$f_{Sch} = \text{const.} \cdot \frac{v_{Sch}}{d}$$

Ist die **Schneide** dagegen mit einem **Resonator gekoppelt,** so richtet sich die Frequenz der Wirbelablösung nach der nächstgelegenen Resonator-Eigenfrequenz, wie z.B. bei Musikinstrumenten mit Lippenpfeifen. –

Wird ein scharfkantiges Hindernis mit einer entsprechenden Relativgeschwindigkeit v_{Hieb} durch in Ruhe befindliche Luft bewegt, so entstehen **Hiebtöne.** Je höher die Geschwindigkeit v_{Hieb} ist, in um so schnellerer Folge lösen sich die Wirbel ab und um so höher wird die Frequenz der entstehenden Hiebtöne. – Ist das durch die Luft bewegte Hindernis z.B. ein dünner Rundstab mit einem Durchmesser D, so beträgt die Hiebtonfrequenz

$$f_{Hieb} = 0{,}19 \cdot \frac{v_{Hieb}}{D}$$

Beispiel: $v_{Hieb} = 40$ m/s, $D = 0{,}004$ m (= 4 mm
$f_{Hieb} = 1{,}9$ kHz.

Die **Schallintensität** J von Schneiden- und Hiebtönen wächst etwa mit der **7. Potenz** (!) der Relativgeschwindigkeit $v^7{}_{Sch}$, bzw. $v^7{}_{Hieb}$. – In Belüftungsanlagen z.B. sollte man den Luftstrom daher nach Möglichkeit nicht schneller als mit etwa 7 m/s austreten lassen.

3.1.8. Die menschliche Stimme

Die Erzeugung unserer **Stimme** erfolgt im **Kehlkopf** (*larynx*), und zwar mit Hilfe von zwei **Stimmbändern** (*plicae vocales*), zwischen denen sich ein Spalt, die sogenannte **Stimmritze** (*rima glottidis*), befindet. Die Stimmbänder können durch besondere Muskel mehr oder minder stark gespannt werden, wodurch die Stimmritze enger oder weiter wird. Während des **Atmens (Respiration)** sind die Stimmbänder entspannt, so daß die Atemluft ungehindert durch die Stimmritze strömen kann. Beim **Sprechen** oder **Singen (Phonation)** dagegen werden die Stimmbänder gespannt, und die Stimmritze verengt sich, siehe Bild 3.10.

Die Frequenzanalyse der Luftimpulse ergibt ein breites Spektrum von Oberschwingungen. Verändert man das Volumen des mitschwingenden **Ansatzrohres** – darunter versteht man die oberhalb des Kehlkopfes befindlichen anatomischen Hohlräume: **Schlund, Mundhöhle, Nasenhöhle** und **Nasenrachenraum** – das physikalisch gesehen aus einer Vielzahl von veränderlichen **akustischen Filtern** (siehe Abschnitt 5. und 6.) besteht, so kann man das Spektrum der Oberschwingungen in sehr großem Maße beeinflussen. Die Gestalt des Ansatzrohres bestimmt den individuellen **Stimmklang.**

Durch Veränderung des Ansatzrohrvolumens – das geschieht im wesentlichen durch eine entsprechende **Mund-** und **Zungenstellung**– kann man

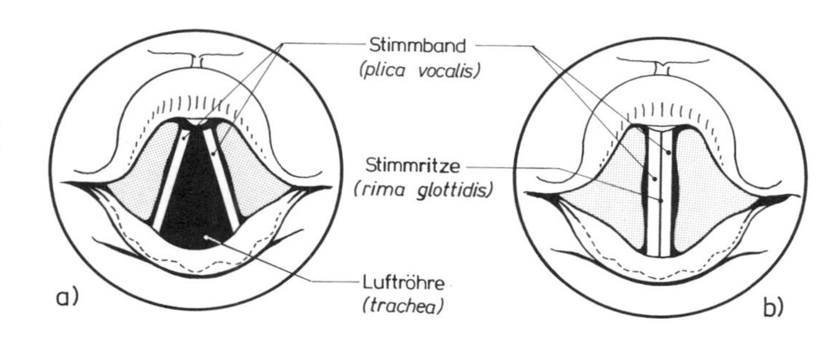

Bild 3.10. Blick in den Kehlkopf. Stellung der Stimmbänder

a) bei der Atmung (Respiration),

b) bei der Stimmbildung (Phonation)

Die aus der Lunge kommende und durch die verengte, bzw. geschlossene Stimmritze gepreßte Luft versetzt die Stimmbänder in Schwingungen, und zwar ähnlich wie bei einer **Polsterpfeife**, siehe Bild 3.11 a): Durch den Luftdruck werden die Stimmbänder zunächst auseinandergedrückt. Mit dem einsetzenden Luftstrom erweitert sich dabei die Stimmritze zunehmend. Das hat aber zur Folge, daß der statische Druck abnimmt und die von der Stimmband-Muskulatur her wirksamen Rückstellkräfte die Stimmritze wieder schließen. Dieser Vorgang wiederholt sich, solange die Luftzufuhr aus der Lunge andauert. **Die Stimmbänder geraten in selbsterregte Eigenschwingungen.** Der Luftstrom wird dabei periodisch unterbrochen; es entsteht eine Folge von Luftimpulsen, siehe Bild 3.11 b). Die Pulsfrequenz bestimmt die **Stimmhöhe.** Sie liegt – je nach der Länge der Stimmbänder und je nach der Muskelanspannung – zwischen etwa 90 Hz bei einer besonders tiefen Männerstimme und etwa 330 Hz bei einer schrillen Frauenstimme. Der Frequenzumfang von Gesangstimmen bewegt sich zwischen etwa 85 Hz (**Baß**) und 1400 Hz (**Sopran**).

bei gleichbleibender Stimmhöhe z.B. verschiedene **Vokale** sprechen. Jedem Vokal kann eine ganz bestimmte Mund- und Zungenstellung zugeordnet werden. Die dabei auftretenden, besonders stark betonten Resonanzbereiche nennt man **Formantbereiche**. Für jeden Vokal gibt es einen, bzw,

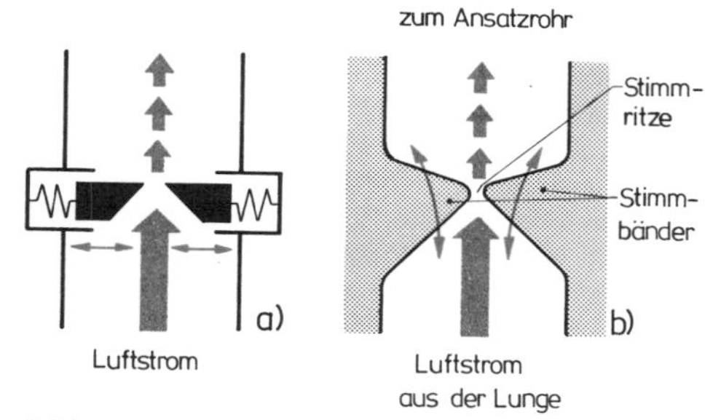

Bild 3.11.

a) Polsterpfeife,

b) Schematische Darstellung von schwingenden Stimmbändern

mehrere **charakteristische Formantbereiche,** siehe Tafel 3.4.

Tafel 3.4. Formantbereiche der fünf Vokale.

Vokal	Formantbereiche
u	200 ··· 400 Hz
o	400 ··· 600 Hz
a	800 ··· 1200 Hz
e	400 ··· 600 Hz und 2200 ··· 2600 Hz
i	200 ··· 400 Hz und 3000 ··· 3500 Hz

Im Gegensatz zu den **stimmhaften Lauten** sind die **stimmlosen Laute** auf **unperiodische Vorgänge** zurückzuführen: sie werden durch bestimmte Teile des Mundes erzeugt. **Explosivlaute** entstehen z.B. durch plötzliches Öffnen oder Schließen der Lippen. **Zischlaute** entstehen an den Zähnen.

Der Hauptfrequenzbereich der menschlichen Sprache liegt zwischen etwa 300 und 3400 Hz. Zur Erzielung einer ausreichenden **Sprachverständlichkeit,** z.B. im **Fernsprechbetrieb,** genügt die Übertragung dieses Frequenzbereiches.

3.2. Elektrische Schallsender

Bei **elektrischen Schallsendern** wird **elektrische Energie** in **Schallenergie** umgewandelt, wie z.B. beim **Lautsprecher** oder beim **Telefon.** Diese Umwandlung erfolgt bei der Mehrheit der elektrischen Schallsender unter **Zwischenschaltung** eines **schwingfähigen mechanischen Systems,** dessen Hauptbestandteil in den meisten Fällen eine **Membran** ist, die zu erzwungenen Schwingungen angeregt wird, wie z.B. bei nahezu allen **elektro-akustischen Wandlern.** Man unterscheidet dabei zwischen **reversiblen** und **irreversiblen Schallwandlern.** Reversible Wandler können in beiden Richtungen betrieben werden, d.h. sowohl als **Schallsender** als auch als **Schallempfänger,** siehe hierzu Abschnitt 7.; sie sind die bedeutenderen. – Irreversible Schallwandler sind dagegen nur in einer Richtung betriebsfähig. Bei Schallsendern dieser Art wird die elektrische Energie lediglich zur **Steuerung** verwendet. Die von ihnen abgegebene Schallenergie stammt von einer gesonderten Quelle. Man bezeichnet sie auch als **aktive Schallsender.**

Beispiele für aktive elektrische Schallsender sind u.a. der **Johnson-Rhabeck-Lautsprecher** und der **elektrisch gesteuerte Explosions-Schallsender.** – In der Praxis haben sich aktive elektrische Schallsender wenig durchgesetzt.

3.3. Thermische Schallsender

Schall kann man auch auf **thermischem Wege** erzeugen, indem man z.B. einen dünnen Draht oder eine dünne Folie mit kleiner Wärmekapazität durch einen Gleich- und einen Wechselstrom aufheizt. Im stromdurchflossenen Leiter entstehen dabei im Rhythmus des Wechselstromes Temperaturschwankungen, die sich der angrenzenden Luft mitteilen und somit Luftdruckschwankungen, d.h. Schall entstehen lassen. Solche Schallsender nennt man **Thermophone.** – Die periodischen Temperaturschwankungen laufen entsprechend der momentanen Leistung des Wechselstromes mit der doppelten Frequenz ab. Um bei der Schallerzeugung eine Frequenzverdopplung zu vermeiden, heizt man den Leiter nicht mit dem reinen Wechselstrom, sondern man überlagert den Wechselstrom einem sehr viel größeren Gleichstrom. – **Thermophone** eignen sich wegen ihrer Wärmeträgheit nur zur Erzeugung verhältnismäßig niedriger Frequenzen. Thermophone zeigen keine störenden Resonanzeffekte. Sie werden gelegentlich als **Normalschallquelle** für Kalibrierungszwecke verwendet. – Bedeutend bessere Frequenzeigenschaften findet man bei thermoelektrischen Schallsendern, die mit einem „**tönenden**" **Lichtbogen** arbeiten, Das bekannteste Beispiel hierfür ist der **Ionophon-Lautsprecher.** Die Schallerzeugung erfolgt durch eine **Hochfrequenz-Glimmentladung** in Luft. Die Entladung findet im Inneren eines einseitig offenen Quarzröhrchens statt. Die Ionisierung der Luftstrecke besorgt ein mit einem Niederfrequenzsignal amplitudenmodulierter HF-Generator (5, bzw. 27 MHz), dessen Ausgangsspannung mit Hilfe eines Tesla-Transformators auf mehrere kV hochgesetzt wird. Zur Verbesserung der Abstrahlung der tieferen Frequenzen versieht man das offene Ende des relativ kleinen Quarzrohres mit einem **Exponentialtrichter.** Damit ist eine ausgeglichene Abstrahlung bis herab (!) zu 1 kHz gewährleistet. Da hier praktisch keinerlei Massen zu bewegen sind, arbeitet der Ionophon-Lautsprecher **nahezu trägheitslos** und außerordentlich **verzerrungsfrei** bis weit über 20 kHz hinaus.

3.4. Die verschiedenen Möglichkeiten der Schallerzeugung

Für die Erzeugung eines Schalldrucks p

$$p = \frac{1}{4\pi r} \cdot \left(\varrho \cdot S \frac{\partial v}{\partial t} + \varrho \cdot v \frac{\partial S}{\partial t} + S \cdot v \frac{\partial \varrho}{\partial t} \right) \cdot e^{j(\omega t - kr)}$$

r = Entfernung von der Kugelschallquelle

gibt es grundsätzlich drei verschiedene Möglichkeiten:

1. Durch eine **zeitliche Änderung der Schnelle** v, wobei die Dichte ϱ und die Fläche S konstant bleiben. – Hierzu gehören Schallsender, die den Schall mit einer konstanten Fläche abstrahlen, wie z. B. **Lautsprecher mit Membranen** oder **Resonanzböden von Saiteninstrumenten.**

2. Durch eine **zeitliche Änderung der Fläche** S wobei die Dichte ϱ und die Schnelle v konstant bleiben. – Hierzu gehören z. B. **Sirenen** oder der **Kehlkopf.**

3. Durch eine **zeitliche Änderung der Dichte** ϱ, wobei die Fläche S und die Schnelle v konstant bleiben. – Hierzu gehören z. B. das **Thermophon** oder der **tönende Lichtbogen.**

4. Die Schallausbreitung

4.1. Grundsätzliches zur Schallabstrahlung

Die Abstrahlung des von einem Schallsender erzeugten Schalls läßt sich an Hand zweier Strahlertypen anschaulich erläutern. Es sind dies die **Kugelstrahler und die Kolbenstrahler.**

4.1.1. Kugelstrahler

Kugelstrahler sind idealisierte Strahler. Das einfachste Modell eines Kugelstrahlers ist die **atmende** oder **pulsierende Kugel.** Man bezeichnet sie als **Kugelstrahler nullter Ordnung.** Bei ihr schwingt die gesamte Kugeloberfläche **konphas** in radialer Richtung nach außen und nach innen. Sie ändert dabei periodisch ihr Volumen und strahlt somit **Kugelschallwellen** ab. Sämtliche Punkte der strahlenden Oberfläche haben die gleiche Geschwindigkeit oder **Oberflächenschnelle** v_0, siehe Bild 4.1. Die pulsierende Kugel läßt sich theoretisch relativ einfach und übersichtlich behandeln, praktisch ist sie jedoch kaum oder nur angenähert realisierbar. – Schwingen zwei Teile einer Kugeloberfläche gegenphasig zueinander, so daß zwischen ihnen eine Knotenlinie verläuft, so spricht man von einem **Kugelstrahler 1. Ordnung** oder von einer **oszillierenden Kugel.** – Die Ordnungszahl eines Kugelstrahlers richtet sich nach der Anzahl der Knotenlinien, die die Kugeloberfläche in entsprechend viele gegenphasig zueinander schwingende Teilflächen zerteilen.

Die Strahlungsbedingungen von Kugelstrahlern unterschiedlicher Ordnung sind voneinander sehr verschieden. – **Kugelstrahler 0. Ordnung haben keine Richtwirkung.**

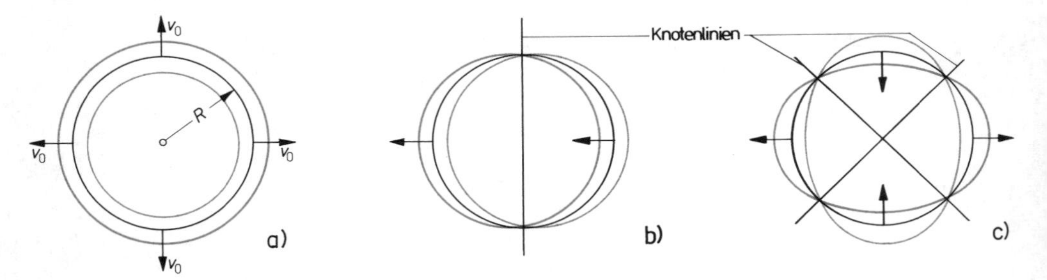

Bild 4.1. Einfache Schwingungsformen von Kugelstrahlern:
a) Kugelstrahler 0. Ordnung (atmende Kugel),
b) Kugelstrahler 1. Ordnung (oszillierende Kugel),
c) Kugelstrahler 2. Ordnung
(R Kugelradius)

4.1.2. Kolbenstrahler

Die einfachste und für die Praxis bedeutsamste Form eines **technisch realisierbaren Strahlers** verkörpert der **Kolbenstrahler** – gelegentlich auch **Kolbenmembran** genannt. Kennzeichnend für einen Kolbenstrahler sind **kolbenartig schwingende Platten** oder **Membranen.**

Ein Kolbenstrahler, dessen Kolbendurchmesser D $(= 2R)$ klein gegenüber der Wellenlänge λ ist und dessen Rückseite auf die Schallabstrahlung der Vorderseite keinen Einfluß hat – beispielsweise dadurch, indem man den Kolben in einer (unendlich) ausgedehnten starren Schallwand schwingen läßt oder indem man die Rückseite schalldicht abdeckt – verhält sich ähnlich wie ein Kugelstrahler 0. Ordnung: Er erzeugt **Kugelschallwellen,** siehe Bild 4.2. Die Kolbenoberfläche muß dabei nicht unbedingt eben sein. Ein **Lautsprecher**

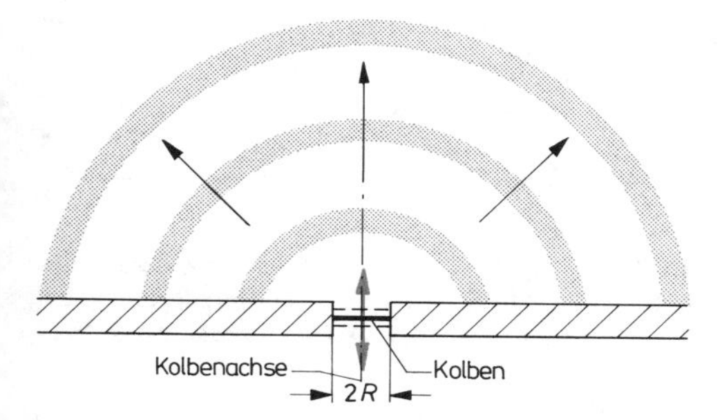

Bild 4.2. Schwingende Kolbenmembran in der Öffnung einer ausgedehnten starren Schallwand ($2R \ll \lambda$). Es werden Kugelschallwellen in den Halbraum abgestrahlt

mit einer **Konusmembran** kann genausogut ein **Kugelstrahler** sein, sofern nur sein Membrandurchmesser sehr viel kleiner als die Wellenlänge ist und er selbst entweder in einer sehr großen Schallwand oder in einem nach hinten schalldicht abgeschlossenen Gehäuse ($\ll \lambda$) eingebaut ist. – Bei höheren Frequenzen, bei denen die Bedingung $D \ll \lambda$ nicht mehr erfüllt ist, erfolgt die **Abstrahlung** in zunehmendem Maße **gerichtet**, und zwar in Richtung der Kolbenachse. –

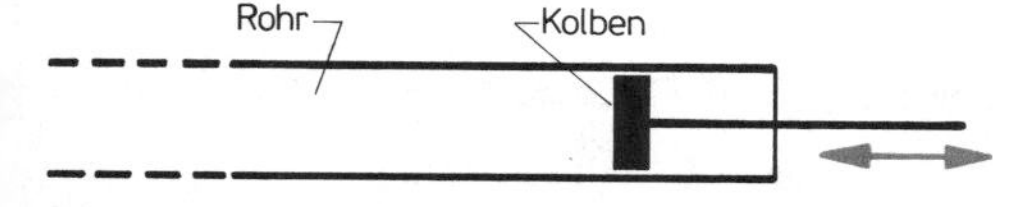

Bild 4.3. Erzeugung von Rohrwellen

Läßt man einen Kolben in einem (unendlich) langen *oder* in einem reflexionsfrei abgeschlossenen schallharten Rohr schwingen, dessen Durchmesser klein gegenüber der Wellenlänge ist (z.B.: Im **Kundtschen Rohr**), so entstehen **Rohrwellen**, die in sehr guter Annäherung **ebene Schallwellen** darstellen, siehe Bild 4.3.

4.1.3. Strahlungsimpedanz

Das Schallausbreitungsmedium setzt der schwingenden Bewegung der Schallquelle einen **mechanischen Widerstand** entgegen, der die abstrahlende Oberfläche S des Senders belastet. Dieser Widerstand muß vom Sender bei der Schallabstrahlung überwunden werden; er ist eine **charakteristische Größe** für die **Abstrahlung**. Man bezeichnet ihn als **Strahlungsimpedanz** Z_r (Einheitenzeichen: Ns/m). Er ergibt sich rechnerisch als **Produkt** aus der **spezifischen Schallimpedanz** Z_s ($= p/v$) und der **Strahleroberfläche** S:

$$Z_r = Z_s \cdot S$$

$$\left(= \frac{p}{v} \cdot S = \frac{F}{v}\right)$$

F = Kraft, die auf den Strahler wirkt

p und v beziehen sich hierbei auf die Oberfläche des Strahlers.

An der Oberfläche eines Schall abstrahlenden Senders ist die **Strahlungsimpedanz komplex**:

$$Z_r = r_{str} + j\,\omega\,m_s$$

Ihren **Realteil** r_{str} bezeichnet man als **Strahlungswiderstand**; er ist ein **Wirkwiderstand**. Der **positive Imaginärteil** $+j\omega m_s$ kennzeichnet einen **Blindwiderstand**, der eine **mitschwingende Masse** m_s enthält; man bezeichnet sie als **mitschwingende Mediummasse**.

Der Strahlungswiderstand r_{str} bestimmt maßgebend die als **Wirkleistung** abgestrahlte **Schalleistung** P_a:

$$P_a = {}^{-}\tilde{v}^2 \cdot r_{str} \quad (= J \cdot S)$$

${}^{-}\tilde{v}$ = Effektivwert des Wirkanteils der Schnelle

Die mitschwingende Mediummasse m_s stellt diejenige Masse des Schallausbreitungsmediums dar, mit der die Strahleroberfläche S belegt ist. Bei sehr niedrigen Frequenzen wird die Mediummasse m_s **nicht komprimiert**, sondern sie schwingt **ohne Aufwand an Wirkleistung** mit der Strahleroberfläche hin und her, siehe Bild 4.4.

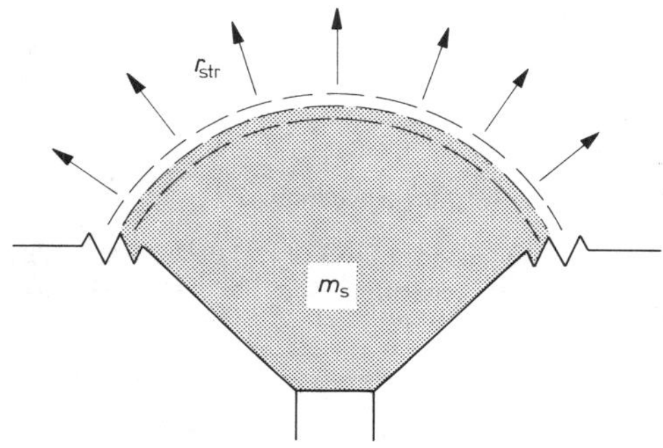

Bild 4.4. Veranschaulichung der Begriffe des Strahlungswiderstandes r_{str} und der mitschwingenden Mediummasse m_s an Hand eines Lautsprechers mit Konusmembran

An der **Oberfläche** eines **Kugelstrahlers 0. Ordnung** ($r = R$) beträgt der **komplexe Strahlungswiderstand:**

$$Z_r = Z_0 \cdot S \cdot \frac{k^2 R^2}{1 + k^2 R^2} + j Z_0 \cdot S \cdot \frac{k R}{1 + k^2 R^2}$$

Die mitschwingende Mediummasse m_s und der Strahlungswiderstand r_{str} verhalten sich dabei wie folgt:

4.1.3.1. Die mitschwingende Mediummasse

Bei **sehr niedrigen Frequenzen,** bzw. bei **sehr kleinem Kugelradius** $\left(kR \ll 1;\ k = \frac{\omega}{c}\right)$ ist

$$j\,\omega\, m_s = j\, Z_0\, S\, k\, R = j\,\omega\, \varrho_-\, S\, R$$

$$m_s = \varrho_-\, S\, R \quad = \varrho_-\, 4\pi\, R^3 .$$

Bei **sehr hohen Frequenzen,** bzw. bei **sehr großem Kugelradius** ($kR \gg 1$) verschwindet die Massenwirkung

$$j\,\omega\, m_s = j\frac{Z_0\, S}{k\, R} = j\frac{\varrho_-\, c^2\, S}{\omega\, R}$$

$$m_s = \frac{\varrho_-\, c^2\, S}{R} \cdot \frac{1}{\omega^2} = \varrho_-\, c^2\, 4\pi\, R \cdot \frac{1}{\omega^2},$$

sie nimmt mit $\frac{1}{\omega_2}$ ab. – Die Mediummasse schwingt jetzt nicht mehr „wattlos“ mit, sondern sie wird komprimiert. Die dafür aufgewendete Arbeit wird als **Schallenergie** an entfernter gelegene Volumenelemente des Ausbreitungsmediums weitergeleitet.

4.1.3.2. Der Strahlungswiderstand

Der Strahlungswiderstand r_{str} beträgt bei **sehr niedrigen Frequenzen,** bzw. bei **sehr kleinem Kugelradius** ($kR \ll 1$)

$$r_{str} = Z_0\, S\, k^2\, R^2 = \varrho_-\, c\, S\, R^2 \frac{\omega^2}{c^2}$$

$$= \frac{\varrho_-\, S\, R^2}{c} \cdot \omega^2 = \frac{\varrho_- \cdot 4\pi\, R^4}{c} \cdot \omega^2$$

Bei **sehr hohen Frequenzen,** bzw. bei **sehr großem Kugelradius** ($kR \gg 1$) ist

$$r_{str} = Z_0\, S = \varrho_-\, c\, 4\pi\, R^2 .$$

4.1.3.3. Abhängigkeit des Strahlungswiderstandes und der mit ω multiplizierten mitschwingenden Mediummasse vom Produkt kR

Stellt man den **Strahlungswiderstand** r_{str} und die mit ω multiplizierte **mitschwingende Mediummasse** $\omega\, m_s$ eines Kugelstrahlers 0. Ordnung – bezogen auf die **Schallkennimpedanz** Z_0 des Ausbreitungsmediums und auf die **Strahleroberfläche** S ($= 4\pi R^2$) – als Funktion des Produktes kR grafisch dar, so bekommt man das in Bild 4.5. gezeigte Diagramm.

> Bei $kR = 1$ sind r_{str} und $\omega\, m_s$ einander gleich; die Wellenlänge ist dabei gleich dem Kugelumfang: $\lambda = 2\pi R$. – Der **Phasenwinkel** zwischen **Schalldruck** und **Schallschnelle** beträgt in diesem Falle an der Kugeloberfläche $\varphi = = 45°$. Die **Wirkleistung** ist gleich der **Blindleistung.**

Oberhalb dieser Frequenz $\left(\omega = \frac{c}{R}\right)$ überwiegt die Wirkleistung die Blindleistung. – Bei einem Kugelstrahler 0. Ordnung erreicht die mitschwingende Mediummasse m_s bei sehr tiefen Frequenzen ($\omega \to 0$) einen Wert ($m_s = 4\pi R^3 \varrho_-$), der dreimal so groß ist wie die vom Kugelstrahler selbst verdrängte Mediummasse, nämlich $\frac{4}{3}\pi R^3 \varrho_-$.

Der Strahlungswiderstand r_{str} fällt bei einem Kugelstrahler 0. Ordnung nach tiefen Frequenzen hin mit ω^2 ab. Das gleiche gilt auch für die abgestrahlte Schalleistung $P_a = \tilde{v}^2 \cdot r_{str}$ (bei konstanter Schnelle).

> Je tiefer die Frequenz ist, um so schwieriger wird es, Schall abzustrahlen.

Bei zeitlich langsam ablaufenden Schallschwingungen ist für einen seitlichen Druckausgleich genügend Zeit vorhanden, so daß sich trotz Vorhandenseins einer gewissen Schnelle v keine nennenswerte Schalleistung $P_a \sim p \cdot v$ ergibt. –

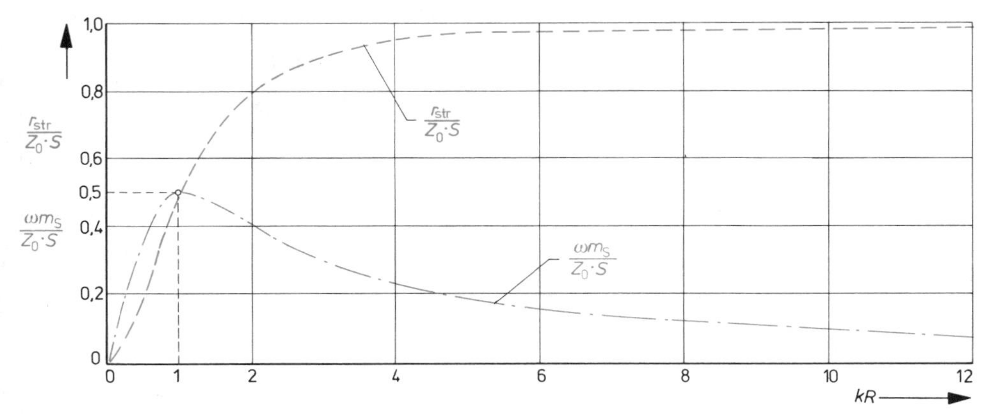

Bild 4.5. $\frac{r_{str}}{Z_0 \cdot S}$ *und* $\frac{\omega m_s}{Z_0 \cdot S}$ *dargestellt als Funktion von kR*

Bei Kolbenstrahlern verhindert man einen seitlichen Druckausgleich (**akustischer Kurzschluß**) – zumindest zu einem Teil – durch Anbringung eines **Trichters** oder einer **Schallwand.**

4.1.3.4. Strahlungswiderstand und mitschwingende Mediummasse bei Kugelstrahlern und beim Kolbenstrahler

Die Tafel 4.1. gibt eine kleine Übersicht über den Strahlungswiderstand und die mitschwingende Mediummasse bei tiefen und bei hohen Frequenzen für 3 idealisierte Strahlertypen.

Bei einem Kugelstrahler 1. Ordnung erreicht die mitschwingende Mediummasse m_s bei sehr tiefen Frequenzen ($\omega \to 0$) den halben Wert

$$\left(m_s = \frac{2}{3}\,\pi R^3\,\varrho_-\right)$$

derjenigen Mediummasse, die der Kugelstrahler selbst verdrängt, nämlich $\frac{4}{3}\,\pi R^3 \varrho_-$. – Beim Kolbenstrahler (in unendlich ausgedehnter Schallwand ist die mitschwingende Mediummasse m_s bei sehr tiefen Frequenzen ($\omega \to 0$) doppelt so groß wie diejenige Mediummasse, die eine Kugel mit dem Radius R (= Kolbenradius) verdrängt.

Der Strahlungswiderstand r_{str} fällt beim Kolbenstrahler (in unendlich ausgedehnter Schallwand) nach tiefen Frequenzen hin mit ω^2 ab. Beim Kugelstrahler 1. Ordnung fällt r_{str} sogar mit ω^4 ab. –

Zur **Erzielung** einer **guten Schallabstrahlung** empfehlen sich Strahler, deren **Ordnungszahl möglichst niedrig** ist und deren **Abmessungen vergleichbar** mit der **Wellenlänge** sind. – Soll dagegen eine **Schallabstrahlung verhindert** werden, z.B. bei **Störschall**, so sind die **abstrahlenden Flächen** nach Möglichkeit **klein** zu halten; außerdem sollte man die Ausbildung von möglichst **vielen Knotenlinien** anstreben, bzw. begünstigen.

4.1.4. Richtwirkung

Zur Charakterisierung eines Schallsenders gehört u.a. auch eine Aussage über seine **Richtwirkung,** und zwar in Abhängigkeit von der Frequenz. Das kann z.B. grafisch durch Angabe seiner **Richtcharakteristik** oder seines **Richtdiagramms,** bzw. zahlenmäßig durch Angabe seines **Richtungsfaktors** oder seines **Richtungsmaßes** erfolgen.

Betrachtet man die Schallquelle als Mittelpunkt einer **gedachten Kugel,** deren Radius r (= Entfernung von der Schallquelle) so groß gewählt wird, daß jeder Punkt P auf der Kugeloberfläche sich nach Möglichkeit im **Fernfeld** der Quelle (siehe Abschnitt 2.2.2.) befindet, so herrscht in jedem dieser **Aufpunkte** ein ganz **bestimmter Schalldruck** p. Jeder Aufpunkt P ist im Raume genau definiert durch seinen Abstand r von der Schallquelle, sowie durch seinen **Azimutwinkel** φ und seinen **Polarwinkel** ϑ bezogen auf eine **bestimmte Abstrahlungsrichtung** des Senders, i.a. bezieht man sich auf die **Hauptabstrahlungsrichtung,** siehe Bild 4.6.

Tafel 4.1. Strahlungswiderstand und mitschwingende Mediummasse bei 3 idealisierten Strahlertypen.

Idealisierte Strahler-modelle / r_{str} und m_s		**Kugelstrahler** 0. Ordnung	1. Ordnung	**Kolbenstrahler** in unendlich ausgedehnter Schallwand
r_{str}	bei tiefen Frequenzen $\lambda \gg 2\pi R$	$\frac{4\pi R^4}{c} \varrho_- \cdot \omega^2$	$\frac{4\pi R^6}{12c^3} \varrho_- \cdot \omega^4$	$\frac{\pi R^4}{2c} \varrho_- \cdot \omega^2$
	bei hohen Frequenzen $\lambda \ll 2\pi R$	$4\pi R^2 \varrho_- c$	$\frac{4}{3} \pi R^2 \varrho_- c$	$\pi R^2 \varrho_- c$
m_s	$\lambda \gg 2\pi R$	$4\pi R^3 \varrho_-$	$\frac{2}{3} \pi R^3 \varrho_-$	$\frac{8}{3} \pi R^3 \varrho_-$
	$\lambda \ll 2\pi R$	$4\pi R \varrho_- c^2 \cdot \frac{1}{\omega^2}$ ($\to 0$)	$\frac{R \lambda^2 \varrho_-}{3\pi}$ ($\to 0$)	0

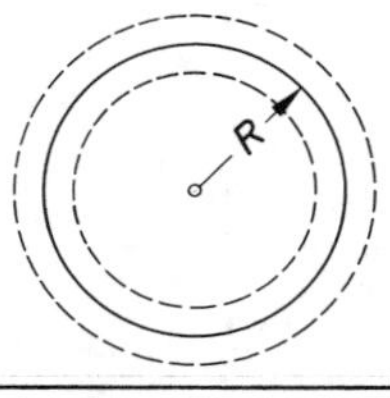

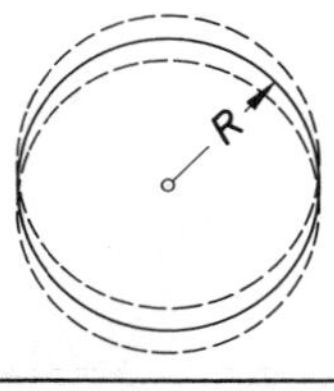

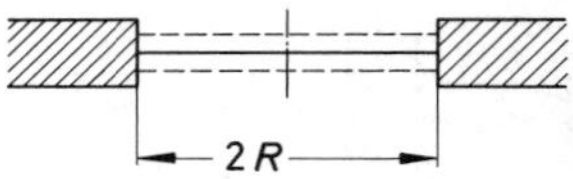

Trägt man die einzelnen Schalldruckwerte p ($r =$ konst., φ, ϑ) als **Radiusvektoren** mit gemeinsamem Ursprung im Kugelmittelpunkt auf, so beschreiben die Endpunkte dieser Radiusvektoren eine **Fläche**, die man als **Richtcharakteristik** bezeichnet. – Schneidet man diese Fläche mit einer **Ebene**, die auch durch den Kugelmittelpunkt hindurchgeht, so ergibt die Schnittkurve ein **Richtdiagramm.**

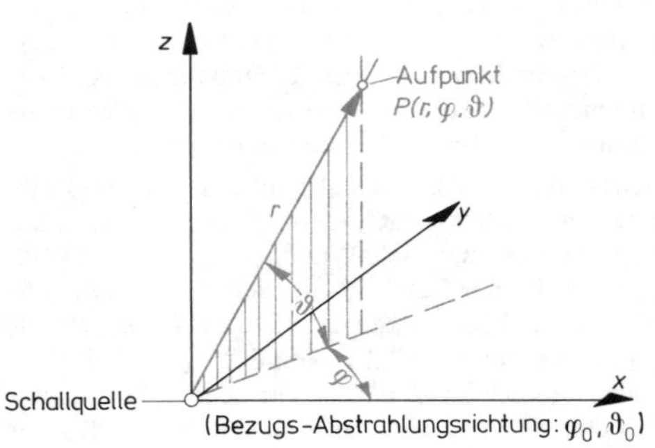

Bild 4.6. Kennzeichnung eines betrachteten Aufpunktes P durch seinen Abstand r von der Schallquelle, sowie durch seinen Azimutwinkel φ und seinen Polarwinkel ϑ bezogen auf eine bestimmte Schallabstrahlungsrichtung

Der **Richtungsfaktor** Γ gibt Auskunft über das **Verhältnis** eines Schalldrucks $\tilde{p}\,(r, \varphi, \vartheta)$ in der Richtung (φ, ϑ) zu einem **Bezugsschalldruck** $\tilde{p}\,(r, \varphi_0, \vartheta_0)$ in der **Hauptabstrahlungsrichtung** (φ_0, ϑ_0) des Senders, und zwar bei gleicher Entfernung r zur Schallquelle:

$$\Gamma = \frac{\tilde{p}\,(r, \varphi, \vartheta)}{\tilde{p}\,(r, \varphi_0, \vartheta_0)}$$

Das **Richtungsmaß** D ist definiert als der 20fache Briggsche Logarithmus des **Richtungsfaktors,** oder was das gleiche ist, als **Pegeldifferenz** zwischen den beiden zueinander ins Verhältnis gesetzten Schalldruckwerten:

$$\frac{D}{\text{dB}} = 20 \lg \Gamma = L\,(r, \varphi, \vartheta) - L\,(r, \varphi_0, \vartheta_0)$$

Ein **Kugelstrahler 0. Ordnung** strahlt seine Schallenergie **ungerichtet**, d.h. nach allen Richtungen gleichmäßig ab. Seine **Richtcharakteristik** ist infolgedessen eine **Kugel** und sein **Richtdiagramm** ein **Kreis**; die abstrahlende Schallquelle ist in beiden Fällen der Mittelpunkt. Der **Richtungsfaktor** ist $\Gamma = 1$, das **Richtungsmaß** beträgt $D = 0$ dB. –

Die **oszillierende Kugel** ist ein **Modell** für einen **Kugelstrahler 1. Ordnung,** sie schwingt nur in einer Raumrichtung, siehe Bild 4.1. – **Zwei dicht nebeneinander befindliche Kugelstrahler 0. Ordnung,** die **gegenphasig** mit **gleichgroßer Amplitude** schwingen, ergeben ebenfalls einen **Strahler 1. Ordnung**; man bezeichnet Kugelstrahler 1. Ordnung daher auch als **Dipolstrahler** oder **Dipole.** Dipolstrahler haben eine ausgeprägte Richtwirkung, siehe Bild 4.7. Ihr **Richtdiagramm** hat die Form der Zahl „8". Der **Richtungsfaktor** ist in diesem Falle winkelabhängig: $\Gamma = \cos\varphi$, bzw. $\Gamma = \cos\vartheta$. Die **Hauptabstrahlung** erfolgt in Richtung der Dipol-Verbindungsachse (φ, bzw. $\vartheta = 0°$ und $180°$); in Richtung der Symmetrieebene (φ, bzw. $\vartheta = 90°$) findet dagegen keine Abstrahlung statt, die Schallwellen löschen sich in dieser Ebene durch **Interferenz** gegenseitig vollständig aus. – Ein praktisch realisierbarer Kugelstrahler 1. Ordnung ist z.B. eine **frei schwingende Membran** (ohne Schallwand), deren Abmessungen klein gegenüber der Wellenlänge sind. –

Die Kombination eines Strahlers 0. Ordnung mit einem Strahler 1. Ordnung ergibt einen Strahler,

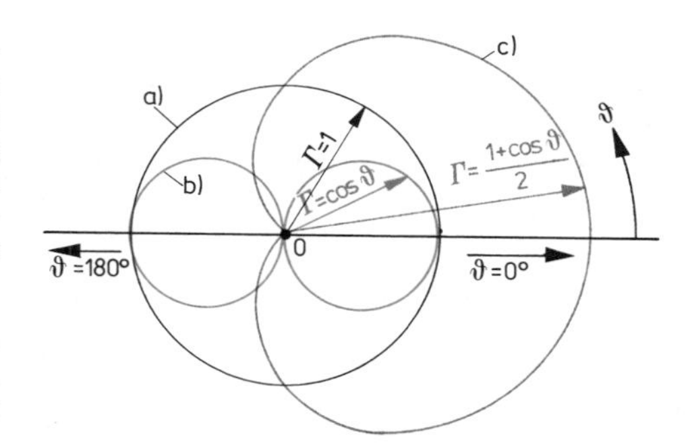

Bild 4.7. Richtdiagramme (schematisiert):
a) Kugelstrahler 0. Ordnung,
b) Kugelstrahler 1. Ordnung (Dipol),
c) Kardioidstrahler

dessen **Richtdiagramm** die Form einer **Niere** oder **Kardioide** hat, siehe Bild 4.7.c). Der **Richtungsfaktor** beträgt $\Gamma = \dfrac{1 + \cos\vartheta}{2}$. – Das nierenförmige Richtdiagramm entsteht durch **Interferenz.** Die von den Strahlern 0. und 1. Ordnung in Richtung $\vartheta = 0°$ abgestrahlten Schallwellen sind **phasengleich,** sie addieren sich. In der umgekehrten Richtung ($\vartheta = 180°$) strahlt der Dipol **gegenphasig** zum Nullstrahler; bei Amplitudengleichheit kommt es zur Auslöschung beider Wellen. – Entsprechendes gilt auch für den Bereich des Azimutwinkels φ.

4.2. Wissenswertes über die Schallausbreitung

4.2.1. Die Wellengleichung

Kennzeichnend für Schwingungsvorgänge, die sich **wellenförmig** ausbreiten, ist die gegenseitige Verknüpfung zweier (Schwingungs-)Größen, und zwar dergestalt, daß jede **zeitliche Änderung** $\left(\dfrac{\partial}{\partial t}\right)$ **der einen Größe** eine entsprechende **örtliche Änderung** $\left(\dfrac{\partial}{\partial x}, \dfrac{\partial}{\partial y}, \dfrac{\partial}{\partial t}\right)$ **der anderen Größe** nach sich zieht und umgekehrt. Ein bekanntes Beispiel aus der Elektrotechnik ist die **periodische Wechselbeziehung** zwischen der **elektrischen** und der **magnetischen Feldstärke** $\vec{E}$ und $\vec{H}$ im **elektromagnetischen Feld.** Im **elastischen Medium** eines **Schallfeldes** besteht eine derartige Verknüpfung zwischen dem **Schalldruck** p und der **Schallschnelle** v. Voraussetzung für ein solches Verhalten ist die Existenz zweier **komplementärer Energiespeicher** in dem betreffenden Ausbreitungsmedium, nämlich für **kinetische** und für **potentielle Energie.** Bei der Ausbreitung von Schallwellen treten beide Energieformen in periodischer Folge auf.

Diese Zusammenhänge lassen sich durch jeweils **zwei Grundgleichungen** quantitativ beschreiben. –

Die beiden Grundgleichungen[1] für ein **räumliches** oder **kugelförmiges Schallfeld** lauten in ihrer allgemeinen Form:

$$-\operatorname{grad} p = \varrho_- \frac{\partial \vec{v}}{\partial t} \quad \text{1. Grundgleichung}$$

$$\operatorname{div} \vec{v} = -\frac{1}{E}\frac{\partial p}{\partial t} \quad \text{2. Grundgleichung oder}$$

Kontinuitätsgleichung

E = Elastizitätsmodul

Für das Feld einer **ebenen Schallwelle**, in dem **nur eine Ausbreitungsrichtung** vorhanden ist, z. B. x, resultiert daraus:

$$-\frac{\partial p}{\partial x} = \varrho_- \frac{\partial v}{\partial t}$$

$$\frac{\partial v}{\partial x} = -\frac{1}{E}\frac{\partial p}{\partial t}$$

Differenziert man die erste Gleichung nach x und die zweite Gleichung nach t, so kann man die Schnelle v eliminieren, und man erhält die **Wellengleichung für den Schalldruck p im ebenen Schallfeld**:

$$\frac{\partial^2 p}{\partial x^2} = \frac{1}{c^2}\frac{\partial^2 p}{\partial t^2}$$

Genauso kann man die Wellengleichung auch für die Schnelle v ableiten. – Verschiedentlich wird die Wellengleichung auch für das sogenannte **Geschwindigkeits-** oder **Schnellepotential Φ angegeben**, woraus sich der Schalldruck p

$$p = \varrho_- \frac{\partial \Phi}{\partial t}$$

und die Schallschnelle $\vec{v}$, bzw. v

$$\vec{v} = -\operatorname{grad} \Phi = -\left(\vec{i}\frac{\partial \Phi}{\partial x} + \vec{j}\frac{\partial \Phi}{\partial y} + \vec{k}\frac{\partial \Phi}{\partial z}\right)$$

im ebenen Schallfeld hat die Schnelle nur eine Komponente $\vec{v}_x = v$ in x-Richtung:

$$v = -\frac{\partial \Phi}{\partial x}$$

jederzeit ableiten lassen. Der Begriff des Geschwindigkeitspotentials ist zwar nicht sehr anschaulich, dafür aber oft vorteilhaft für die Rechnung. –

Die Schallausbreitung im **dreidimensionalen Raum** – dazu gehört auch das **Kugelschallfeld** – wird durch die **allgemeine Form der Wellengleichung** beschrieben. Sie lautet für den Schalldruck p in einem rechtwinkligen Koordinatensystem mit den Koordinaten x, y, und z

$$\frac{\partial^2 p}{\partial x^2} + \frac{\partial^2 p}{\partial y^2} + \frac{\partial^2 p}{\partial z^2} = \Delta p = \frac{1}{c^2}\frac{\partial^2 p}{\partial t^2},$$

$\Delta (= \nabla^2)$ = Laplacescher Differentialoperator

bzw. im sphärischen Koordinatensystem

$$\frac{\partial^2 (rp)}{\partial r^2} = \frac{1}{c^2}\frac{\partial^2 (rp)}{\partial t^2}.$$

Die **allgemeine Lösung der Wellengleichung** für das **ebene**, nur in x-Richtung vorhandene **Schallfeld** lautet bei **zeitlich sinusförmigem Verlauf** des **Schalldrucks**:

$$p(t, x) = \hat{p}_1 \cdot \cos\left[\omega\left(t - \frac{x}{c}\right) + \varphi_1\right] + \hat{p}_2 \cdot \cos\left[\omega\left(t + \frac{x}{c}\right) + \varphi_2\right]$$

oder ganz allgemein

$$p(t, x) = f_1\left(t - \frac{x}{c}\right) + f_2\left(t + \frac{x}{c}\right)$$

Die Funktion $f_1\left(t - \frac{x}{c}\right)$ stellt eine in *positiver x-Richtung* **fortschreitende ebene Welle** dar; die Funktion $f_2\left(t + \frac{x}{c}\right)$ beschreibt eine sich in *nega-*

[1] Zwischen den Grundgleichungen des Schallfeldes und den Grundgleichungen des elektromagnetischen Feldes bestehen formale Analogien:

$$\operatorname{rot} \vec{E} = -\mu \frac{\partial \vec{H}}{\partial t}, \quad \operatorname{rot} \vec{H} = \varepsilon \frac{\partial \vec{E}}{\partial t}, \quad \text{bzw.} \quad \left.\begin{aligned} -\frac{\partial u}{\partial x} &= L' \frac{\partial i}{\partial t} \\ -\frac{\partial i}{\partial x} &= C' \frac{\partial u}{\partial t} \end{aligned}\right\} \text{(Leitungsgleichungen)}$$

Das gleiche gilt auch für die Wellenausbreitungsgeschwindigkeiten:

$$c_{\text{elektrisch}} = \frac{1}{\sqrt{\mu \cdot \varepsilon}} \text{ und } c_{\text{akustisch}} = \frac{1}{\sqrt{\varrho_- \cdot \frac{1}{E}}} \left(= \sqrt{\frac{E}{\varrho_-}}\right)$$

tiver x-Richtung ausbreitende, d. h. **zurückkehrende** oder **reflektierte ebene Welle**. Beide Wellen breiten sich mit der Schallgeschwindigkeit c aus. Handelt es sich ausschließlich um eine fortschreitende Schallwelle, so entfällt der zweite Term.

> Der Ausdruck für p (t, x) beschreibt
>
> **1.** die zu einem **bestimmten Zeitpunkt** t vorhandene **räumliche Verteilung** des sinusförmigen **Schalldrucks** p – und
>
> **2.** den an einem **bestimmten Ort** x zu beobachtenden **zeitlichen Verlauf** des sinusförmigen **Schalldrucks** p.

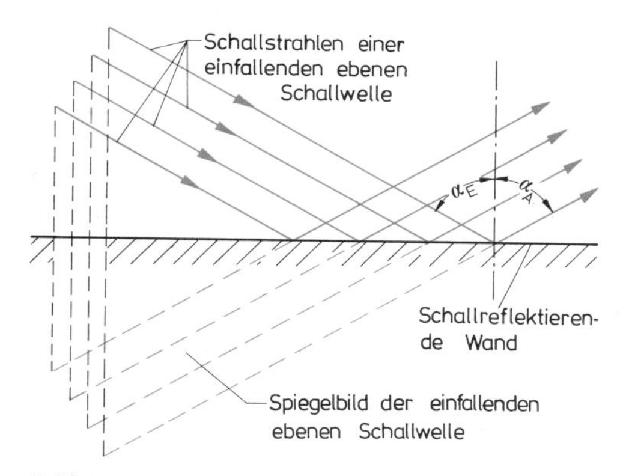

Bild 4.8. Reflexion einer ebenen Schallwelle an einer harten Wand

4.2.2. Gestörte Schallausbreitung

Schallwellen, die ausschließlich in positiver Richtung fortschreiten, gleichgültig ob eben oder kugelförmig, gibt es nur bei **ungehinderter** oder **ungestörter Schallausbreitung**. Dieser Fall ist in der Praxis jedoch sehr selten. Es finden sich nahezu überall Hindernisse, Trenn- oder Begrenzungsflächen, die die Ausbreitung von Schall stören, bzw. beeinflussen. Kennzeichnend für eine **gestörte Schallausbreitung** ist das Auftreten von **Reflexionen, Beugungen** und/oder **Brechungen**.

4.2.2.1. Reflexion

Trifft eine fortschreitende Schallwelle auf eine **schallharte** Wand, so wird sie **reflektiert**. Ähnlich wie bei der Reflexion eines Lichtstrahls, der auf einen Spiegel fällt, wird jeder einzelne *Schallstrahl*[1] so reflektiert, daß der **Einfallswinkel** α_E gleich dem **Ausfallswinkel** α_A ist, siehe Bild 4.8. Das Spiegelbild der einfallenden Schallstrahlen kann man bei der grafischen Konstruktion als **fiktive Quelle** für die reflektierten Schallstrahlen ansehen.

Will man die Reflexion der **gesamten Wellenfront** einer einfallenden **Kugelschallwelle** an einer starren Wand grafisch konstruieren, so ist dabei das **Fresnel-Huygenssche Gesetz** zu beachten: Danach kann jedes in einem elastischen Schallausbreitungsmedium befindliche materiebehaftete Teilchen, das durch die Wellenausbreitung zu Schwingungen angeregt wird, selbst als Quelle **neuer kugelförmiger Elementarwellen** angesehen werden. Jedes dieser Materieteilchen entzieht der einfallenden Schallwelle Energie, die es gleichzeitig in Gestalt einer Elementarwelle wieder abstrahlt. – Betrachtet man die schallreflektierende Wand als flächenhafte Anhäufung solcher **elementaren Kugelschallquellen**, so kann man die reflektierte Wellenfront in der Weise konstruieren, wie es das Bild 4.9. zeigt.

[1] Die Vorstellung von „Schallstrahlen" ist besonders anschaulich; sie empfiehlt sich überall dort, wo die (Raum-) Abmessungen groß im Vergleich zur Wellenlänge sind.

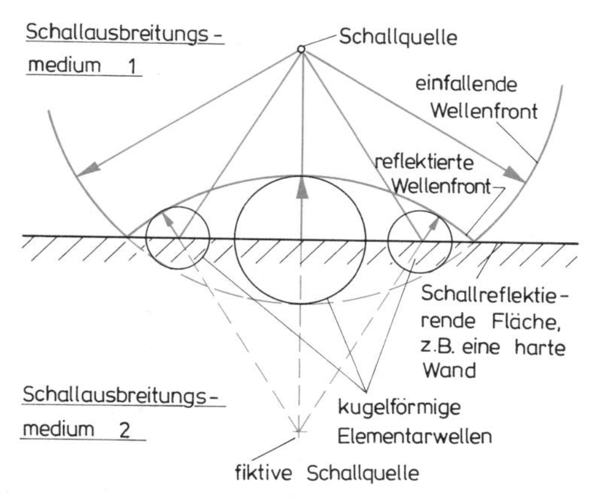

Bild 4.9. Reflexion einer kugelförmigen Schallwelle an einer harten Wand

Die ausgesandten Elementarwellen breiten sich grundsätzlich nach beiden Seiten der reflektierenden Fläche aus. Im Schallausbreitungsmedium 1 (Bild 4.9.) haben die Elementarwellen die gleiche Wellenlänge wie die einfallende Kugelschallwelle. Im Schallausbreitungsmedium 2 richtet sich die Wellenlänge der Elementarwellen nach der dort herrschenden Schallgeschwindigkeit c_2:

$$\frac{\lambda_2}{\lambda_1} = \frac{c_2}{c_1}$$

Im Bild 4.9. haben beide Ausbreitungsmedien – der Einfachheit der Darstellung wegen – gleiche Schallgeschwindigkeiten, d.h. die Radien der Elementarwellen sind zu beiden Seiten der reflektierenden Fläche gleich groß. –

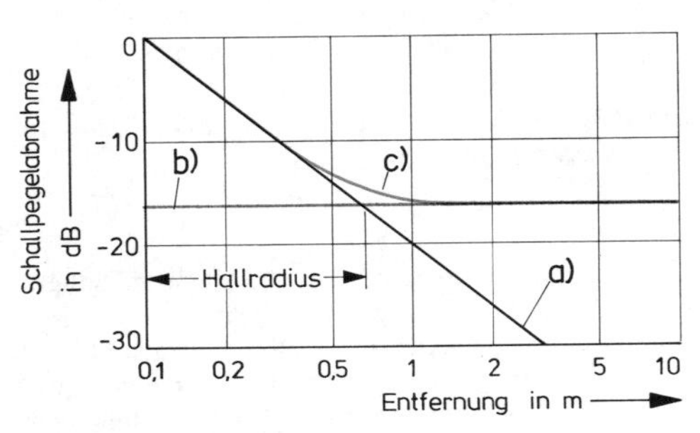

Bild 4.10. Hallradius

a) Schallpegelabnahme im freien Schallfeld,

b) Nachhall im geschlossenen Raum,

c) Resultierender Schallpegelverlauf von a) und b): Schallpegelabnahme in einem geschlossenen Raum in Abhängigkeit vom Schallquellenabstand

In der **geometrischen Raumakustik,** wo man i.a. bestrebt ist, sämtliche Flächen eines Raumes so zu gestalten, daß der Schall an ihnen **diffus reflektiert** wird und somit den gesamten Raum gleichmäßig erfüllt, bedient man sich dieser Konstruktionsweise mit gutem Erfolg. –

Steht eine Schallquelle z.B. in einem allseits geschlossenen Raum, so wird das Ohr eines ebenfalls in diesem Raum befindlichen Zuhörers einmal von der **direkten Schallwelle** getroffen und zum anderen von Wellen, die von den Wänden **reflektiert** worden sind (**Nachhall**). In großen Räumen kann infolge der unterschiedlichen Laufstrecken zwischen direktem und reflektiertem Schall ein merklicher Zeitunterschied auftreten. Beträgt diese Zeitdifferenz mehr als etwa 50 ms, so nimmt man ein **Echo** wahr. In **halligen** Räumen kann die **Verständlichkeit** von dargebotener Sprache sehr stark leiden. Man kann den Einfluß des **Nachhalls** dadurch herabsetzen, indem man näher an die Schallquelle herangeht. Dadurch überwiegt der Anteil des direkten Schalls. In größerer Entfernung von der Schallquelle geht der direkte Schall in **Hall** über, und zwar sobald man den **Hallradius** überschreitet, siehe Bild 4.10.

4.2.2.2. Beugung

Treffen Schallwellen auf ein relativ großes Hindernis, so kann man eine **Schattenwirkung** beobachten. Das gleiche gilt analog für eine Wand, die eine entsprechend große Öffnung (**Blende**) besitzt, durch die der Schall hindurchtreten kann. – Aus der Optik ist bekannt, daß jeder lichtundurchlässige Gegenstand, der sich im Strahlengang des Lichts befindet, einen seinen Umrissen entsprechenden Schatten wirft, bzw. daß jede Blende in einer lichtundurchlässigen Wand nur einen solchen Lichtstrahl hindurchläßt, der genau der Form der Blendenöffnung entspricht. Diese Art der Schattenwirkung trifft bei Schallwellen nicht immer zu. Hindernisse oder Blenden, die man dem Licht entgegenstellt, sind i.a. sehr viel größer als die Lichtwellenlänge. – In der Akustik ist das anders. Einem Frequenzbereich von beispielsweise 100 Hz bis 10 kHz entspricht – in Luft – ein Wellenlängenbereich von etwa 3 m bis 3 cm. Das ist aber genau der Größenordnungsbereich, in dem die Abmessungen der meisten Gegenstände unserer Umgebung liegen. Infolgedessen wird die Ausbreitung von Schallwellen sehr wesentlich durch die **Gesetze der Beugung** bestimmt.

Läßt man z.B. ebene Schallwellen gegen eine Wand laufen, die eine Blende besitzt, deren Öffnung größer als die Wellenlänge λ des Schalls ist, so ist das hindurchtretende Schallwellenbündel ein Abbild der Geometrie der Blendenöffnung, siehe Bild 4.11. Durch die Blende tritt ein **genau umrissener Schallstrahl** hindurch. – Sind dagegen die Abmessungen der Öffnung gleich oder gar noch kleiner als die Wellenlänge λ, so erfährt das primär hindurchtretende, schmale Schallwellenbündel eine so starke Beugung nach allen Seiten, daß daraus wieder **Kugelwellen** entstehen, die sich nach allen Seiten des **Halbraumes** gleichmäßig ausbreiten, siehe Bild 4.11. –

Diejenigen Wellenanteile, die nicht auf die Blendenöffnung treffen, werden an der Wand reflektiert; es entsteht dabei ein **diffuses Schallfeld** (**Nachhall**). Ein einfaches Beispiel hierfür ist ein Wohnraum, der bis auf ein geöffnetes Fenster allseitig geschlossen ist. Wird von der Mitte dieses Raumes aus eine Schallquelle betrieben, dann bildet sich zwischen den Raumwänden und der durch den Hallradius fixierten Grenze ein diffuses Schallfeld aus, und zwar bis auf den Teil des Raumes, der sich vor dem geöffneten Fenster befindet. Dort findet keine Reflexion und infolgedessen auch **keine Hallbildung** statt. Das offene Fenster wirkt auf die Schallwellen, die auf die Fensteröffnung zukommen, **schallabsorbierend.** –

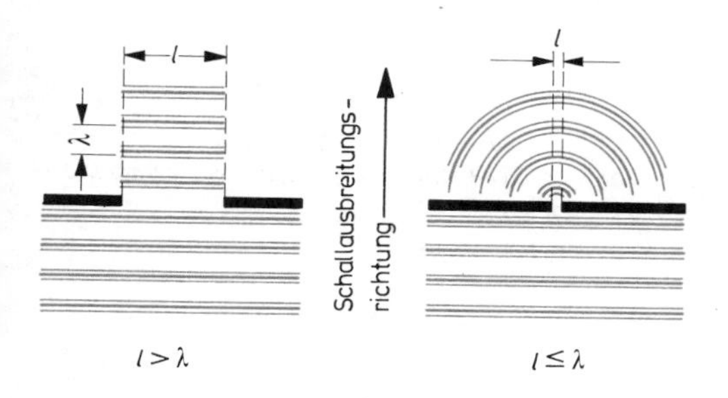

Bild 4.11. Beugung von ebenen Schallwellen, die durch eine Blende hindurchtreten. Gestrichelt: Geometrische Strahlengrenzen

Betrachtet man an Stelle einer Blendenöffnung ein Hindernis, das sich der Wellenbewegung entgegenstellt, so macht man prinzipiell die gleichen Beobachtungen: Ist die Breite des Hindernisses groß gegenüber der Wellenlänge λ, so wirft es einen **Schallschatten**, der den geometrischen Strahlengrenzen entspricht. – Ist die Hindernisbreite dagegen kleiner als die Wellenlänge λ, bzw. sind beide gleichgroß, so verschwindet jegliche Schattenwirkung. Das Hindernis ruft höchstens eine geringfügige Störung des Wellenverlaufs hervor, und das auch nur in seiner allernächsten Umgebung. –

Beugungserscheinungen lassen sich sehr anschaulich mit Wellen auf der Wasseroberfläche demonstrieren.

4.2.2.3. Brechung

Trifft Schall schräg auf eine Trennfläche zwischen zwei verschiedenen Schallausbreitungsmedien 1 und 2, so wird er nicht in jedem Falle *nur* reflektiert, sondern er dringt auch in das andere Medium ein und breitet sich dort aus. Der hindurchgehende Anteil des Schalls erfährt dabei eine **Richtungsänderung**, siehe Bild 4.12. Ähnlich wie in der Optik bezeichnet man diesen Vorgang als **Brechung**. Die Richtungsänderung hängt ab vom Verhältnis der Schallgeschwindigkeiten c_1 und c_2 in den beiden Medien. Man bezeichnet dieses Verhältnis als **akustischen Brechungsindex** n:

$$n = \frac{\sin\alpha}{\sin\beta} = \frac{c_1}{c_2}$$

Zur Angabe des akustischen Brechungsindex gehört zusätzlich noch der Hinweis, welches der beiden Schallausbreitungsmedien die höhere, bzw. die niedrigere Schallgeschwindigkeit hat. Das Medium mit der kleineren Schallgeschwindigkeit nennt man auch das „akustisch dichtere". Im **akustisch dichteren Ausbreitungsmedium** erfolgt die **Schallbrechung** stets **zur Normalen** hin.

Eine praktische Anwendung findet die Schallbrechung z.B. bei **akustischen Linsen**, wie man sie sowohl zur **Schallsammlung** als auch zur **Schallzerstreuung** verwendet, und zwar insbesondere in der Ultraschalltechnik.

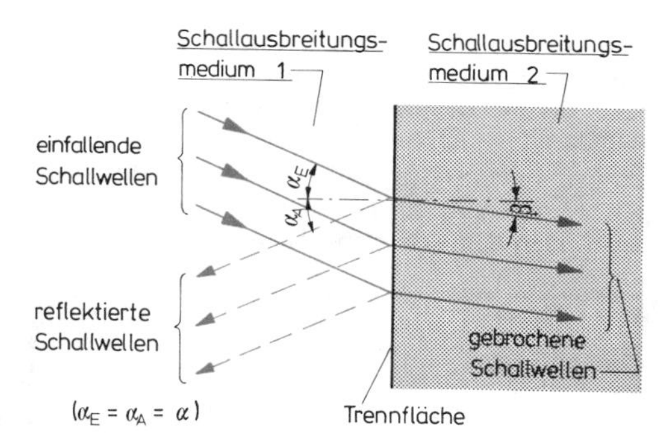

Bild 4.12. Brechung und Reflexion von Schallwellen, die auf eine Trennfläche zwischen zwei verschiedenen Ausbreitungsmedien treffen

4.2.3. Schalldämmung und Schallabsorption

Unter **Schalldämmung** versteht man eine Behinderung der Schallausbreitung durch schallreflektierende Hindernisse, d.h. durch **Reflexion.** – Unter **Schallabsorption** oder **Schalldämpfung** dagegen versteht man eine Behinderung der Schallausbreitung durch **Absorption** von Schall, d.h. durch Umwandlung von Schallenergie in Wärme. – Beide Begriffe werden in der Praxis oft verwechselt.

4.2.3.1. Schalldämmung

Die **Schalldämmung** wird im wesentlichen durch die Reflexion von Schallwellen an der Trenn- oder Grenzfläche zwischen zwei verschiedenen Schallausbreitungsmedien (1 und 2) bestimmt. Ein quantitatives Maß für die Reflexion ist der **Schallreflexionsfaktor** r, bzw. der **Schallreflexionsgrad** ϱ.

Der **Reflexionsfaktor** r ist definiert als das Verhältnis des Schalldrucks p_r der **reflektierten Schallwelle** zum Schalldruck p_e der **einfallenden Schallwelle**, und zwar unmittelbar vor der Grenzfläche ($x = 0$), siehe Bild 4.13. Bezeichnet man die **Schallkennimpedanzen** der beiden Medien mit Z_{01} und Z_{02}, so besteht folgender Zusammenhang:

$$r = \frac{p_r}{p_e} = \frac{Z_{02} - Z_{01}}{Z_{02} + Z_{01}}$$

(bei senkrechtem Schalleinfall)

Bei $Z_{02} = Z_{01}$ ist $r = 0$, es findet **keine Reflexion** statt. Bei $Z_{02} = \infty$, bzw. $= 0$, erreicht der Reflexionsfaktor r seinen größten Wert, nämlich ± 1, die einfallende Schallwelle wird **vollständig reflektiert.** –

Bezieht man sich auf die **Schallintensitäten** der reflektierten und der einfallenden Schallwelle, so erhält man den **Reflexionsgrad** ϱ:

$$\varrho = \frac{J_r}{J_e} = \frac{p_r^2}{p_e^2} = r^2 = \frac{(Z_{02} - Z_{01})^2}{(Z_{02} + Z_{01})^2}$$

(bei senkrechtem Schalleinfall)

J_r = Schallintensität der reflektierten Schallwelle,

J_e = Schallintensität der einfallenden Schallwelle.

Erfolgt der Schalleinfall nicht senkrecht, sondern unter einem Winkel ψ gegenüber der Flächennormalen, so ist Z_{02} jeweils mit $\cos \psi$ multipliziert einzusetzen.

Je größer der Reflexionsfaktor r, bzw. der Reflexionsgrad ϱ ist, um so größer ist die erreichbare Schalldämmung. Zur Erzielung einer möglichst großen Dämmung ist dem Schall infolgedessen ein Medium in den Weg zu stellen, dessen Schallkennimpedanz (Z_{02}) sich nach Möglichkeit sehr stark von der Schallkennimpedanz (Z_{01}) des schallzuführenden Mediums unterscheidet.

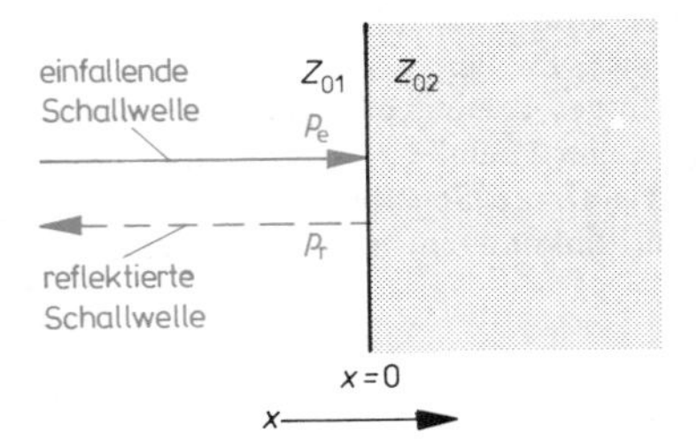

Bild 4.13. Schematische Darstellung einer Reflexion an der Grenzfläche zwischen zwei verschiedenen Medien

1. Zur **Dämmung von Luftschall** empfiehlt sich daher z.B. eine (Trenn-)Wand aus möglichst **hartem** und **schwerem Material.**

2. Zur **Dämmung von Flüssigkeitsschall** dagegen ist vorwiegend **weiches** und **leichtes Material** geeignet, beispielsweise mehrere Schichten von Zellgummi, dessen Poren geschlossen sind. – Flüssigkeiten sind gegenüber einer allseitigen Kompression als sehr hart anzusehen. Ihre Schallkennimpedanzen sind um etwa 4 Zehnerpotenzen größer als diejenigen von gasförmigen Stoffen, siehe Tafel 13.3.

3. Ähnlich verhält es sich beim **Körperschall.** Die Schallkennimpedanzen fester Körper sind ebenfalls sehr groß; sie liegen noch um etwa eine Zehnerpotenz höher als diejenigen von Flüssigkeiten. Infolgedessen kommen zur Körperschalldämmung auch nur **weiche Dämmschichten** in Frage. –

Die für eine Reflexion und somit auch für eine Schalldämmung erforderliche **sprunghafte Änderung der Schallkennimpedanz** tritt nicht nur an der Grenzfläche zwischen **zwei** verschiedenen Medien auf, sie kann auch innerhalb **eines** Ausbreitungsmediums auftreten. Verengt oder erweitert man z.B. sprunghaft den Querschnitt eines schallleitenden Kanals, so ändert sich jeweils an diesen Stellen genauso sprunghaft auch die Schallkennimpedanz. Auf diese Weise kann störender Luftschall, der in Röhren oder Kanälen auftritt und darin fortgeleitet wird, wie das z.B. bei Lüftungs- oder Abgasrohren gelegentlich der Fall ist, schallgedämmt werden. Der Gleichfluß des hindurchgeleiteten Gases wird dadurch nicht behindert. –

Ein spezieller Fall von Schalldämmung ist die sogenannte **Trittschalldämmung** in der Bauakustik.

Trittschall entsteht ursächlich durch **Körperschall** (Schritte, Fußtritte, Klopfen), der seinerseits Wände oder Decken zur **Abstrahlung von Luftschall** anregt. Eine wirksame Trittschalldämmung kann sowohl durch körperschalldämmende als auch durch luftschalldämmende Maßnahmen herbeigeführt werden. Zu den bekanntesten körperschalldämmenden Maßnahmen gehört in diesem Zusammenhang der im Bauwesen verwendete **schwimmende Estrich.** Er besteht aus einer schweren Estrichplatte, die auf einer weichen Dämmschicht aus Schaum- oder Faserstoffen liegt, bzw. „schwimmt". Die Dämmschicht ist unmittelbar auf der Rohdecke aufgebracht. – Eine Möglichkeit zur Luftschalldämmung bieten in diesem Zusammenhang z. B. **abgehängte Unterdecken.**

4.2.3.2. Schallabsorption

Bei der **Schallabsorption** wird die Schallausbreitung einer starken Dämpfung unterworfen, wobei Schallenergie in Wärme umgewandelt wird. Stoffe, die schallabsorbierende Eigenschaften besitzen, nennt man **Schallschluckstoffe.**

Sie können sowohl aus **homogenem** als auch aus **porösem Material** (mit durchgehenden Poren) bestehen. Die Umwandlung von Schallenergie in Wärme erfolgt bei **homogenen Schallschluckstoffen** durch **innere Reibung** (Deformationen des Materials) und bei **porösen Schallschluckstoffen** durch **äußere Reibung** (Reibung zwischen den schwingenden Partikeln des Schallausbreitungsmediums und den Skelettelementen des porösen Materials).

Bestimmend für die Auswahl eines Schallschluckstoffes ist u. a. die Art des schallführenden Mediums. Soll z. B. eine einfallende Schallwelle möglichst **reflexionsfrei** vom Schallschluckstoff absorbiert werden, so darf dessen Schallkennimpedanz (Z_{02}) sich nicht nennenswert von der Schallkennimpedanz Z_{01} des schallzuführenden Ausbreitungsmediums unterscheiden. – Für die **Absorption von Luftschall** verwendet man in der Praxis vorwiegend **poröse Schallschluckstoffe** mit durchgehenden Poren. –

Eine weitere Möglichkeit zur Schallabsorption bieten **Resonatoren.** Als **Schallabsorber** eignen sich sowohl **Plattenresonatoren** als auch **Helmholtz-Resonatoren** (siehe auch Abschnitt 6). –

Ein Maß für die Schallabsorption ist der **Schallabsorptionsgrad** α (früher auch: **Schallschluckgrad**)

$$\alpha = \frac{J_e - J_r}{J_e} = 1 - \frac{J_r}{J_e} = 1 - \varrho = 1 - r^2 \, .$$

Er gibt das Verhältnis der **absorbierten Schallintensität** ($J_e - J_r$) zur **einfallenden Schallintensität** J_e an. Die nichtreflektierte und somit absorbierte Schallintensität muß nicht in jedem Falle restlos in Wärme umgesetzt werden. Handelt es sich nämlich um eine relativ dünne Wand, in die der Schall hineintritt, so kann ein Teil dieser Schallintensität durch die Wand hindurchgehen und in den Nachbarraum übertragen werden. Über die Größe dieses Anteils gibt der **Schalltransmissionsgrad** τ

$$\tau = \frac{J_d}{J_e} = \frac{p_d^2}{p_e^2}$$

Auskunft. Er ist definiert als das Verhältnis der **hindurchgelassenen Schallintensität** J_d zur **einfallenden Schallintensität** J_e. – Den zehnfachen Logarithmus des reziproken Transmissionsgrades bezeichnet man als **Schallisolationsmaß** oder **Schalldämm-Maß** R

$$\frac{R}{\text{dB}} = 10 \lg \frac{1}{\tau} = 20 \lg \frac{p_e}{p_d} .$$

Die in der Wand tatsächlich verlorengehende Schallintensität wird durch den **Schalldissipationsgrad** δ beschrieben. Den Dissipationsgrad erhält man aus der Differenz zwischen dem Absorptionsgrad α und dem Transmissionsgrad τ

$$\delta = \alpha - \tau = 1 - \varrho - \tau = \frac{J_e - (J_r + J_d)}{J_e} .$$

Trifft eine Schallintensität von der Größe „1" (entsprechend 100%) auf eine Wand, so wird von ihr der Anteil ϱ reflektiert, der Anteil τ geht hindurch, und der Anteil δ geht in der Wand in Form von Wärme verloren. Die Energiebilanz beträgt somit:

$$\varrho + \tau + \delta = 1 \, , \quad \text{bzw.} \quad \varrho + \alpha = 1$$

4.2.4. Dopplereffekt

Bewegen sich Schallsender und Schallempfänger relativ zueinander, so ändert sich die Frequenz des empfangenen Schalls. Diese Erscheinung nennt man **Dopplereffekt**[1]. Besonders eindrucksvoll läßt sich der Dopplereffekt z.B. bei einem vorbeifahrenden hupenden Auto beobachten.

Verringert sich der Abstand zwischen Sender und Empfänger während der Schallaussendung, so erfährt der vom Empfänger aufgenommene Schall eine Frequenzerhöhung. Im umgekehrten Falle nimmt die Frequenz ab.

Die Frequenzänderung ist nicht genau die gleiche, wenn sich der Sender mit der Geschwindigkeit v_s gegen den in Ruhe befindlichen Empfänger bewegt oder wenn sich der Empfänger mit der gleichen Geschwindigkeit v_E ($= v_s$) gegen den in Ruhe befindlichen Sender bewegt. Bezeichnet man mit f_s die tatsächliche Sendefrequenz, so beträgt die empfangene Frequenz f_E

$$f_E = \frac{f_S}{1 \mp \frac{v_E}{c}}$$

bei **bewegtem Sender** und ruhendem Empfänger (Minuszeichen bei Abstandsverkleinerung),

bzw.

$$f_E = f_S \left(1 \pm \frac{v_E}{c}\right)$$

bei **bewegtem Empfänger** und ruhendem Sender (Minuszeichen bei Abstandsvergrößerung).

Überschreitet die Geschwindigkeit v_s des bewegten Senders die Schallgeschwindigkeit c, wie das z.B. bei Geschossen oder Überschall-Flugzeugen der Fall ist, so kommt es zur Ausbildung von **Kopfwellen**. Die Wellenfronten von Kopfwellen

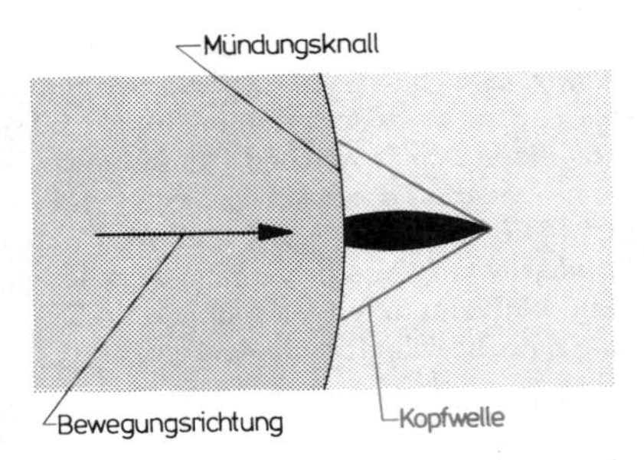

Bild 4.14. Mündungsknall des Abschusses und Kopfwelle eines Geschosses

verlaufen kegelförmig. Als Beispiel hierfür ist im Bild 4.14. ein Geschoß dargestellt, das sich mit Überschallgeschwindigkeit bewegt und den vom Abschuß herrührenden Mündungsknall gerade überholt hat. Von der Geschoßspitze gehen kegelförmige Kopfwellen aus, deren Öffnungswinkel als **Mach**scher **Winkel** bezeichnet wird.

[1] Dieser Effekt wurde von **Ch. Doppler** (1803–1853) ursprünglich bei analogen optischen Erscheinungen entdeckt.

5. Schallvorgänge in geschlossenen Räumen und in akustischen Leitungen

5.1. Stehende Wellen

Wird ein Raum von zwei sich gegenläufig ausbreitenden **ebenen Wellenzügen** gleicher Frequenz, bzw. gleicher Wellenlänge durchquert, so kommt es zur Ausbildung von **stehenden Wellen** mit einer räumlichen Periodizität von $\lambda/2$. Stehende Schallwellen treten hauptsächlich dort auf, wo Schall **reflektiert** wird, wie z.B. an der Grenzfläche zwischen zwei verschiedenen Medien.

1. Wird eine **fortschreitende ebene Schallwelle** bei senkrechtem Einfall an einer **schallharten Wand total reflektiert** (Reflexionsfaktor: $r = +1$), so läuft sie als **reflektierte Welle in** das Übertragungsmedium zurück. Aus hin- und rücklaufender Welle entsteht dabei eine **stehende Welle** mit **ortsfesten Maxima** (Schwingungsbäuche) und **Minima** (Schwingungsknoten) für Schalldruck und Schallschnelle.

An der total reflektierenden Grenzfläche wächst der Schalldruck p auf das Doppelte seines Wertes p_1 in der fortschreitenden Welle ($p = 2p_1$). Der Schalldruck hat hier ein Maximum, siehe Bild 5.1.–

Die Überlagerung der beiden Wellen

$$p_{\text{fortschreitendeWelle}} = p_1 =$$

$$p_1 = \hat{p}_1 \cdot \cos\left(\omega t - \frac{\omega x}{c}\right) = \hat{p}_1 \cdot \cos\left(\omega t - \frac{2\pi x}{\lambda}\right) = \hat{p}_1 \cdot \cos\left(\omega t + \frac{2\pi l}{\lambda}\right)$$

und

$$p_{\text{reflektierteWelle}} = p_2 =$$

$$p_2 = \hat{p}_2 \cdot \cos\left(\omega t + \frac{\omega x}{c}\right) = \hat{p}_2 \cdot \cos\left(\omega t + \frac{2\pi x}{\lambda}\right) = \hat{p}_2 \cdot \cos\left(\omega t - \frac{2\pi l}{\lambda}\right)$$

(siehe auch Seite 56)

ergibt bei **Totalreflexion** ($\hat{p}_1 = \hat{p}_2$; Amplitudengleichheit) für den resultierenden Schalldruck $p\,(t,l)$ innerhalb der stehenden Welle folgenden Ausdruck

$$p\,(t, l) = 2\,\hat{p}_1 \cdot \cos \omega t \cdot \cos \frac{2\pi\, l}{\lambda}.$$

Da der Verlauf einer stehenden Welle im wesentlichen von der Art und den Eigenschaften der reflektierenden Grenzfläche bestimmt wird, hat es sich in der Praxis als zweckmäßig erwiesen, nicht mit der positiven Wellenausbreitungsrichtung zu arbeiten, sondern von der negativen x-Richtung ($-x = l$) auszugehen, d.h. man beobachtet die Wellenvorgänge nicht von der Schallquelle, sondern von der reflektierenden Wand aus. An der Grenzfläche selbst ist $l = 0$; siehe Bild 5.1.

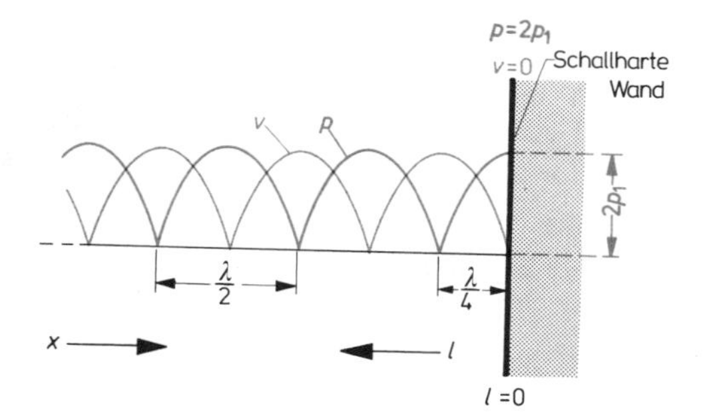

Bild 5.1. Räumliche Verteilung von Schalldruck und Schallschnelle in einer stehenden Welle bei totaler Schallreflexion an einer schallharten Wand (schematisiert)

Der Schalldruck ändert sich entlang der x-, bzw. l-Richtung periodisch. An allen Stellen l, an denen $\cos \frac{2\pi l}{\lambda} = 0$ ist, ist auch der Schalldruck $p = 0$ (Druckminimum). Bei $\cos \frac{2\pi l}{\lambda} = 1$ ist $p = 2\hat{p}_1 \cdot \cos \omega t$ **(Druckmaximum).**

Die Schallschnelle v ist an der schallreflektierenden Fläche gleich Null ($v = 0$), sie hat hier einen Schwingungsknoten (Schnelleminimum), siehe Bild 5.1.

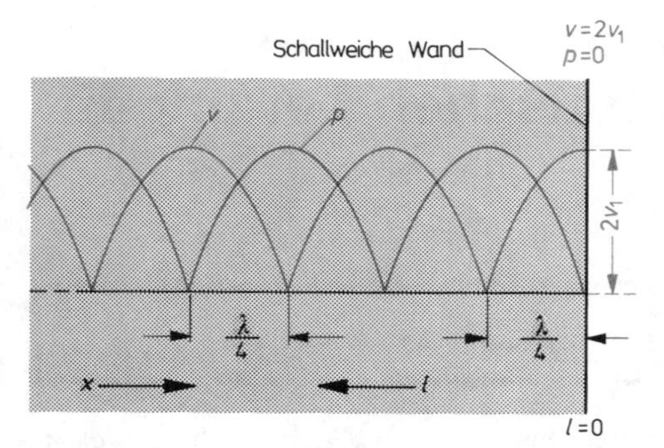

Bild 5.2. Räumliche Verteilung von Schalldruck und Schallschnelle in einer stehenden Welle bei totaler Schallreflexion an einer schallweichen Wand (schematisiert)

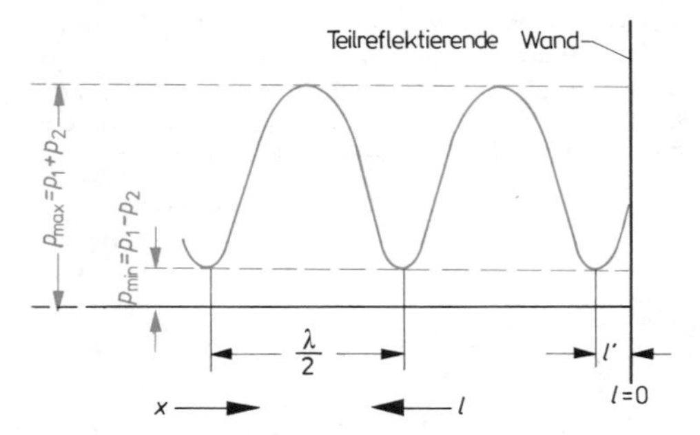

Bild 5.3. Schalldruckverlauf in einer stehenden Welle vor einer (porösen) Wand bei Teilreflexion

Die Maxima, bzw. die Minima von Schalldruck und Schallschnelle sind in einer stehenden Welle um $\lambda/4$ gegeneinander verschoben. –

2. Ist die schallreflektierende Fläche gegenüber Druckschwankungen im schallheranführenden Medium völlig nachgiebig, d.h. **schallweich** (Reflexionsfaktor: $r = -1$), wie das z.B. bei Flüsssigkeitsschall an der Grenzschicht zur Luft der Fall ist, so kommt es ebenfalls zur Bildung einer **stehenden Welle.** Die Schwingungsgrößen verhalten sich jedoch in diesem Falle umgekehrt wie unter Punkt 1: Der Schalldruck ist jetzt an der Grenzfläche gleich Null ($p = 0$; Druckminimum), während die Schallschnelle auf den doppelten Wert der ankommenden Welle ansteigt ($v = 2v_1$; Schnellemaximum), siehe Bild 5.2.

Die Maxima, bzw. die Minima von Schalldruck und Schallschnelle sind wiederum um $\lambda/4$ gegeneinander phasenverschoben. – Der Energietransport ($p \cdot v$) ist in beiden Fällen, sowohl bei der Totalreflexion an der **schallharten** als auch an der **schallweichen** Wand, gleich Null.

3. Neben diesen beiden Spezialfällen gibt es schallreflektierende Trennflächen zwischen zwei Medien, die **weder als schallhart noch als schallweich** anzusehen sind. In solchen Fällen wird die senkrecht ankommende Welle nicht mehr unmittelbar an der Grenzfläche reflektiert, sondern sie dringt zu einem gewissen Teil in das zweite Medium ein. Der nun noch reflektierte Anteil der Welle ist daher nicht mehr amplitudengleich mit der ankommenden Welle.

> Die Überlagerung der beiden ebenen Wellen ergibt resultierend eine stehende Welle, deren Druck-, bzw. Schnelleminima nicht mehr unbedingt in einer Entfernung von genau $l = \lambda/4$, bzw. $l = 0$ vor der Grenzfläche liegen müssen und deren Amplituden im Minimum nicht mehr gleich Null sind.

Mißt man die räumliche Verteilung des Schalldrucks vor einer **teilreflektierenden** Fläche, beispielsweise aus porösem Material, so kann man einen periodischen Kurvenzug erhalten, wie ihn z.B. das Bild 5.3. zeigt. Aus dem gemessenen Schalldruckverlauf können Rückschlüsse auf die akustischen Eigenschaften des Wandmaterials gezogen werden.

Das Verhältnis von maximalem zu minimalem Schalldruck bezeichnet man als **Welligkeit** oder als **Stehwellenverhältnis** n

$$n = \frac{p_{\max}}{p_{\min}} = \frac{p_1 + p_2}{p_1 - p_2}.$$

Zwischen dem Stehwellenverhältnis n und dem Betrag des Reflexionsfaktors $|r|$ besteht die Beziehung

$$r = \frac{n-1}{n+1}; \quad \left(n = \frac{1 + |r|}{1 - |r|}\right).$$

Der Abstand l' zwischen dem wandnächsten Druckminimum $p_{\min}$ und der teilreflektierenden Wand kann je nach Art und Beschaffenheit der Wand, z.B. bei **porösem Wandmaterial,** zwischen 0 und $\lambda/4$ liegen, siehe Bild 5.3. Aus dem Abstand l' kann auf die Schallkennimpedanz, bzw. auf die spezifische Schallimpedanz des Wandmaterials geschlossen werden.

5.2. Der Rechteckraum

In der **Raumakustik** spielen **Eigenresonanzen** von geschlossenen Räumen, die auf die Ausbildung von **stehenden Wellen** zurückzuführen sind, eine große Rolle. Man bezeichnet sie als **Raumresonanzen.** Die Frequenzen dieser Eigenschwingungen sind Lösungen der Wellengleichung; sie werden durch die Raumabmessungen bestimmt. Setzt man voraus, daß die Raumwände **total schallreflektierend** sind oder näherungsweise als solche angesehen werden können (die wandnormale Schnellekomponente wird dabei gleich Null), so bekommt man für einen **dreidimensionalen quaderförmigen Raum** gemäß Bild 5.4. folgenden Ausdruck für die Eigenfrequenzen f_R:

$$f_R = \frac{c}{2} \cdot \sqrt{\left(\frac{n_x}{l_x}\right)^2 + \left(\frac{n_y}{l_y}\right)^2 + \left(\frac{n_z}{l_z}\right)^2}$$

n_x, n_y, n_z = Ordnungszahlen der Eigenschwingungen (0, 1, 2, ...)

l_x, l_y, l_z = Raumabmessungen in den angegebenen Richtungen

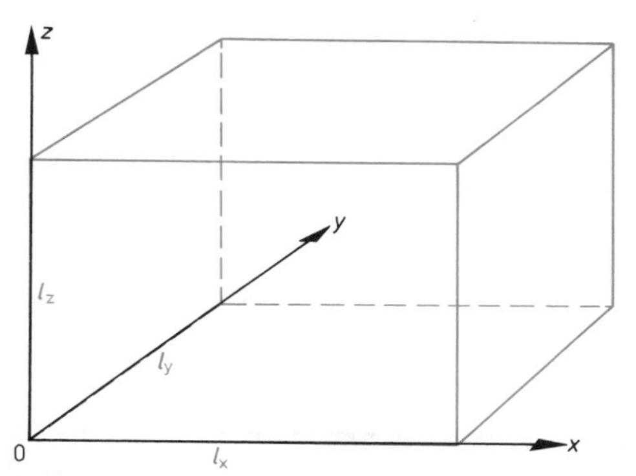

Bild 5.4. Rechteckraum in einem rechtwinkligen Koordinatensystem

In der Technischen Akustik bezeichnet man einen solchen Raum als **Rechteckraum.** Die Eigenfrequenzen hängen von der Schallgeschwindigkeit c und von den Raumabmessungen l_x, l_y und l_z ab. Der Koordinatenursprung befindet sich in einer Ecke des Rechteckraumes. – In der Praxis haben die meisten Räume nahezu Quaderform. Sie lassen sich daher auf den theoretisch am einfachsten überschaubaren Rechteckraum zurückführen. –

Bei einer **eindimensionalen Schallausbreitung,** z. B. in einem beidseitig verschlossenen Rohr, verschwinden in dem Ausdruck für f_R die Glieder mit den anderen beiden Koordinaten, und man erhält

$$f_R = \frac{c}{2} \cdot \frac{n_x}{l_x}, \quad \text{bzw.} \quad \frac{\lambda_R}{2} = \frac{l_x}{n_x},$$

siehe auch Abschnitt 3.1.5.2. – Eindimensionale Eigenschwingungen – man spricht auch von einem **eindimensionalen Schwingungstyp** – entstehen bei der Überlagerung ebener Schallwellen der gleichen Eigenfrequenz f_R, die sich sowohl in positiver x-Richtung als auch entgegengesetzt zur x-Richtung ausbreiten und so eine **stehende Welle** ergeben.

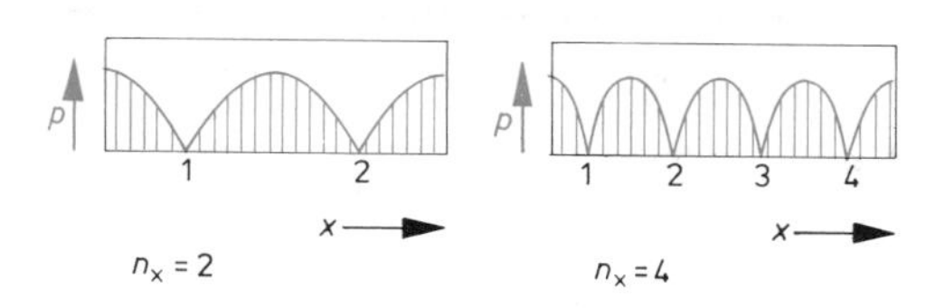

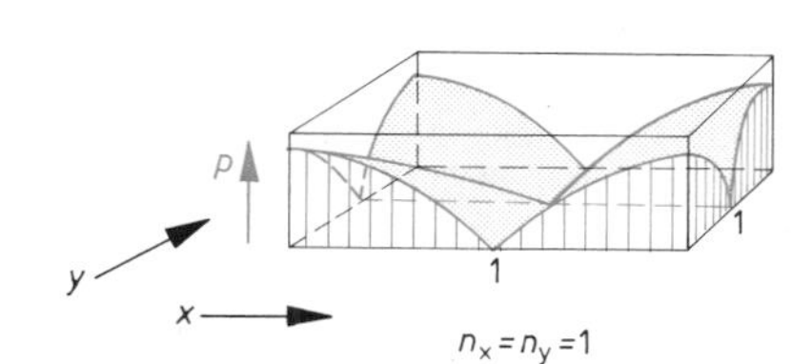

Bild 5.5. Beispiele für die Schalldruckverteilung in angeregten geschlossenen Räumen von ein- und zweidimensionalem Schwingungstyp

Die Verteilung des Schalldrucks p läßt sich innerhalb angeregter Räume mit einem **Sondenmikrofon** ausmessen. An den sich der Schallausbreitung entgegenstellenden Wänden findet man stets **Schalldruck-Bäuche,** vorausgesetzt, daß die Wände **total schallreflektierend,** d. h. **schallhart** sind. Im Bild 5.5. sind einige Beispiele für die Schalldruckverteilung in angeregten Räumen von **eindimensionalem** und **zweidimensionalem** (z. B. $n_x \neq 0$, $n_y \neq 0$, $n_z = 0$) **Schwingungstyp** dargestellt. –

Analog dazu darf man sich auch die Schalldruckverteilung in einem dreidimensional schwingenden Rechteckraum, d. h. bei einem **dreidimensionalen Schwingungstyp,** vorstellen.

5.3. Der Nachhall

Die akustischen Eigenschaften eines Raumes werden sehr wesentlich durch die Schallreflexionen an den Raumbegrenzungsflächen bestimmt. Nach dem Aufhören der akustischen Erregung verschwindet das Schallfeld in einem geschlossenen Raum nicht sofort, sondern es klingt nach einer exponentiellen Zeitfunktion ab. Dieses Abklingen wird als **Nachhall** bezeichnet. Der Nachhall entsteht durch wiederholte Reflexionen des Schalls an den Begrenzungsflächen des Raumes. Bei jeder Reflexion wird stets ein Teil der Schallenergie von den Raumbegrenzungsflächen **absorbiert**.

> An einer **schallharten Wand** ist der Schallabsorptionsgrad $\alpha = 0$, bei einem **offenen Fenster** dagegen ist $\alpha = 1$.

Gemäß der Betrachtungsweise der **wellentheoretischen Raumakustik** läßt sich die Entstehung des Nachhalls durch das Ausschwingen der Eigenschwingungen des Raumes erklären. – Für die quantitative Beurteilung des Nachhalls genügt die Kenntnis des **Schallabsorptionsgrades** α, **des Raumvolumens** V und der **Gesamtfläche** S sämtlicher raumbegrenzenden Wände.

Zur Kennzeichnung des Nachhallvorganges gibt man in der Praxis die sogenannte **Nachhallzeit** T an. Darunter versteht man entsprechend einem Vorschlag von **W. C. Sabine** (1868–1919) diejenige Zeit, innerhalb derer die Schallenergie in einem Raum nach dem Aufhören der Schallerzeugung auf den 10^{-6}ten Teil des ursprünglichen Wertes, d.h. um 60 dB, abgesunken ist (siehe Bild 5.6.):

$$T = 0{,}163 \frac{V}{\alpha \cdot S} = 0{,}163 \frac{V}{\sum_n \alpha_n \cdot S_n}$$

T = Nachhallzeit in s
V = Raumvolumen in m^3
S_n = Teilfläche in m^2
α_n = Schallabsorptionsgrad der Teilfläche S_n
(**Sabine**sche Nachhallgleichung)

Da in der Praxis die einzelnen Wände eines Raumes nicht immer aus dem gleichen Material bestehen, und somit auch der Schallabsorptionsgrad nicht einheitlich groß ist, setzt man in solchen Fällen an Stelle des Produktes $\alpha \cdot S$ den Summenausdruck $\sum_n \alpha_n \cdot S_n$ in die **Sabinesche Nachhallgleichung** ein. Darin bedeutet n die Zahl der einzelnen Teilflächen (S_n). – Dieses Produkt, bzw. seinen Summenausdruck bezeichnet man als **äquivalente Absorptions-** oder **Schallschluckfläche** A_α; bei einem offenen Fenster ($\alpha = 1$) ist sie gleich der Fensterfläche. –

Für die **Nachhallzeit von Räumen** gibt es **optimale Richtwerte**, die je nach dem Benutzungszweck des Raumes unterschiedlich groß sind. Bei der Darbietung von Sprache sollte die Nachhallzeit nicht größer als 0,8 bis 1,0 s sein, da sonst die **Sprachverständlichkeit** beeinträchtigt wird. Räume mit längerer Nachhallzeit eignen sich vorzugsweise für musikalische Darbietungen; während man bei Konzertsälen Nachhallzeiten von 1,7 bis 2,0 s anstrebt, kommt Orgelmusik erst in Räumen mit einer Nachhallzeit von etwa 2,5 s voll zur Geltung.

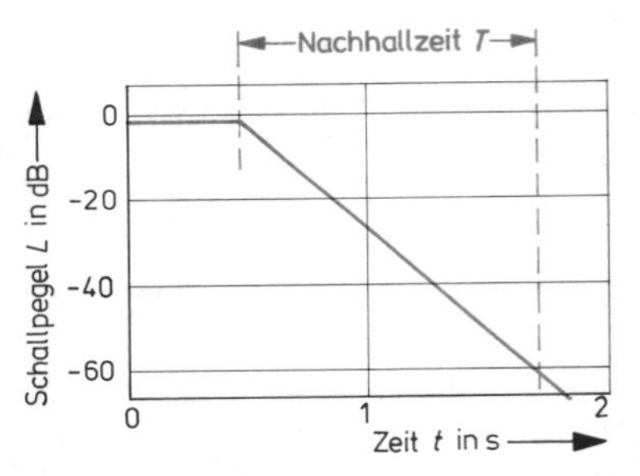

Bild 5.6. Nachhallkurve (idealisiert)

Die **Nachhallzeit eines Raumes** sollte nach Möglichkeit **frequenzunabhängig** sein, damit bei der Schallübertragung spektrale Verzerrungen vermieden werden. – In besetzten Veranstaltungsräumen und Sälen stellt das Publikum die größte schallabsorbierende „Fläche" dar. Die **Schallabsorption** durch das Publikum ist **frequenzabhängig**, sie betrifft vornehmlich die mittleren und hohen Frequenzen. Die Übertragung der tiefen Frequenzen erfolgt daher mit einer größerenNachhallzeit. Diese Erscheinung kann man besonders deutlich in Sälen mit relativ harten Wänden beobachten. – Damit die Nachhallzeit eines Saales im besetzten Zustand frequenzunabhängig wird, kleidet man seine Wände zusätzlich mit Material aus, das den Schall bei tieferen Frequenzen absorbiert, z.B. mit einer **hölzernen Wandtäfelung**.

Bei sehr hohen Frequenzen verkürzt sich die Nachhallzeit als Folge der wirksam werdenden Schallabsorption durch die Luft.

5.4. Akustische Leitungen

5.4.1. Schalleitung in Rohren

Aus einer unendlich breiten, sich **eindimensional** ausbreitenden ebenen Schallwelle kann man mit einem Rohr, das parallel zur Wellenausbreitungsrichtung angebracht wird, einen Teil der Schallwelle „herausschneiden", ohne das Wellenfeld dabei zu verändern. Die Querabmessungen des Rohres müssen lediglich klein gegenüber der Wellenlänge sein. Die durch das Rohr geleitete Schallwelle ist durch die Rohrwand gegen Störungen von außen geschützt. Die Tatsache der **ungestörten** und **genau definierbaren Schallausbreitung in Rohren** macht man sich besonders in der **akustischen Meßtechnik** zunutze, z. B. beim **Kundtschen Rohr,** siehe Abschnitt 5.4.3.

Schließt man die eine Seite eines Rohres (= **Rohranfang)** mit einer Schallquelle ab, z.B. mit einer **schwingenden Membran,** und die andere Seite (= **Rohrende)** mit einer senkrecht stehenden Wand z. B. aus **schallschluckendem Material,** so bekommt man die einfachste und zugleich exakteste Anordnung zur Untersuchung raumakustischer Fragen. – Die eindimensionale Schallausbreitung in Rohren läßt sich ähnlich wie die Ausbreitung **elektromagnetischer Wellen** entlang von **Leitungen** durch **zwei Leitungsgleichungen** beschreiben, die man aus der Wellengleichung ableiten kann. Der an jeder Stelle des Rohres meßbare Schalldruck – das gleiche gilt auch für die Schallschnelle – besteht i.a. aus der Summe der Schalldrücke einer **fortschreitenden ebenen Schallwelle** ($p_1 = \hat{p}_1 \cdot e^{-\gamma x} \cdot e^{j\omega t}$) und einer **reflektierten ebenen Schallwelle** ($p_2 = \hat{p}_2 \cdot e^{+\gamma x} \cdot e^{j\omega t}$), siehe Bild 5.7.

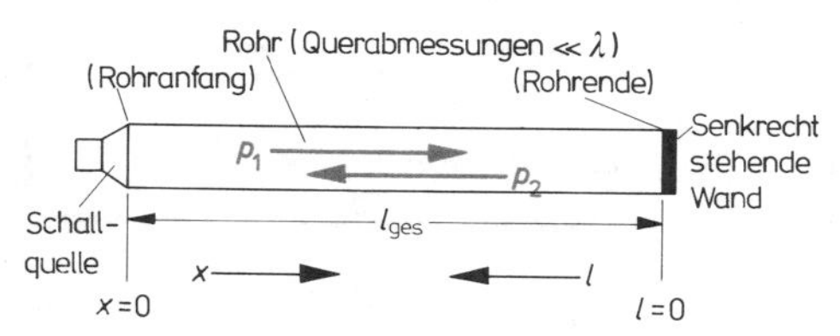

Bild 5.7. Schalleitung im Rohr

$$p(t,x) = (\hat{p}_1 \cdot e^{-\gamma x} + \hat{p}_2 \cdot e^{+\gamma x}) \cdot e^{j\omega t}$$

$$v(t,x) = \frac{1}{Z_s} \cdot (\hat{p}_1 \cdot e^{-\gamma x} - \hat{p}_2 \cdot e^{+\gamma x}) \cdot e^{j\omega t}$$

(Die erste Gleichung ist eine allgemeine Schreibweise des Ausdrucks für $p(t,x)$ von Seite 56)

Darin ist

$$\gamma = \alpha + j\beta = j\underline{k}$$

α = **Dämpfungskonstante**

β = **Phasenkonstante**

$\underline{k}$ = **komplexe Wellenzahl**; in *porösem* Material z.B. wird die Wellenzahl komplex.

die komplexe **Ausbreitungs-** oder **Fortpflanzungskonstante.** Die **Dämpfungskonstante** α ist ein Maß für die exponentielle Abnahme der Amplitude längs der Ausbreitungsrichtung x. Die **Phasenkonstante** β beschreibt die Phasendrehung von Schalldruck, bzw. Schallschnelle entlang der Ausbreitungsrichtung x. – Bei fehlender oder geringer Dämpfung ($\alpha = 0$) ist

$$\beta = k \quad \left(= \frac{\omega}{c} = \frac{2\pi}{\lambda}\right),$$

und die **spezifische Schallimpedanz** Z_s der Rohrleitung wird gleich der **Schallkennimpedanz** $Z_0 = \varrho_- \cdot c$. –

Bezeichnet man die Scheitelwerte von Schalldruck und Schallschnelle am Rohranfang ($x = 0$) mit $\hat{p}_a$ und $\hat{v}_a$

$$\hat{p}_a = \hat{p}_1 + \hat{p}_2$$

$$\hat{v}_a = \frac{1}{Z_s} \cdot (\hat{p}_1 - \hat{p}_2),$$

so lauten die **Leitungsgleichungen:**

$$p(t,x) = (\hat{p}_a \cdot \cosh \gamma x - Z_s \cdot \hat{v}_a \cdot \sinh \gamma x) \cdot e^{j\omega t}$$

$$v(t,x) = \left(\hat{v}_a \cdot \cosh \gamma x - \frac{\hat{p}_a}{Z_s} \sinh \gamma x\right) \cdot e^{j\omega t}$$

Sind $\hat{p}_a$ und $\hat{v}_a$ in der Querschnittsebene $x = 0$ des Rohres bekannt, so kann man mit Hilfe der Leitungsgleichungen die Verteilung von Schalldruck und Schallschnelle entlang der Ausbreitungsrichtung x innerhalb des Rohres berechnen.

Betrachtet man die Schallausbreitung innerhalb des Rohres vom Rohrende ($l = 0$) her, wobei man mit $\hat{p}_e$ und $\hat{v}_e$ die Scheitelwerte des Schalldrucks und der Schallschnelle in der Querschnittsebene $l = 0$ des Rohres bezeichnet, so lauten die Leitungsgleichungen

$$p(t,l) = (\hat{p}_e \cdot \cosh \gamma l + Z_s \cdot \hat{v}_e \cdot \sinh \gamma l) \cdot e^{j\omega t}$$
$$v(t,l) = \left(\hat{v}_e \cdot \cosh \gamma l + \frac{\hat{p}_e}{Z_s} \sinh \gamma l\right) \cdot e^{j\omega t}$$

5.4.1.1. Rohr mit schallhartem Abschluß

Wird das Ende eines beschallten Rohres **schallhart** abgeschlossen – $Z_{se} = \frac{p_e}{v_e} \gg Z_s$; bei einer **elektrischen Leitung** entspricht das dem **Leerlauf**-Fall – so ist in dieser Ebene, nämlich bei $l = 0$, die Schallschnelle $\hat{v}_e = 0$:

$$p\,(t, l) = \hat{p}_e \cdot \cosh \gamma l \cdot e^{j\omega t}$$
$$v\,(t, l) = \frac{\hat{p}_e}{Z_s} \cdot \sinh \gamma l \cdot e^{j\omega t}$$

Es bildet sich eine **stehende Welle** aus. Der **Reflexionsfaktor**

$$r = \frac{Z_{se} - Z_s}{Z_{se} + Z_s}$$

ist gleich **+ 1**. In der ankommenden und in der reflektierten Schallwelle hat der Schalldruck den **gleichen Betrag** und das **gleiche Vorzeichen**, er **verdoppelt** sich an der schallharten Wand; siehe Abschnitt 5.1., Punkt 1. und Bild 5.1. –

Im Abstand l vom Rohrende entfernt erscheint eine **spezifische „Leerlauf"-Schallimpedanz** Z_{sL} von

$$Z_{sL} = \frac{p\,(t, l)}{v\,(t, l)} = Z_s \cdot \coth \gamma l\,.$$

Dividiert man Z_{sL} durch den Rohrquerschnitt S an der Stelle l, so erhält man die **akustische „Leerlauf"-Impedanz** Z_{aL}. – Ist die Dämpfung vernachlässigbar klein $\left[\alpha = 0, \beta = k = \frac{2\pi}{\lambda}, Z_s = Z_0\right]$, so ist

$$Z_{sL} = Z_0 \cdot \coth j\,\frac{2\pi\,l}{\lambda} = -\,j\,Z_0 \cdot \cot \frac{2\pi\,l}{\lambda}\,.$$

Mit Ausnahme der Leitungslängen $l = 0$, $\lambda/4$, $\lambda/2$, $3\lambda/4$, λ, usw. ist die **spezifische Leerlauf-Schallimpedanz** Z_{sL} rein **imaginär**; sie ist ein reiner **Blindwiderstand**, der sich entlang der Rohrlänge l nach einer Cotangens-Funktion ändert, siehe Bild 5.8.

Bei **positivem Blindwiderstand** verhält sich das im Rohr befindliche Medium wie eine **träge Masse**; bei **negativem Blindwiderstand** verhält es sich wie eine **nachgiebige Feder**.

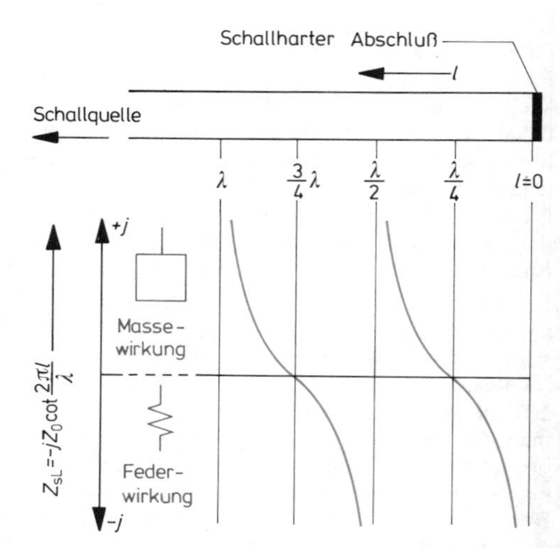

Bild 5.8. Abhängigkeit der spezifischen Leerlauf-Schallimpedanz Z_{sL} von der Entfernung l vom Ende eines schallhart abgeschlossenen Rohres ($\alpha = 0$)

5.4.1.2. Rohr mit schallweichem Abschluß

Wird das Ende eines beschallten Rohres **schallweich** abgeschlossen – $Z_{se} = \frac{p_e}{v_e} \ll Z_s$; bei einer **elektrischen Leitung** entspricht das dem **Kurzschluß**-Fall – so ist in der Ebene $l = 0$ der Schalldruck $\hat{p}_e = 0$:

$$p\,(t, l) = Z_s \cdot \hat{v}_e \cdot \sinh \gamma l \cdot e^{j\omega t}$$
$$v\,(t, l) = \hat{v}_e \cdot \cosh \gamma l \cdot e^{j\omega t}$$

Es bildet sich ebenfalls eine **stehende Welle** aus. Der **Reflexionsfaktor** r ist gleich **− 1**. In der ankommenden und in der reflektierten Schallwelle hat der Schalldruck den **gleichen Betrag**, jedoch **entgegengesetztes Vorzeichen**. Daraus resultiert an der schallweichen Wand ein Schalldruck, der gleich **Null** ist; siehe Abschnitt 5.1., Punkt 2 und Bild 5.2. –

Ist die Dämpfung vernachlässigbar klein, so erscheint im Abstand l vom Rohrende entfernt eine **spezifische „Kurzschluß"-Schallimpedanz** Z_{sK} von

$$Z_{sK} = \frac{p(t, l)}{v(t, l)} = Z_0 \cdot \tanh \mathrm{j} \frac{2\pi l}{\lambda} = \mathrm{j}\, Z_0 \cdot \tan \frac{2\pi l}{\lambda}.$$

Mit Ausnahme der Leitungslängen $l = 0$, $\lambda/4$, $\lambda/2$, $3\lambda/4$, λ, usw. ist die **spezifische Kurzschluß-Schallimpedanz** Z_{sK} ebenfalls rein **imaginär**; sie ändert sich entlang der Rohrlänge l nach einer Tangens-Funktion, siehe Bild 5.9.

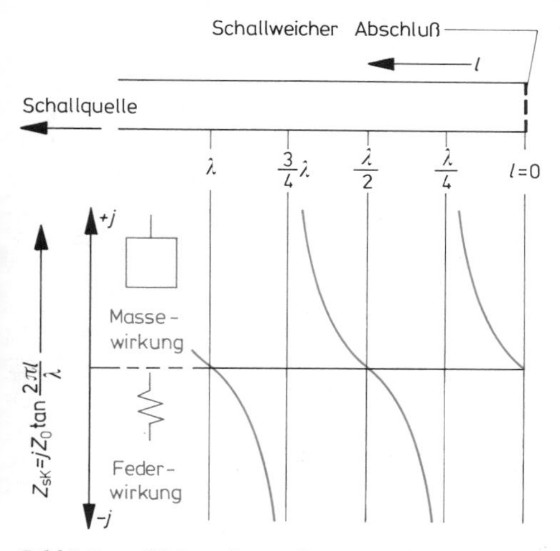

Bild 5.9. Abhängigkeit der spezifischen Kurzschluß-Schallimpedanz Z_{sK} von der Entfernung l vom Ende eines schallweich abgeschlossenen Rohres ($\alpha = 0$)

Ein **schallweicher Rohrabschluß** liegt näherungsweise z. B. bei einem **am Ende offenen Rohr** vor (Rohrdurchmesser $\ll \lambda$).

Die Wurzel aus dem Produkt der spezifischen Leerlauf-Schallimpedanz Z_{sL} und der spezifischen Kurzschluß-Schallimpedanz Z_{sK} – gemessen an der gleichen Leitungslänge l – ergibt die spezifische Schallimpedanz Z_s der Rohrleitung

$$Z_s = \sqrt{Z_{sL} \cdot Z_{sK}}.$$

Bei vernachlässigbar kleiner Dämpfung ist $Z_s = Z_0 = \varrho_- \cdot c$.

5.4.1.3. Rohrabschluß mit endlicher Schallimpedanz

Wird das Ende eines beschallten Rohres mit einer senkrecht zur Ausbreitungsrichtung stehenden Wand abgeschlossen, deren spezifische Schallimpedanz $Z_{se} = \frac{p_e}{v_e}$ **weder** einen **schallharten** noch einen **schallweichen** Abschluß darstellt, so wird die mit der fortschreitenden ebenen Schallwelle ankommende Schallenergie nur zu einem Teil an der Wand reflektiert. Der restliche Teil der Schallenergie wird von der Wand absorbiert. Der **Reflexionsfaktor** r liegt hierbei zahlenmäßig **zwischen** -1 und $+1$.

In einer Rohrebene, die sich in einer Entfernung l vor dem Rohrabschluß ($l = 0$) befindet, erscheint dabei eine **spezifische (Eingangs-)Schallimpedanz** Z_{sl}, die durch den Ausdruck

$$Z_{sl} = \frac{p(l)}{v(l)} = \frac{\hat{p}_e \cdot \cosh \gamma l + Z_s \cdot \hat{v}_e \cdot \sinh \gamma l}{\hat{v}_e \cdot \cosh \gamma l + \frac{\hat{p}_e}{Z_s} \cdot \sinh \gamma l}$$

gegeben ist. Dividiert man Zähler und Nenner dieser Gleichung durch $\hat{v}_e \cdot \cosh \gamma l$, wobei man für $\frac{\hat{p}_e}{\hat{v}_e}$ Z_{se} einsetzt, und zieht man außerdem die Impedanz Z_s aus dem Zählerausdruck vor den Bruch, so bekommt man

$$Z_{sl} = Z_s \cdot \frac{\frac{Z_{se}}{Z_s} + \tanh \gamma l}{1 + \frac{Z_{se}}{Z_s} \cdot \tanh \gamma l}.$$

Bei fehlender oder geringer Dämpfung kann man dafür auch

$$Z_{sl} = Z_0 \cdot \frac{\frac{Z_{se}}{Z_0} + \tanh \mathrm{j} \frac{2\pi l}{\lambda}}{1 + \frac{Z_{se}}{Z_0} \cdot \tanh \mathrm{j} \frac{2\pi l}{\lambda}},$$

bzw.

$$Z_{sl} = Z_0 \cdot \frac{\frac{Z_{se}}{Z_0} + \mathrm{j} \tan \frac{2\pi l}{\lambda}}{1 + \mathrm{j} \frac{Z_{se}}{Z_0} \tan \frac{2\pi l}{\lambda}}.$$

schreiben. –

Ist die Abschlußimpedanz Z_{se} gleich der Leitungsimpedanz Z_0, so ist der Reflexionsfaktor $r = 0$.

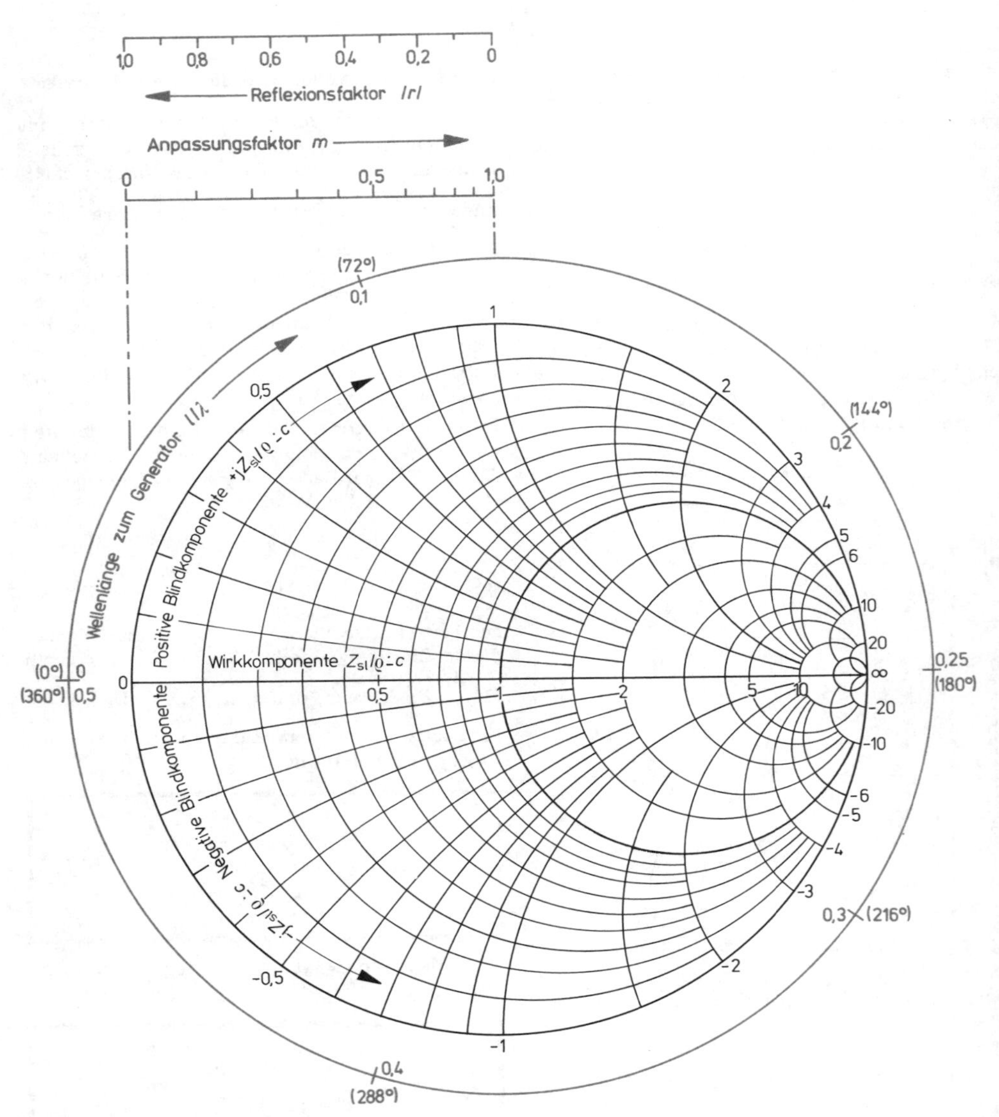

Bild 5.10. Das Smith-Diagramm

Es erfolgt **keine Reflexion.** Die Schallenergie der ankommenden Schallwelle wird vom Rohrabschluß, d.h. von der Wand, vollständig absorbiert. Die **Eingangs-Schallimpedanz** Z_{sl} der Rohrleitung ist **an jeder Stelle** l **der Leitung gleich der Leitungsimpedanz** Z_0. Diesen für die Praxis besonders wichtigen Fall bezeichnet man als **Anpassung.** –
Ist $Z_{se} \neq Z_0$, so kommt es stets zu einer Reflexion, bzw. zu einer Teilreflexion mit der Ausbildung einer **stehenden Welle.** Durch die Ausmessung von p_{min} und p_{max}, sowie durch die Messung des Abstandes l' des wandnächsten Schalldruckminimums von der rohrabschließenden Wand (siehe Bild 5.3) kann man das **Stehwellenverhältnis** n, bzw. den **Reflexionsfaktor** r (nach **Betrag** und **Phase**) und die Größe der **Wandimpedanz** Z_{se} bestimmen. Die Wandimpedanz ist i.a. frequenzunabhängig.

5.4.2. Das Smith-Diagramm

Die analytische Auswertung der Leitungsgleichungen ist sehr umständlich und zeitraubend. Es wurden daher grafische Auswertungsmethoden geschaffen, die in der Handhabung einfacher und somit für die Praxis geeigneter sind. – Die Gleichung für die Eingangs-Schallimpedanz Z_{sl} einer Leitung (siehe Seite 69) ist zu diesem Zweck in Diagrammform dargestellt worden. Man erhält dabei ein sogenanntes **Leitungsdiagramm**. Damit ein solches Diagramm nach Möglichkeit für alle vorkommenden Anwendungsfälle verwendbar ist, hat man es ausschließlich für **relative (Schall-) Impedanzen** ausgelegt. Die spezifischen Schallimpedanzen Z_{sl} und Z_{se} werden dabei auf die Schallkennimpedanz Z_0 der Rohrleitung bezogen und treten nur noch als Quotient in Erscheinung. –

Führt man außerdem – ähnlich wie beim Leitungsdiagramm für die **elektrische Leitung** – noch den Begriff des **Anpassungsfaktors** m

$$m = \frac{1}{n} = \frac{p_{min}}{p_{max}} = \frac{1 - |r|}{1 + |r|}$$

(der Anpassungsfaktor m liegt zahlenmäßig zwischen 0 und 1)

ein, wobei man sich die Rohrleitung *zunächst* mit einer **rein reellen Schallimpedanz** $^{-}Z_{se}$ ($< Z_0 = \varrho_{-} \cdot c$) abgeschlossen vorstellt, so ist

$$\frac{^{-}Z_{se}}{\varrho_{-} \cdot c} = m,$$

und man erhält die Grundgleichung für die Konstruktion des Leitungsdiagramms:

$$\frac{Z_{sl}}{\varrho_{-} \cdot c} = \frac{m + \mathrm{j} \tan \frac{2\pi l}{\lambda}}{1 + \mathrm{j}\, m \cdot \tan \frac{2\pi l}{\lambda}} = \mathrm{Re}\left\{\frac{Z_{sl}}{\varrho_{-} \cdot c}\right\} + \mathrm{j}\, \mathrm{Im}\left\{\frac{Z_{sl}}{\varrho_{-} \cdot c}\right\}$$

Von den verschiedenen Darstellungsmöglichkeiten eines Leitungsdiagramms – es sind im wesentlichen drei – ist dasjenige von **P. Smith** am gebräuchlichsten, siehe Bild 5.10. Man bezeichnet es als **Smith-Diagramm**. –

Im Leitungsdiagramm von Smith werden der **Reflexionsfaktor** r, bzw. der **Anpassungsfaktor** m und die **auf die Wellenlänge bezogene Leitungslänge** l/λ in **Polarkoordinaten** dargestellt. – Die r-, bzw. m-Koordinate besteht aus einer Schar konzentrischer Kreise um den Diagramm-Mittelpunkt 1 mit dem Parameter $r =$ const., bzw. $m =$ const., siehe auch die r-, bzw. m-Skale im Bild 5.10. links oben (rot dargestellt). Der m-Kreis für $m = 0$ ist identisch mit dem Rand des Leitungsdiagramms, er entspricht dem **Fall der Totalreflexion**. Der m-Kreis für $m = 1$ ist identisch mit dem Diagramm-Mittelpunkt (1), er entspricht dem **Anpassungsfall**. – Die l/λ-Koordinate besteht aus einer Schar von Radialstrahlen mit dem Parameter $l/\lambda =$ const. Wegen der $\lambda/2$-Periodizität ist das Leitungsdiagramm nur für l/λ-Werte von 0 bis 0,5 ausgelegt, die gleichmäßig über den gesamten Kreiswinkel von 360° verteilt sind. Die l/λ-Strahlen beginnen mit $l/\lambda = 0$ ($\triangleq 0°$) im Nullpunkt des Diagramms und enden **nach einem Umlauf** im Uhrzeigersinn wieder im Nullpunkt mit $l/\lambda = 0{,}5$ ($\triangleq 360°$), siehe Bild 5.10. (rot dargestellt).

Die **Ebene der relativen Schallimpedanzen** (mit Real- und Imaginärteil) ist für Werte von 0 bis ∞ durch eine Schar von exzentrischen Kreisen dargestellt, die alle den Punkt ∞ gemeinsam haben. –

5.4.2.1. Handhabung des Smith-Diagramms bei Abschluß einer Rohrleitung mit einer reellen Schallimpedanz

Das Verhältnis von p_{min} zu p_{max} schwankt je nach der Größe von $^{-}Z_{se}/\varrho_{-} \cdot c$ zwischen 0 und 1. Ist $^{-}Z_{se} > \varrho_{-} \cdot c$, so befindet sich das erste Druckminimum p_{min} in einer Entfernung von genau $l = \lambda/4$ vor dem Ende der Rohrleitung; ist $^{-}Z_{se} < \varrho_{-} \cdot c$, so liegt p_{min} bei $l = 0$, siehe Bild 5.11.

Da der Anpassungsfaktor m nur Zahlenwerte zwischen 0 und 1 annehmen kann, definiert man ihn bei $^{-}Z_{se} > \varrho_{-} \cdot c$ durch den Kehrwert von $^{-}Z_{se}/\varrho_{-} \cdot c$:

$$\frac{^{-}Z_{se}}{\varrho_{-} \cdot c} = \frac{1}{m}$$

Bei der grafischen Auswertung im Leitungsdiagramm beginnt man in diesem Falle nicht bei $\frac{l}{\lambda} = 0$, sondern erst bei $\frac{l}{\lambda} = 0{,}25$, siehe auch Bild 5.12.

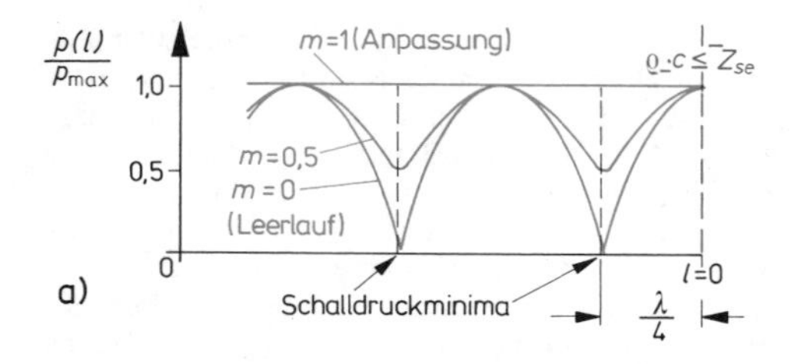

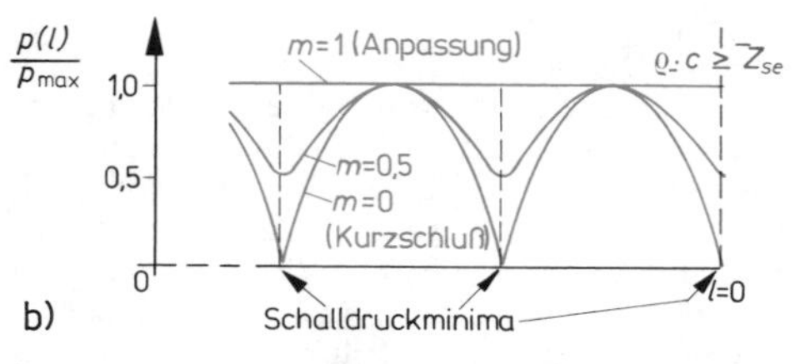

Bild 5.11. Schalldruckverlauf in einer beschallten Rohrleitung ,die mit einer reellen Schallimpedanz ${}^-Z_{se}$ abgeschlossen ist:

a) ${}^-Z_{se} \geq \varrho_- \cdot c$; *b)* ${}^-Z_{se} \leq \varrho_- \cdot c$

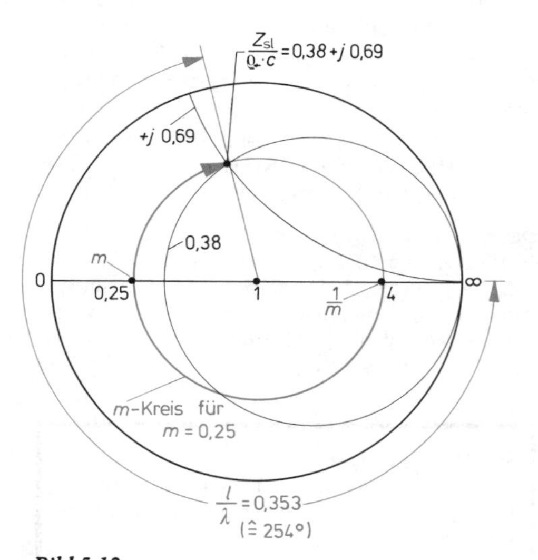

Bild 5.12. – – –

Beispiel: Ein 0,8 m langes Schalleitungsrohr ist an seinem Ende mit einer senkrecht stehenden Wand abgeschlossen, deren spezifische Schallimpedanz ${}^-Z_{se} = 4 \cdot \varrho_- \cdot c$ ist. Gesucht: Die Spezifische Schallimpedanz $Z_{sl}/\varrho_- \cdot c$, die am Anfang des Rohres erscheint, wenn die Schallfrequenz eine Wellenlänge $\lambda = \frac{c}{f} = 0{,}34$ m hat.

Lösung: Mit $\frac{l}{\lambda} = \frac{0{,}8}{0{,}34} = 2{,}353 = 4 \cdot 0{,}5 \left[\frac{\lambda}{2}\text{-Periodizität!}\right] + 0{,}353$ ($\hat{=}\ 0{,}353 \cdot 72° \approx 254°$) und $m = \varrho_- \cdot c/{}^-Z_{se} = \frac{1}{4} = 0{,}25$ bekommt man aus dem Leitungsdiagramm $Z_{sl}/\varrho_- \cdot c = 0{,}38 + j0{,}69$, bzw. $Z_{sl} = 0{,}38 \cdot \varrho_- \cdot c + j0{,}69 \cdot \varrho_- \cdot c$. – Der $\frac{l}{\lambda}$-Wert ist in diesem Falle (${}^-Z_{se} > \varrho_- \cdot c$) vom Punkte $\frac{1}{m}$ aus abgetragen worden, siehe Bild 5.12.

5.4.2.2. Handhabung des Smith-Diagramms bei Abschluß einer Rohrleitung mit einer komplexen Schallimpedanz

Wird das Ende einer beschallten Rohrleitung mit einem Material abgeschlossen, dessen **spezifische Schallimpedanz** Z_{se} **komplex** ist, so kommt es je nach Größe und Vorzeichen der **Blindkomponente** des Rohrabschlusses (= Imaginärteil von Z_{se}) zu einer entsprechenden Verschiebung der Schalldruckminima, d.h. l' ist weder gleich 0 noch gleich $\frac{\lambda}{4}$, siehe Bild 5.13., bzw. 5.3.

Die grafische Auswertung mit Hilfe des Leitungsdiagramms setzt voraus, daß die betreffende Leitungsanordnung mit einer **reellen Schallimpedanz** ${}^-Z_{se}$ abgeschlossen ist, siehe auch die Definition des Anpassungsfaktors m. – Liegt eine **komplexe Abschlußimpedanz** $\underline{Z}_{se}$ vor, so ist diese zunächst in eine **reelle (Ersatz-)Impedanz** ${}^-Z_{sers}$ zu überführen:

> Eine **komplexe Schallimpedanz** $\underline{Z}_{se}$ kann man sich durch eine **reelle Schallimpedanz** ${}^-Z_{sers}$ ($< \varrho_- \cdot c$) und eine **davorgeschaltete Schallleitung** l_{ers} $\left[= \frac{\lambda}{2} - l'\right]$ entstanden, bzw. **ersetzt** denken.

Bildet man die **relative komplexe Schallimpedanz** $\underline{Z}_{se}/\varrho^- \cdot c$ und trägt dieselbe ins Leitungsdiagramm ein, so kann man daraus

$$m = \frac{{}^-Z_{sers}}{\varrho_- \cdot c} \quad \text{und} \quad l_{ers} = \frac{\lambda}{2} - l'$$

ablesen. – Auf diese Weise läßt sich z.B. die (komplexe) Schallimpedanz von unbekannten

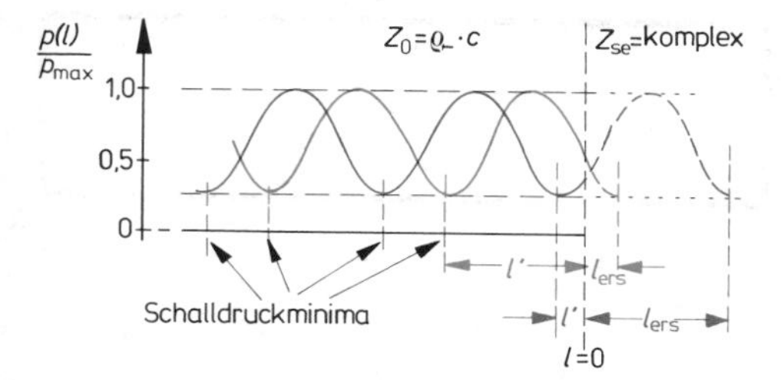

Bild 5.13. Schalldruckverlauf in einer beschallten Rohrleitung, die mit einer komplexen Schallimpedanz $\underline{Z}_{se}$ abgeschlossen ist:
——— *Blindkomponente des Abschlusses positiv,*
——— *Blindkomponente des Abschlusses negativ*

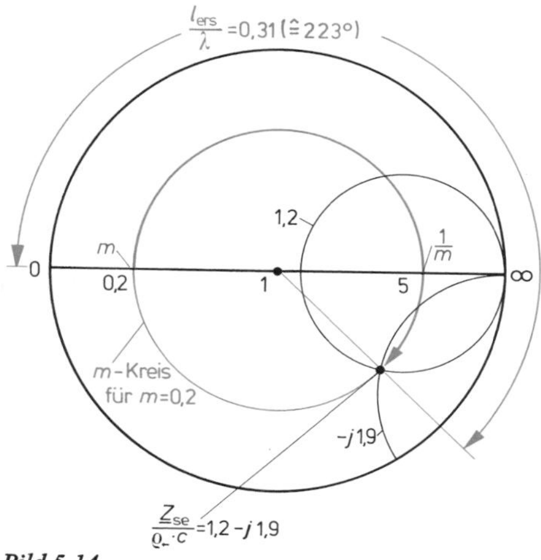

Bild 5.14. – – –

Materialproben bestimmen, nachdem der Anpassungsfaktor $m = p_{min}/p_{max}$ und die Ersatzleitungslänge l_{ers} meßtechnisch ermittelt vorliegen.

Beispiel: Das Ende einer akustischen Meß-Rohrleitung ist mit einer Probe eines unbekannten Schallschluckstoffes abgeschlossen. Bei Beschallung wird ein Stehwellenverhältnis $n = 5 \left[= \frac{1}{m}\right]$ gemessen. Das erste Druckminimum l' ist 0,08 m vom Rohrende entfernt. Der Abstand zwischen zwei benachbarten Minima beträgt 0,21 m. Gesucht: Die spezifische Schallimpedanz ($\underline{Z}_{se}$) der Materialprobe; die Schallkennimpedanz der Rohrleitung beträgt $\varrho_- \cdot c = 408$ Ns/m³.

Lösung: Eintragen des m-Kreises $\left[m = \frac{1}{5} = 0{,}2\right]$

und des $\frac{l_{ers}}{\lambda}$-Strahles $\left(\frac{l_{ers}}{\lambda} = \frac{\frac{\lambda}{2} - l'}{2 \cdot \frac{\lambda}{2}} = \frac{0{,}21 - 0{,}08}{0{,}42}\right.$

$\left. = \frac{0{,}13}{0{,}42} \approx 0{,}31 \mathrel{\hat{=}} 223°\right)$ ins Diagramm. siehe Bild 5.14. Der Schnittpunkt beider ergibt $\frac{\underline{Z}_{se}}{\varrho_- \cdot c} = 1{,}2 - \mathrm{j}\,1{,}9$, bzw. $\underline{Z}_{se} = 489{,}6 - \mathrm{j}\,775{,}2$ Ns/m³.

5.4.3. Das Kundtsche Rohr

Die bekannteste praktische Ausführung einer akustischen Meß-Rohrleitung ist das **Kundtsche Rohr,** siehe Bild 5.15 – Es besteht aus einem Rohr, dessen Durchmesser zur Erzielung einer **eindimensionalen Schallausbreitung** $< \lambda/2$ ist und dessen Wandmaterial nicht mitschwingt. Die Schallanregung erfolgt i.a. durch einen Laut-

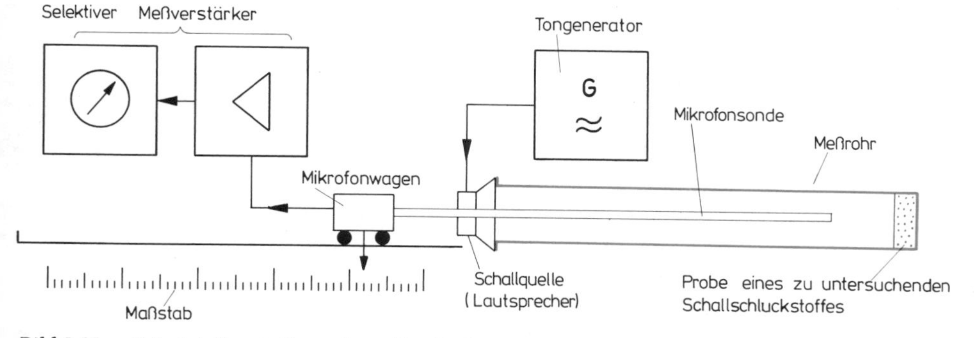

Bild 5.15. Prinzipieller Aufbau eines Kundtschen Rohres mit den dazugehörigen Meßgeräten

sprecher, der meist an der einen Stirnseite des Rohres (**Rohranfang**) angebracht ist. Der Lautsprecherkern ist in der Praxis häufig durchbohrt, um die Einführung einer verschiebbaren (Meß-) **Mikrofonsonde** in das Meßrohr zu ermöglichen. Mit Hilfe der Mikrofonsonde läßt sich der Schalldruckverlauf entlang des Rohres ausmessen. Die jeweilige Position des Sondenmikrofons – bezogen auf das **Rohrende** – kann man an einem eigens dafür angebrachten Maßstab ablesen. – Das Ende des Rohres wird mit einer Materialprobe abgeschlossen, deren Schallreflexionsvermögen ein Maß für den Schallabsorptionsgrad α des betreffenden Materials ist. Die Ausmessung der Schalldruckverteilung und anschließende Bestimmung des Stehwellenverhältnisses n ($= p_{max}/p_{min}$) ergibt den **Schallabsorptionsgrad** α durch die Beziehung:

$$\alpha = \frac{4}{n + \frac{1}{n} + 2}$$

In den Schalldruckminima kann der zu messende Schalldruck sehr kleine Werte annehmen. Es empfiehlt sich daher, einen selektiven Meßverstärker zu verwenden, siehe Bild 5.15. –

A. Kundt benutzte das nach ihm benannte Rohr ursprünglich (1866) nur zur Bestimmung der Schallgeschwindigkeit $c = f \cdot \lambda$, und zwar durch Sichtbarmachung von stehenden Wellen mittels **Staubfiguren**. – In der **Technischen Akustik** wird das Kundtsche Rohr neben der Ermittlung des **Schallabsorptionsgrades** α u.a. auch zur **Impedanzmessung** verwendet, siehe Abschnitt 5.4.2. –

6. Elektromechanische Analogien

Es ist allgemein üblich, **mechanische Schwingungsgebilde** durch **analoge elektrische Ersatzschaltbilder** darzustellen. Neben der besseren Anschaulichkeit, die diese Darstellungsweise vor allem für den Elektrotechniker besitzt, liegt der große Vorteil solcher Analogien darin, daß man in der Praxis Änderungen an einer elektrischen Schaltung einfacher und schneller vornehmen kann als an einem mechanischen Schwingungsgebilde. Für die Bearbeitung und Lösung schwingungstechnischer Aufgaben bedeutet das eine erhebliche Hilfe. Die einzelnen Elemente eines auf diese Weise zu untersuchenden mechanischen Systems müssen allerdings quantitativ und in ihrer räumlichen Anordnung bekannt sein, bevor man daran geht, das analoge elektrische Ersatzschaltbild zu entwerfen.

6.1. Elektrische Energiespeicher und -verbraucher

Elektrische Schwingungskreise bestehen i.a. aus 3 Grund-Schaltungselementen. Es sind dies:

1. Die **Kapazität** C (Einheitenzeichen: F) als Speicher für *elektrische Energie*,
2. die **Selbstinduktion** oder **Induktivität** L (Einheitenzeichen: H) als Speicher für *magnetische Energie* und
3. der **Ohmsche Widerstand** R (Einheitenzeichen: Ω) als *Energieverbraucher*.

Die von diesen Schaltungselementen pro Zeiteinheit aufgenommene, bzw. in Wärme umgesetzte Energie, d.h. die **elektrische Momentanleistung**, erhält man als **Produkt** aus der an den Klemmen des betreffenden Schaltungselementes liegenden **elektrischen Spannung** u und aus dem fließenden **elektrischen Strom** i. Ist der Strom bekannt, so errechnen sich die Spannungen nach den Gleichungen

	$u = \frac{1}{C} \cdot \int i \, \mathrm{d}t$	für den **Kondensator,**
	$u = L \cdot \frac{\mathrm{d}i}{\mathrm{d}t}$	für die **Induktivität**
und	$u = R \cdot i$	für den **Ohmschen Widerstand.**

Ändert sich das Signal nach einer **sinusförmigen** Zeitfunktion, so kann man auch $u = i/\mathrm{j}\omega C$, bzw. $u = \mathrm{j}\omega L \cdot i$ schreiben.

Ist die Spannung gegeben, so erhält man die Ströme aus den Gleichungen

	$i = C \cdot \frac{\mathrm{d}u}{\mathrm{d}t}$	für den **Kondensator,**
	$i = \frac{1}{L} \cdot \int u \, \mathrm{d}t$	für die **Induktivität**
und	$i = \frac{u}{R}$	für den **Ohmschen Widerstand.**

Bei **sinusförmigen** Wechselspannungen, bzw. -strömen kann man auch $i = \mathrm{j}\omega C \cdot u$, bzw. $i = u/\mathrm{j}\omega L$ schreiben. –

Vergleicht man die **Gleichungssysteme** für **Spannung** und **Strom** miteinander, so erkennt man einen **komplementären Aufbau:**

Einer **Spannung** gegenüber verhält sich eine **Induktivität** L formal genau so wie eine **Kapazität** C gegenüber einem **Strom.**

Einem **Strom** gegenüber verhält sich eine **Induktivität** L formal genau so wie eine **Kapazität** C gegenüber einer **Spannung.**

Einem **Strom** gegenüber verhält sich ein **Ohmscher Widerstand** R formal genau so wie ein **Leitwert** G $\left[= \text{reziproker Widerstand } \frac{1}{R}\right]$ gegenüber einer **Spannung.**

Diese gegenseitigen formalen Entsprechungen bezeichnet man als **Widerstandsreziprozität**. Die elektrischen Schaltelemente C, L und R sind **widerstandsreziprok** zu den Elementen L, C und $1/R$.

6.2. Mechanische Energiespeicher und -verbraucher

Analog zur Elektrotechnik kennt man auch in der mechanischen Schwingungstechnik 3 Grundelemente, und zwar

1. die **Nachgiebigkeit** *n*,
2. die **Masse** *m* und
3. den **Reibungswiderstand** *r*.

Im Abschnitt 1.5.3. wurde darüber schon berichtet. – Das **Produkt** aus der **wirksamen Kraft**[1] *F* und der durch sie hervorgerufenen **Geschwindigkeit** *v* ergibt die **mechanische Momentanleistung.**

Ist die Geschwindigkeit bekannt, so errechnen sich die an den einzelnen Elementen wirksamen Kräfte nach den Gleichungen

	$F = \frac{1}{n} \cdot \int v \, dt$	für die **Nachgiebigkeit,**
	$F = m \cdot \frac{dv}{dt}$	für die **Masse**
und	$F = r \cdot v$	für den **Reibungswiderstand.**

Bei **sinusförmiger** Erregung kann man auch $F = v/j\omega n$, bzw. $F = j\omega m \cdot v$ schreiben.

Ist die Kraft gegeben, so erhält man die Geschwindigkeiten aus den Gleichungen

	$v = n \cdot \frac{dF}{dt}$	für die **Nachgiebigkeit,**
	$v = \frac{1}{m} \cdot \int F \, dt$	für die **Masse**
und	$v = \frac{F}{r}$	für den **Reibungswiderstand.**

Bei **sinusförmiger** Erregung kann man auch $v = j\omega n \cdot F$, bzw. $v = F/j\omega m$ schreiben. –

Vergleicht man die **Gleichungssysteme** für **Kraft** und **Geschwindigkeit** miteinander, so wird auch hier, d.h. in der **Mechanik,** eine **„Widerstandsreziprozität"** erkennbar. Die mechanischen Elemente *n*, *m* und *r* sind **widerstandsreziprok** zu den Elementen *m*, *n* und 1/*r*.

6.3. Elektromechanische Analogien

In der gleichen Weise wie man die elektrischen Gleichungssysteme für Spannung und Strom, bzw. die mechanischen Gleichungssysteme für Kraft und Geschwindigkeit miteinander vergleichen kann, lassen sich auch die **elektrischen** und **mechanischen Gleichungssysteme** untereinander **vergleichen.** Eine Gegenüberstellung dieser Gleichungssysteme zeigt, daß zwischen den Gleichungen, mit denen man elektrische Schaltkreise einerseits und mechanische Vorgänge andererseits beschreiben kann, **Analogien** bestehen.

Vergleicht man die Gleichungen für die elektrische Spannung mit den Gleichungen für die Kraft, bzw. die Gleichungen für den elektrischen Strom mit den Gleichungen für die Geschwindigkeit, so entsprechen sich folgende Größen:

Kraft	$F \rightarrow$	**Spannung**	*u*
Geschwindigkeit	$v \rightarrow$	**Strom**	*i*
Masse	$m \rightarrow$	**Induktivität**	*L*
Nachgiebigkeit	$n \rightarrow$	**Kapazität**	*C*
Reibungswiderstand	$r \rightarrow$	**Ohmscher Widerstand**	*R*

Man bezeichnet diese formalen Entsprechungen als **elektromechanische Analogie 1. Art** – oder, da die Kraft *F* der Spannung *u* entspricht, als **Kraft-Spannungs-Analogie.** –

Vergleicht man die Gleichungen für die elektrische Spannung mit den Gleichungen für die Geschwindigkeit, bzw. die Gleichungen für den elektrischen Strom mit den Gleichungen für die Kraft, so entsprechen sich folgende Größen:

Kraft	$F \rightarrow$	**Strom**	*i*
Geschwindigkeit	$v \rightarrow$	**Spannung**	*u*
Masse	$m \rightarrow$	**Kapazität**	*C*
Nachgiebigkeit	$n \rightarrow$	**Induktivität**	*L*
Reibungswiderstand	$r \rightarrow$	**Reziproker Ohmscher Widerstand** (= **Leitwert** *G*)	1/*R*

[1] Bei der Betrachtung mechanischer Schwingungsvorgänge versteht man unter dieser Kraft i.a. eine sich periodisch mit der Zeit ändernde **Wechselkraft.**

Da hier die Kraft F dem Strom i entspricht, bezeichnet man diese formalen Entsprechungen auch als **Kraft-Strom-Analogie,** bzw. als **elektromechanische Analogie 2. Art.**

Beide Analogien sind gleichwertig. Welcher von beiden Analogien in der Praxis der Vorzug zu geben ist, hängt vom jeweils speziellen Anwendungsfall ab.

6.4. Einfache mechanische Schwingungsgebilde

Für **mechanische Schwingungsgebilde,** die aus **Masse, Nachgiebigkeit** und **Reibungswiderstand** bestehen, gelten **analoge Gesetzmäßigkeiten,** wie sie von **elektrischen Schwingkreisen** her bekannt sind, die aus **Induktivität, Kapazität** und **Ohmschem Widerstand** bestehen.

Bei der **Parallelschaltung** von mechanischen Elementen ist die Summe der auf die einzelnen Elemente ausgeübten Teilkräfte gleich der Gesamtkraft F. Die den einzelnen Elementen erteilten Geschwindigkeiten sind einander gleich

$$F = F_1 + F_2 + F_3 + \dots$$
$$v = v_1 = v_2 = v_3 = \dots$$

Die resultierende **mechanische Impedanz** Z_{mp} bei einer **Parallelschaltung** ist demnach

$$Z_{mp} = \frac{F}{v} = \frac{F_1}{v} + \frac{F_2}{v} + \frac{F_3}{v} + \dots$$

Für die Parallelschaltung **zweier Massen, zweier Nachgiebigkeiten,** bzw. **zweier Reibungswiderstände** – siehe Bild 6.1. – erhält man somit

$$m = m_1 + m_2\,,$$
$$\frac{1}{n} = \frac{1}{n_1} + \frac{1}{n_2}, \quad \text{bzw.} \quad r = r_1 + r_2\,.$$

Bei der **Reihenschaltung** von mechanischen Elementen sind die auf die einzelnen Elemente ausgeübten Teilkräfte einander gleich, und damit gleich der Gesamtkraft F. Die Geschwindigkeit v ergibt sich aus der Summe der Teilgeschwindigkeiten:

$$F = F_1 = F_2 = F_3 = \dots$$
$$v = v_1 + v_2 + v_3 + \dots$$

Die resultierende **mechanische Impedanz** Z_{mr} bei einer **Reihenschaltung** ist

$$\frac{1}{Z_{mr}} = \frac{v}{F} = \frac{v_1}{F} + \frac{v_2}{F} + \frac{v_3}{F} + \dots$$

Für die Reihenschaltung **zweier Massen, zweier Nachgiebigkeiten,** bzw. **zweier Reibungswiderstände** – siehe Bild 6.2. – erhält man somit

$$\frac{1}{m} = \frac{1}{m_1} + \frac{1}{m_2},$$
$$n = n_1 + n_2\,, \quad \text{bzw.} \quad \frac{1}{r} = \frac{1}{r_1} + \frac{1}{r_2}.$$

Eine **Parallelschaltung von Reibungswiderständen** verhält sich quantitativ so wie eine **Reihenschaltung von Ohmschen Widerständen,** d.h. der Ge-

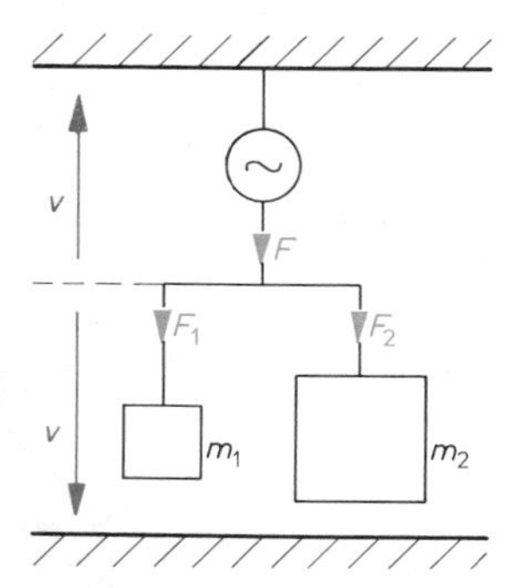

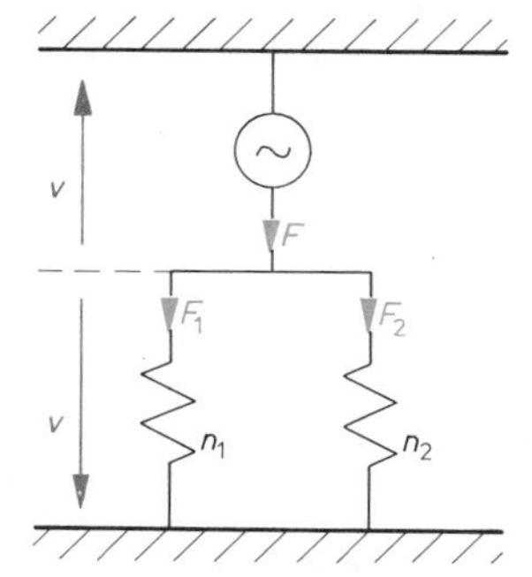

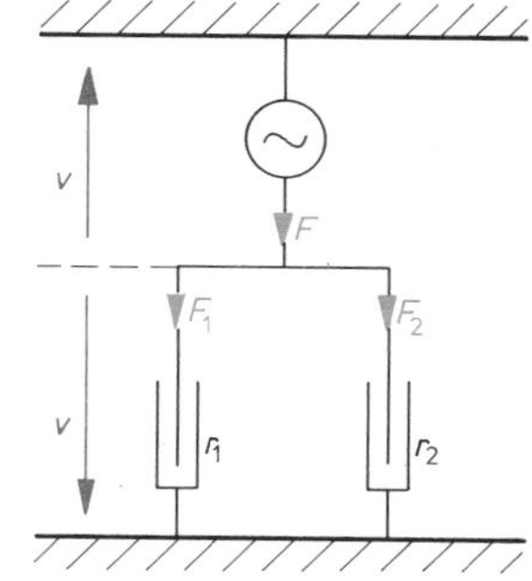

Bild 6.1. Parallelschaltung zweier Massen, zweier Nachgiebigkeiten, bzw. zweier Reibungswiderstände

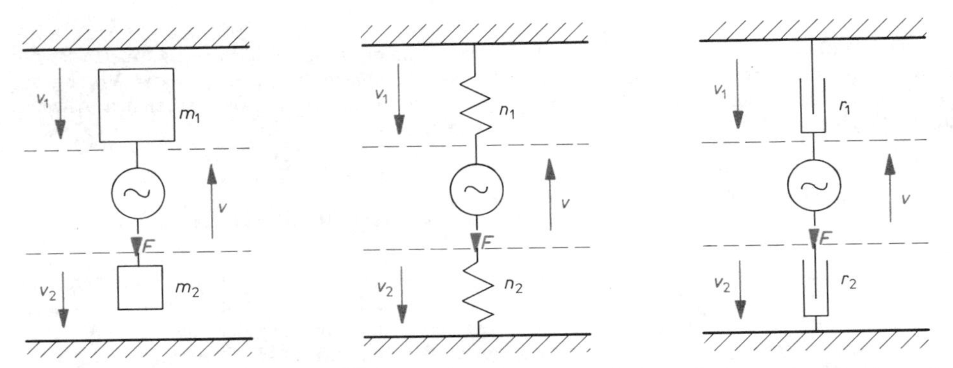

Bild 6.2. Reihenschaltung zweier Massen, zweier Nachgiebigkeiten, bzw. zweier Reibungswiderstände

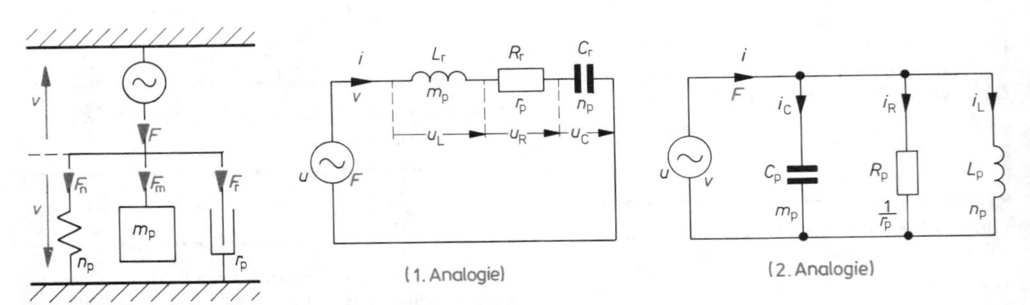

Bild 6.3. Mechanischer Parallel-Schwingkreis verglichen mit einem elektrischen Reihen-, bzw. einem elektrischen Parallel-Schwingkreis bei erzwungenen Schwingungen

samtwiderstand r ergibt sich aus der Summe der Einzelwiderstände. – Eine **Reihenschaltung von Reibungswiderständen** verhält sich quantitativ so wie eine **Parallelschaltung von Ohmschen Widerständen,** d. h. der reziproke Gesamtwiderstand $1/r$ ergibt sich aus der Summe der reziproken Einzelwiderstände. – Wählt man die Analogie 1, so gilt das analog auch für die Reihen- und Parallelschaltung von Massen, bzw. von Nachgiebigkeiten (Federn) im Vergleich zu elektrischen Induktivitäten, bzw. Kapazitäten. –

Benutzt man die **Analogie 1,** so ergibt die **elektrische Ersatzschaltung** stets die zum mechanischen System **duale Schaltung**: Einer mechanischen Parallelschaltung entspricht eine elektrische Reihenschaltung, bzw. einer mechanischen Reihenschaltung entspricht eine elektrische Parallelschaltung.– Benutzt man die **Analogie 2,** so erfolgt die Umsetzung zwar **schaltungstreu** (einer mechanischen Parallelschaltung entspricht eine elektrische Parallelschaltung, bzw. einer mechanischen Reihenschaltung entspricht eine elektrische Reihenschaltung), dafür aber **widerstandsreziprok** (einem mechanischen Reibungswiderstand entspricht im elektrischen Ersatzschaltbild ein reziproker Ohmscher Widerstand). –

Schaltet man die **3 Grundelemente Masse, Feder** und **Reibungswiderstand** entweder **parallel** *oder* in **Reihe,** so bekommt man jeweils einen **mechanischen Schwingkreis (Parallel-** oder **Reihenschaltung),** dessen Eigenschaften man mit Hilfe der beiden **elektromechanischen Analogien** sowohl durch einen **elektrischen Reihen-** als auch **Parallel-Schwingkreis** beschreiben kann.

6.4.1. Mechanischer Parallel-Schwingkreis

Einen **mechanischen Parallel-Schwingkreis** kann man sowohl mit einem **elektrischen Reihen-** als auch mit einem **elektrischen Parallel-Schwingkreis** vergleichen, siehe Bild 6.3. Für die resultierende mechanische und elektrische Impedanz, bzw. für die elektrische Admittanz bekommt man folgende Gleichungen:

1. Mechanische Impedanz Z_{mp}

$$F = F_m + F_n + F_r$$
$$= m_p \cdot \frac{dv}{dt} + r_p \cdot v + \frac{1}{n_p} \cdot \int v\, dt$$

$$Z_{mp} = j\omega m_p + r_p + \frac{1}{j\omega n_p}$$

2. Elektrische Impedanz Z (Reihenschaltung)

$$u = u_L + u_R + u_C$$
$$= L_r \cdot \frac{di}{dt} + R_r \cdot i + \frac{1}{C_r} \cdot \int i\, dt$$

$$Z = j\omega L_r + R_r + \frac{1}{j\omega C_r}$$

3. Elektrische Admittanz Y (Parallelschaltung)

$$i = i_C + i_R + i_L$$
$$= C_p \cdot \frac{du}{dt} + \frac{u}{R_p} + \frac{1}{L_p} \cdot \int u\, dt$$

$$Y = \frac{1}{Z} = j\omega C_p + \frac{1}{R_p} + \frac{1}{j\omega L_p}$$

Bei sinusförmiger Erregung schreibt man für d/dt auch $j\omega$, bzw. für $\int dt$ auch $1/j\omega$. –

Die **Resonanzfrequenz** eines mechanischen Parallel-Schwingkreises beträgt

$$\omega_0 = \frac{1}{\sqrt{m_p \cdot n_p}}.$$

6.4.2. Mechanischer Reihen-Schwingkreis

Einen **mechanischen Reihen-Schwingkreis** kann man sowohl mit einem **elektrischen Parallel-** als auch mit einem **elektrischen Reihen-Schwingkreis** vergleichen, siehe Bild 6.4. Für die resultierende mechanische und elektrische Admittanz, bzw. für die elektrische Impedanz bekommt man dabei folgende Gleichungen:

1. Mechanische Admittanz $1/Z_{mr}$

$$v = v_n + v_r + v_m$$
$$= n_r \cdot \frac{dF}{dt} + \frac{F}{r_r} + \frac{1}{m_r} \cdot \int F\, dt$$

$$\frac{1}{Z_{mr}} = j\omega n_r + \frac{1}{r_r} + \frac{1}{j\omega m_r}$$

2. Elektrische Admittanz Y (Parallelschaltung)

$$i = i_C + i_R + i_L$$
$$= C_p \cdot \frac{du}{dt} + \frac{u}{R_p} + \frac{1}{L_p} \cdot \int u\, dt$$

$$Y = \frac{1}{Z} = j\omega C_p + \frac{1}{R_p} + \frac{1}{j\omega L_p}$$

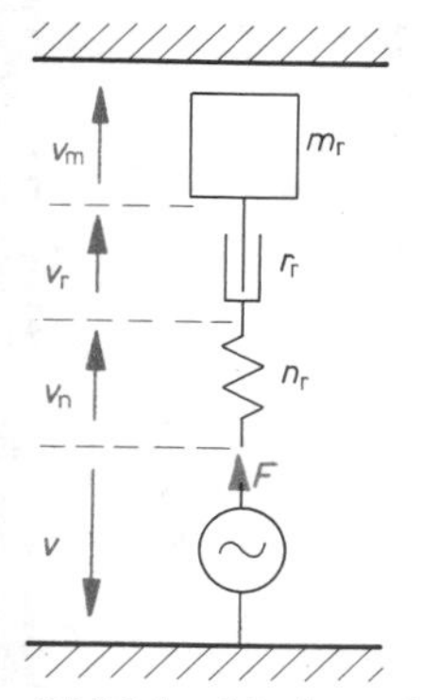

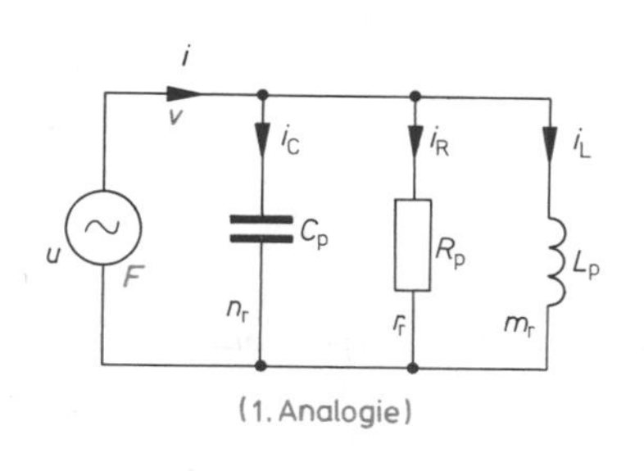

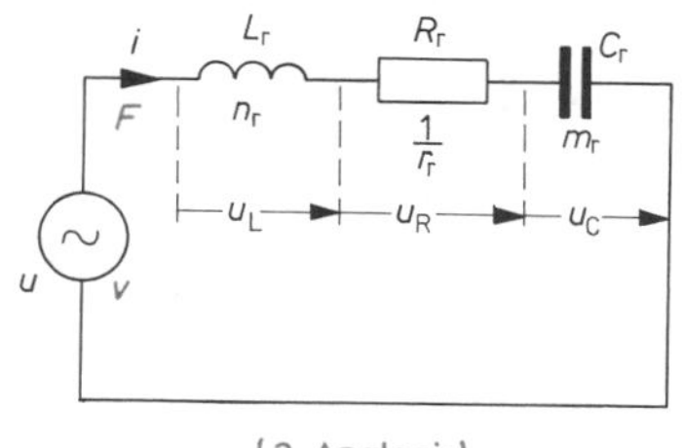

Bild 6.4. Mechanischer Reihen-Schwingkreis verglichen mit einem elektrischen Parallel-, bzw. einem elektrischen Reihen-Schwingkreis bei erzwungenen Schwingungen

3. Elektrische Impedanz Z (Reihenschaltung)

$$u = u_L + u_R + u_C$$

$$= L_r \cdot \frac{di}{dt} + R_r \cdot i + \frac{1}{C_r} \cdot \int i \, dt$$

$$Z = j\omega L_r + R_r + \frac{1}{j\omega C_r}$$

Bei **sinusförmiger Erregung** kann man für d/dt auch jω, bzw. für $\int dt$ auch $1/j\omega$ schreiben. –

Die **Resonanzfrequenz** eines mechanischen Reihen-Schwingkreises beträgt

$$\omega_0 = \frac{1}{\sqrt{m_r \cdot n_r}}.$$

6.4.3. Die elektromechanischen Analogien bei mechanischen Schwingkreisen

Die Darstellung eines **mechanischen Schwingungsgebildes** durch ein **analoges elektrisches Ersatzschaltbild** ergibt nach **Analogie 1** eine **widerstandsgetreue** Abbildung in der **dualen** Schaltung – und nach **Analogie 2** eine **widerstandsreziproke** Abbildung in der gleichen Schaltung (**Schaltungstreue**).

Im Bild 6.5. wird dieses Verhalten noch einmal zusammengefaßt dargestellt.

6.4.4. Die Kreisgüte mechanischer Schwingkreise

Bei **elektrischen Schwingkreisen** verwendet man zur Angabe der Kreisgüte ϱ für die Reihenschaltung die entsprechenden Widerstandskomponenten und für die Parallelschaltung die entsprechenden Leitwertkomponenten:

Elektrische Reihenschaltung

$$\varrho = \frac{\omega_0 L_r}{R_r} = \frac{1}{\omega_0 C_r R_r} = \frac{1}{R_r} \cdot \sqrt{\frac{L_r}{C_r}}$$

Elektrische Parallelschaltung

$$\varrho = \frac{\omega_0 C_p}{G_p} = \omega_0 C_p R_p = \frac{R_p}{\omega_0 L_p} = R_p \cdot \sqrt{\frac{C_p}{L_p}}$$

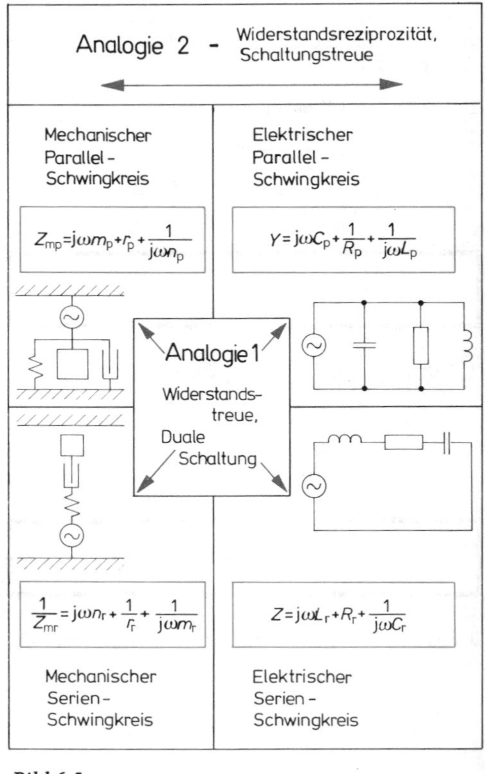

Bild 6.5. – – –

Die analogen Gleichungen für **mechanische Schwingungsgebilde** lauten:

Mechanische Reihenschaltung

$$\varrho = \frac{\omega_0 n_r}{1/r_r} = \frac{r_r}{\omega_0 m_r} = r_r \cdot \sqrt{\frac{n_r}{m_r}}$$

Mechanische Parallelschaltung

$$\varrho = \frac{\omega_0 m_p}{r_p} = \frac{1}{\omega_0 n_p r_p} = \frac{1}{r_p} \cdot \sqrt{\frac{m_p}{n_p}}$$

Die Ausdrücke

$$\sqrt{\frac{L_r}{C_r}} = \frac{1}{\sqrt{\frac{C_p}{L_p}}} = \sqrt{\frac{L_p}{C_p}}$$

bezeichnet man als **Kenn-** oder **Schwingwiderstand (Charakteristischer Widerstand)** – und

$$\sqrt{\frac{n_r}{m_r}} = \frac{1}{\sqrt{\frac{m_p}{n_p}}} = \sqrt{\frac{n_p}{m_p}}$$

als **Kenn-** oder **Schwingmitgang.** –

Drückt man die Impedanz, bzw. die Admittanz eines Schwingkreises durch die **Doppelverstimmung** v und die **Kreisgüte** ϱ aus, so bekommt man für die **Reihenschaltung**

$$\frac{1}{Z_{mr}} = \frac{1}{r_r} \cdot (1 + j\varrho \cdot v),$$

entsprechend

$$Z = R_r \cdot (1 + j\varrho \cdot v)$$

beim elektrischen Serien-Schwingkreis,

und für die **Parallelschaltung**

$$Z_{mp} = r_p \cdot (1 + j\varrho \cdot v),$$

entsprechend

$$Y = \frac{1}{R_p} \cdot (1 + j\varrho \cdot v)$$

beim elektrischen Parallel-Schwingkreis.

Das Produkt $\varrho \cdot v$ bezeichnet man auch als **normierte Verstimmung** Ω

$$\Omega = \varrho \cdot v.$$

Bei $\Omega = \pm 1$ sind die Wirk- und Blindkomponente dem Betrage nach gleich groß.

6.5. In der Praxis vorkommende Schwingungsgebilde

Eine Kraft greift stets zwischen 2 Punkten an. Die Elemente eines mechanischen Schwingkreises müssen demnach in jedem Falle „Zweipole" sein (siehe **Feder,** bzw. **Reibungswiderstand**). Eine **Masse** kann nie allein als „Schaltungselement" auftreten. Es muß für die zur Wirkung gebrachte Kraft notwendigerweise noch eine zweite Angriffsstelle vorhanden sein, d.h. eine **zweite Masse.** Diese zweite, sogenannte **Gegenmasse** kann im einfachsten Falle als unendlich groß angenommen werden, so daß sie von der Kraft nicht beschleunigt werden kann. Damit bekommt man einfache mechanische Schwingungsgebilde, wie z.B. den mechanischen Parallel-Schwingkreis oder den mechanischen Reihen-Schwingkreis. Die Annahme einer unendlich großen Gegenmasse ist in der Praxis nur selten gerechtfertigt. In den meisten Fällen greift die Kraft nämlich zwischen (mindestens) 2 Massen m_1 und m_2 an, die in ihrer Größenordnung durchaus miteinander vergleichbar sind. Aus diesem Grunde haben **W. Hahnemann** und **H. Hecht** bereits in den Jahren um 1920 eine Reihe typischer Anwendungsfälle untersucht und als Ergebnis dieser Untersuchungen als **Grundform** für einen **mechanischen Schwinger** bestehend aus **fester Materie** den sogenannten **Tonpilz** und als **Grundform** für **flüssige** und **gasförmige Schwingungsgebilde** den sogenannten **Tonraum** eingeführt.

6.5.1. Tonpilz

Den grundsätzlichen Aufbau eines **Tonpilzes** mit dem dazugehörigen **elektrischen Ersatzschaltbild** zeigt Bild 6.6. Der größte Teil aller mechanischen Schwinger läßt sich auf einen solchen Tonpilz zurückführen, z.B. **Stimmgabeln, Maschinen mit Fundament,** u.ä. Die beiden Massen m_1 und m_2 werden von der Kraft F in entgegengesetzter Richtung beschleunigt. – Die Differentialgleichung für eine solche Anordnung lautet

$$F = \frac{m_1 \cdot m_2}{m_1 + m_2} \cdot \frac{dv}{dt} + r \cdot v + \frac{1}{n} \cdot \int v \, dt.$$

Die Massen m_1 und m_2 liegen **in Serie;** sie ergeben eine Gesamtmasse m

$$m = \frac{m_1 \cdot m_2}{m_1 + m_2}.$$

m, r und n liegen mechanisch **parallel.** – Die Resonanzfrequenz des Tonpilzes beträgt

$$\omega_0 = \frac{1}{\sqrt{m \cdot n}}.$$

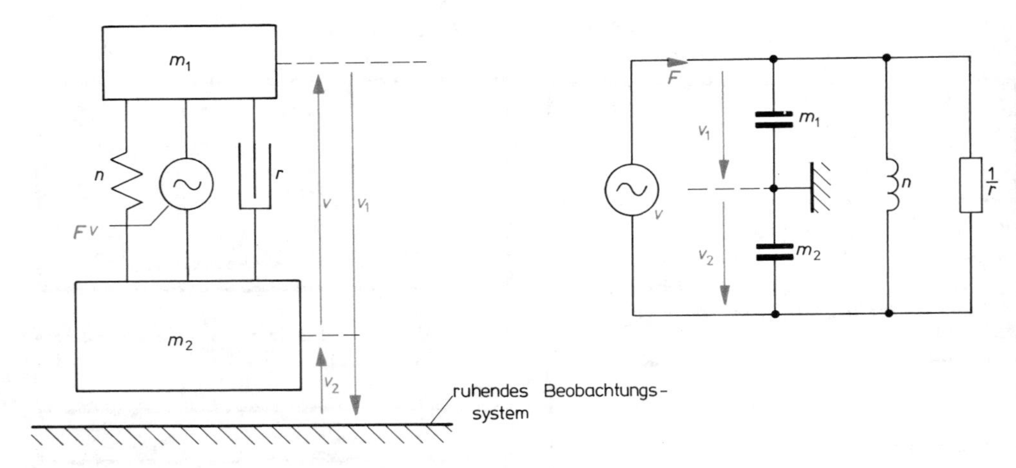

Bild 6.6. Der Tonpilz und seine elektrische Ersatzschaltung nach Analogie 2

Im **Resonanzfall** verbleibt lediglich der reziproke Reibungs- oder Dämpfungswiderstand $1/r$ (auch: **Dämpfungsmitgang**) als bestimmendes Element der Anordnung. Die Kreisgüte, d.h. die Resonanzüberhöhung

$$\varrho = \frac{1}{r} \cdot \sqrt{\frac{m}{n}}$$

ist bei der **Parallelschaltung** um so größer je kleiner die Reibung, je steifer die Feder und je größer die Masse ist. Bei der Masse ist zu berücksichtigen, daß die kleinere der beiden Massen (m_1, bzw. m_2) die Gesamtmasse bestimmt (s.a. das elektrische Ersatzschaltbild: Reihenschaltung zweier Kapazitäten!). Zwischen den beiden Teilmassen m_1 und m_2 wirkt die Schnelle v. **Bezogen auf ein ruhendes Beobachtungssystem** ergeben sich die **Teilschnellen** v_1 und v_2, wie das dem elektrischen Ersatzschaltbild besonders anschaulich zu entnehmen ist. Nach Analogie 2 entspricht der Schnelle v die elektrische Spannung u. Spannungen verhalten sich aber bekanntlich an in Serie geschalteten Kapazitäten umgekehrt wie die Kapazitäten selbst:

$$\frac{v_1}{v_2} = \frac{m_2}{m_1}$$

Auf die gleiche Weise erhält man das Verhältnis der Teilschnellen zur Gesamtschnelle:

$$\frac{v_1}{v} = \frac{m}{m_1} = \frac{m_1 \cdot m_2}{(m_1 + m_2) \cdot m_1} = \frac{m_2}{m_1 + m_2}$$

$$\frac{v_2}{v} = \frac{m_1}{m_1 + m_2}$$

6.5.2. Tonraum

Der Prototyp eines gasförmigen oder flüssigen Schwingungsgebildes ist nach **Hahnemann** und **Hecht** der **Tonraum**, siehe Bild 6.7. In seiner Grundform besteht er aus **zwei Hohlräumen**, die durch einen **Kanal** oder im einfachsten Falle nur durch eine Öffnung miteinander verbunden sind. Die Hohlräume müssen nur klein gegenüber der Wellenlänge λ sein; die Grenze liegt dort, wo sich keine stehenden Wellen mehr ausbilden können, d.h. wo keine Raumdimension $\geq \lambda/4$ ist. Sehr **kleine Hohlräume** sind vergleichbar mit **Blindwiderständen**. Die beiden Hohlräume stellen **mechanische**, bzw. **akustische Nachgiebigkeiten (Hohlraum-Federn)** dar, während der Verbindungskanal mit der darin befindlichen verschiebbaren Gas- oder Flüssigkeitsmenge als **Hohlraum-Masse** aufgefaßt werden darf. Die Gas- oder Flüssigkeitssäule schwingt – angeregt durch die Wechselkraft F – im Verbindungsrohr hin und her, wobei sie an

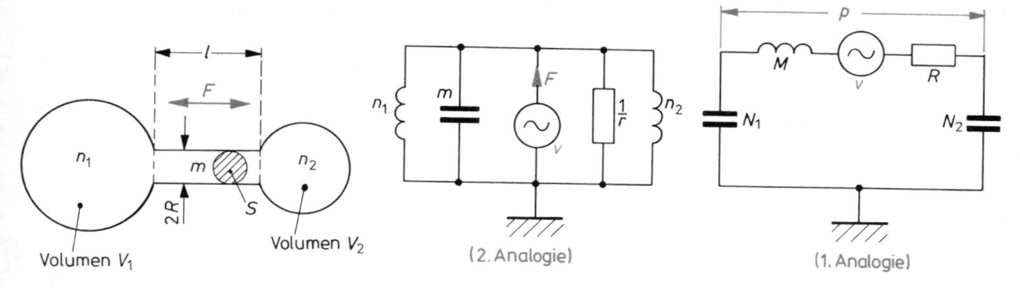

Bild 6.7. Der Tonraum und seine elektrischen Ersatzschaltungen nach den Analogien 2 und 1. (R Kanalradius)
$\left(\mathfrak{R} = \frac{r}{S^2} = {}^-Z_a\right.$ *Akustische Resistanz oder akustischer Strömungsstandwert*$\left.\right)$

beiden Enden auf die Federwirkung der Volumina 1 und 2 stößt. Die Strömung reißt an den Kanalenden nicht schlagartig ab, sondern sie breitet sich in die Hohlräume hinein aus. Die effektive Länge des Kanals erfährt dadurch eine Verlängerung, die man durch die **Mündungskorrektur** $\frac{\pi}{4} \cdot R$ berücksichtigt. – Einer einfachen Verbindungsöffnung, d.h. einem Loch ($l = 0$), ist ebenfalls die Eigenschaft einer Masse zuzuschreiben, die einem Kanal von der Länge $2\frac{\pi}{4} R = \frac{\pi}{2} \cdot R$ entspricht. –

Gemäß Analogie 2 (Schaltungstreue, Widerstandsreziprozität) sind die beiden Federn in den Hohlräumen und die Masse im Verbindungskanal *gegen* die Gehäusewand, d.h. *gegen* „Erde" oder ein anderes in Ruhe befindliches Beobachtungssystem „geschaltet", siehe die elektrische Ersatzschaltung im Bild 6.7. Der Reibungswiderstand r erscheint infolge der Widerstandsreziprozität als reziproker Widerstand $1/r$ (**Mitgang**). Er beschreibt die Reibungsverluste, die bei der Verschiebung der Gas- oder Flüssigkeitsmenge entlang der Kanalwände entstehen. Desweiteren sind durch ihn etwaige Verluste durch Wirbelbildung an den Kanalmündungen berücksichtigt. Die **mechanische Masse** beträgt

$$m = \varrho_- \cdot V = \varrho_- \cdot \left[l + \frac{\pi}{2} \cdot R\right] \cdot S,$$

und die **mechanische Nachgiebigkeit** ist

$$n_{1,2} = \frac{V_{1,2}}{\varrho_- \cdot c^2 \cdot S^2}.$$

S = Fläche der Öffnung, durch die die Anregung erfolgt.

In der **Akustik** mißt man bei **Gasen** und **Flüssigkeiten** i.a. stets den **Schalldruck** p und nicht die **Kraft** F. Es empfiehlt sich daher für die elektrische Ersatzschaltung die Analogie 1 zu verwenden, siehe Bild 6.7. –

Die **akustische Masse** des **Tonraumes** ist

$$\mathfrak{M} = \frac{m}{S^2} = \frac{\varrho_- \cdot \left[l + \frac{\pi}{2} \cdot R\right]}{S},$$

und die **akustische Nachgiebigkeit** des eingeschlossenen Hohlraumvolumens beträgt

$$\mathfrak{N} = n \cdot S^2 = \frac{V}{\varrho_- \cdot c^2}.$$

Wie aus beiden Ersatzschaltbildern zu ersehen ist, sind die **Federwirkungen** der **Volumina 1** und **2 parallel** geschaltet. Die gesamte Federwirkung ist **dabei**

$$\mathfrak{N} = \frac{\mathfrak{N}_1 \cdot \mathfrak{N}_2}{\mathfrak{N}_1 + \mathfrak{N}_2}, \quad \text{bzw.} \quad n = \frac{n_1 \cdot n_2}{n_1 + n_2}$$
$$= \frac{1}{\varrho_- \cdot c^2 \cdot S^2} \cdot \frac{V_1 \cdot V_2}{V_1 + V_2}.$$

Die Resonanzfrequenz ist gegeben durch die Beziehung:

$$\omega_0^2 = \frac{1}{\mathfrak{M} \cdot \mathfrak{N}} = \frac{1}{m \cdot n} = \frac{c^2 \cdot S}{l + \frac{\pi}{2} \cdot R} \cdot \frac{V_1 + V_2}{V_1 \cdot V_2}$$

6.5.3. Helmholtz-Resonator

Nimmt man an, daß **einer** der **beiden Hohlräume** des Tonraumes **unendlich** groß sei, so bekommt man ein Resonatorgebilde, wie es seinerzeit **Helmholtz** für seine Klanganalysen benutzt hat, siehe Bild 6.8. Der Resonator – man bezeichnet ihn auch als **Helmholtz-Resonator** – besteht aus einer **Hohlraum-Masse** und einer **Hohlraum-Feder**. Die Resonanzfrequenz kann mit Hilfe der Hohlraum-Abmessungen berechnet werden:

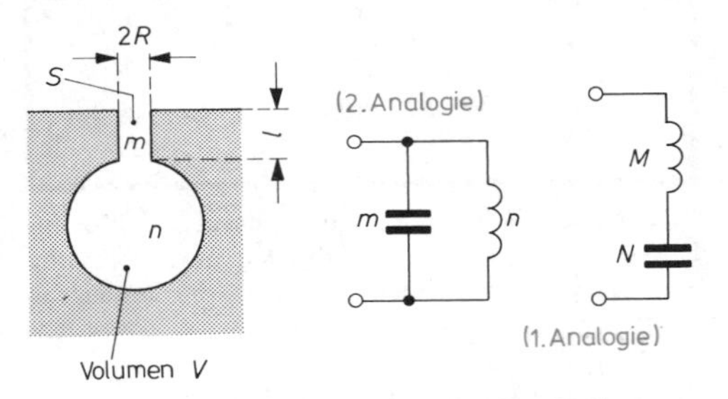

Bild 6.8. Der Helmholtz-Resonator und seine elektrischen Ersatzschaltungen nach den Analogien 2 und 1

$$\omega_0^2 = \frac{1}{\mathfrak{M} \cdot \mathfrak{N}} = \frac{1}{m \cdot n}$$

$$f_0 = \frac{c}{2\pi} \cdot \sqrt{\frac{S}{V\left[l + \frac{\pi}{2} \cdot R\right]}}$$

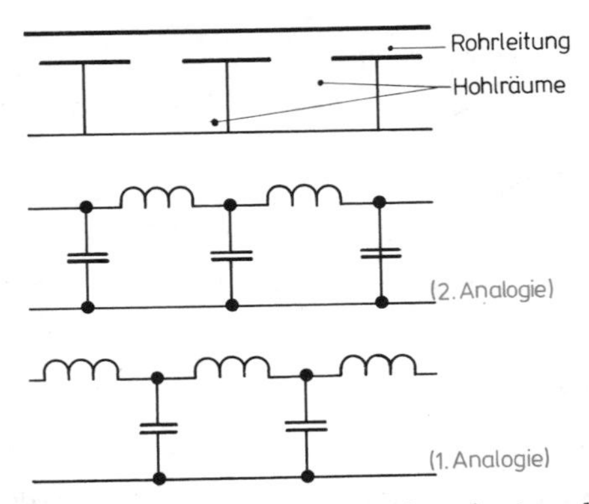

Bild 6.9. Akustischer Tiefpaß und seine elektrischen Ersatzschaltungen nach den Analogien 2 und 1

Bringt man einen Helmholtz-Resonator seitlich an eine schalleitende Rohrleitung an, so wirkt er bei seiner Resonanzfrequenz wie eine Öffnung, die unendlich groß ist. Sämtliche Bewegungsgrößen werden seitlich abgeleitet, der Schalldruck verschwindet. – Helmholtz-Resonatoren verwendet man in der Praxis beispielsweise zur **Abstimmung von elektroakustischen Wandlern,** siehe Abschnitt 7. –

6.5.4. Akustische Siebketten

Durch eine sinnvolle **Aneinanderreihung** von **Hohlraum-Massen** und **Hohlraum-Federn** erhält man **akustische Siebketten.** Das Bild 6.9. zeigt als Beispiel einen **akustischen Tiefpaß.**

Solche Siebketten besitzen ihre Filtereigenschaften nur solange, bis die Rohr- und Hohlraumabmessungen klein gegenüber $\lambda/4$ sind. Bei sehr hohen Frequenzen ist diese Bedingung nicht mehr erfüllbar. Außerdem beginnt hier bereits die Laufzeit von der Mitte der Rohrleitung bis zu den Filteröffnungen eine Rolle zu spielen. –

Akustische Siebketten benutzt man in der Praxis z.B. zur **Schalldämpfung** in **Belüftungskanälen** oder in **Auspuffanlagen von Kraftfahrzeugen;** die störenden Geräusche werden dabei gedämpft, während der Auspuff-**Gleichstrom** ungehindert hindurchgelassen wird. –

6.5.5. Konstruktion von elektrischen Ersatzschaltungen für umfangreichere mechanische Schwingungsgebilde – erläutert an einem praktischen Beispiel

Liegt ein mechanisches Schwingungsgebilde vor, das aus einer Vielzahl von Massen, Federn und Reibungswiderständen besteht, die sowohl parallel als auch in Serie geschaltet sein können, so sollte vor Beginn jeglicher Analogiebetrachtungen zunächst die den schwingungstechnischen Sachverhalt richtig wiedergebende mechanische Schaltungsanordnung konstruiert werden, siehe Bild 6.10.a). Im nächsten Schritt empfiehlt es sich, diese Anordnung so umzuzeichnen, daß man Reihen- und Parallelschaltungen deutlich voneinander unterscheiden kann, siehe Bild 6.10.b).

Entsprechend der jeweils vorliegenden Aufgabenstellung ist nunmehr zu entscheiden, welche der beiden elektromechanischen Analogien für die Umwandlung des mechanischen Gebildes in sein äquivalentes elektrisches Ersatzschaltbild am zweckmäßigsten anzuwenden ist. Für das in Bild 6.10.a) bzw. b) dargestellte Schwingungsgebilde soll nachfolgend die Umwandlung unter Anwendung beider Analogien schrittweise durchgeführt und erläutert werden:

1. Analogie

Nach Analogie 1 entspricht der Kraft F_1 die elektrische Spannung u_1. Die Umwandlung erfolgt *widerstandsgetreu*, und sie ergibt stets eine *duale Schaltung*. Das bedeutet, daß aus den beiden mechanischen Parallelschwingkreisen (m_1, n_1, r_1) und (m_3, n_3, r_3) elektrisch die beiden Serienschwingkreise (L_1, C_1, R_1) und (L_3, C_3, R_3) entstehen. Aus der mechanischen Parallelschaltung von n_2 und r_2, die mit dem Schwingkreis (m_3, n_3, r_3) mechanisch in Serie liegt, entsteht dabei die elektrische Serienschaltung (C_2, R_2), die dem elektrischen Serienschwingkreis (L_3, C_3, R_3) parallelgeschaltet ist.

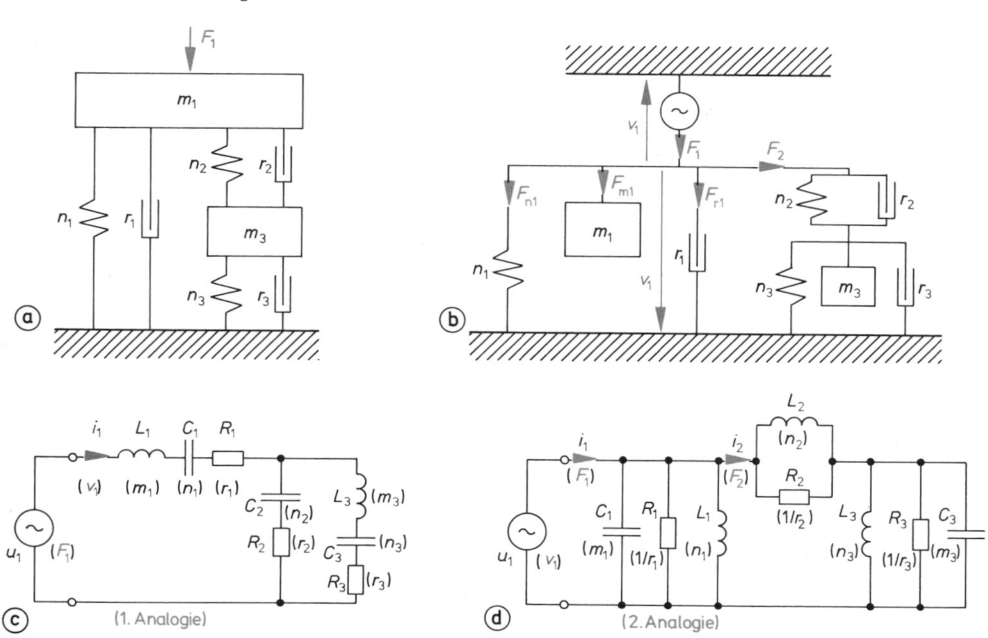

Bild 6.10.
a) Ein gegebenes Schwingungsgebilde (z.B. ein künstliches Mastoid) und
b) dessen mechanisches Schaltbild.
c) und d) Dazugehörige elektrische Ersatzschaltbilder nach den Analogien 1 und 2.

2. Analogie

Nach Analogie 2 entspricht der Kraft F_1 der elektrische Strom i_1. Die Umwandlung erfolgt *schaltungsgetreu*, jedoch *widerstandsreziprok*. Das bedeutet, daß aus den beiden mechanischen Parallelschwingkreisen (m_1, n_1, r_1) und (m_3, n_3, r_3) auch elektrisch zwei Parallelschwingkreise (L_1, C_1, R_1) und (L_3, C_3, R_3) entstehen, wobei aber wegen der Widerstandsreziprozität darauf zu achten ist, daß R_1 und R_3 den Kehrwerten $1/r_1$ und $1/r_3$ entsprechen. Aus der mechanischen Parallelschaltung von n_2 und r_2, die mit dem Schwingkreis (m_3, n_3, r_3) mechanisch in Serie liegt, entsteht die elektrische Parallelschaltung (L_2, R_2), die mit dem elektrischen Parallelschwingkreis (L_3, C_3, R_3) in Serie geschaltet ist. Auch hierbei ist darauf zu achten, daß wegen der Widerstandreziprozität R_2 dem Kehrwert $1/r_2$ entspricht.

7. Elektroakustische Wandler

Unter **elektroakustischen Wandlern** (auch: **Schallwandler** genannt) versteht man ganz allgemein Systeme, die Schallenergie in elektrische Energie und umgekehrt elektrische Energie in Schallenergie umzuwandeln vermögen; die ersteren bezeichnet man als **Schallempfänger**, die letzteren als **Schallsender**. Die Umwandlung erfolgt normalerweise unter **Zwischenschaltung** eines **schwingfähigen mechanischen Systems**, dessen Hauptbestandteil in nahezu allen Fällen eine **Membran** ist. Dieses mechanische System wird bei Schallempfängern durch ein Schallfeld, bzw. bei Schallsendern durch elektrische oder magnetische Kräfte zu erzwungenen Schwingungen angeregt.

7.1. Einteilung der elektroakustischen Wandler

Der Vorgang der **Umwandlung** kann in **zwei Teile** gegliedert werden:

a) **Umwandlung** von **Schallenergie** in **mechanische Energie** (oder umgekehrt) – und

b) **Umwandlung** von **mechanischer Energie** in **elektrische Energie** (oder umgekehrt)

Zu a):

Beim **Schallempfänger** wird das mechanische System durch ein Schallfeld angeregt. Hierbei ist zu unterscheiden, ob die auf das mechanische System einwirkende Kraft unmittelbar vom **Schalldruck** oder aber vom **Schalldruckgefälle (Schalldruckgradient)** abhängt. Man spricht demzufolge entweder von einem **Druckempfänger** oder aber von einem **Druckgradientenempfänger**. –

Beim **Schallsender** wird das mechanische System durch elektrische oder magnetische Kräfte in Schwingungen versetzt. Von der Energie dieser mechanischen Schwingungen soll der Schallsender möglichst viel in Form von Schall abstrahlen.

Zu b):

Für die Umwandlung von mechanischer in elektrische Energie (oder umgekehrt) gibt es verschiedene Möglichkeiten. Hinweisend auf die Art dieses zweiten Energieumwandlungsschrittes unterteilt man generell die elektroakustischen Wandler nach demjenigen elektrischen oder magnetischen Vorgang, der unmittelbar eine Kraft auf das mechanische System ausübt (**Schallsender**), oder umgekehrt durch die Bewegung des mechanischen Systems hervorgerufen wird (**Schallempfänger**). – Diese Einteilung, nämlich nach der Art der mechanisch-elektrischen Umwandlung, kennzeichnet die Hauptmerkmale der verschiedenen elektroakustischen Wandler am besten. In der Praxis unterscheidet man daher zwischen

elektromagnetischen,
elektrodynamischen,
magnetostriktiven,
elektrostatischen
und **piezoelektrischen**

Schallwandlern. –

Die **Schallempfänger** werden darüber hinaus noch danach beurteilt, welcher mechanischen Bewegungsgröße die erzeugte elektrische Größe entspricht, nämlich entweder dem **Ausschlag** oder der **Geschwindigkeit**. Richtet sich die elektrische Größe nach dem **Ausschlag** des mechanischen Systems, so spricht man von einem **Elongationsempfänger (Elongationsmikrofon)**; folgt dagegen die elektrische Größe der **Geschwindigkeit**, so handelt es sich um einen **Geschwindigkeitsempfänger (Geschwindigkeitsmikrofon)**. –

Schallwandler, die in beiden Richtungen, d. h. sowohl als Sender als auch als Empfänger betrieben werden können, heißen **reversible Wandler**. Ist ein Schallwandler nur in einer Richtung betriebsfähig, wie das z. B. beim **Kohlemikrofon in Fernsprechern** oder beim **Transistormikrofon** der Fall ist, so bezeichnet man ihn als **irreversibel**.

Die irreversiblen Wandler üben lediglich eine **Steuerung** aus, wobei die von ihnen abgegebene Energie aus einer gesonderten Quelle stammt. Die zur Bewegung des Steuerorgans benötigte Energie wird dem Schallfeld entzogen. Man bezeichnet Wandler dieser Art auch als **aktive Wandler.** – Die reversiblen Wandler heißen dementsprechend auch **passive Schallwandler.** Qualitäts-Schallwandler arbeiten i.a. stets nach dem Prinzip der reversiblen oder passiven Wandler.

7.2. Wandler-Prinzipe reversibler Schallwandler

7.2.1. Elektromagnetische Wandler

Das **elektromagnetische Wandler-Prinzip** ist seit dem Jahre 1875 bekannt, und zwar durch **A. G. Bell** (1847–1922). **Elektromagnetische Schallwandler** bestehen aus einem **Permanentmagneten** mit (mindestens) einer **Wicklung** und einem beweglichen **Anker** aus Weicheisen, der i.a. mit einer **Membran** mechanisch gekoppelt ist. Die aus dem Magneten und dem Anker gebildete Anordnung stellt einen **magnetischen Kreis** dar, der durch einen **Luftspalt** von der Breite s unterbrochen ist, siehe Bild 7.1. $\left[s = 2 \cdot \frac{s}{2}\right]$. Bezeichnet man mit Φ_- den **magnetischen (Gleich-)Fluß** des gesamten Kreises, so beträgt die **Kraft,** mit der der Anker angezogen wird

$$F_- = (-)\frac{\Phi_-^2}{\mu_0 \cdot S}.$$

S = wirksame Fläche im Luftspalt

μ_0 = **Permeabilität des leeren Raumes** (auch: Induktionskonstante)

Fließt durch die Wicklung ein Wechselstrom i mit der Frequenz $f = \omega/2\pi$, so erfolgt die Anziehung des Ankers und damit auch der Membran mit einer sich periodisch ändernden Kraft. Der gesamte magnetische Fluß Φ, der jetzt sowohl vom Magneten als auch von der stromdurchflossenen Spule herrührt, setzt sich aus einem **Gleichfluß** Φ_- und einem **Wechselfluß** $\Phi_\sim = \hat{\Phi} \cdot \sin \omega t$ zusammen

$$\Phi = \Phi_- + \hat{\Phi} \cdot \sin \omega t\,.$$

Die daraus resultierende **momentane Kraft** beträgt

$$F = \frac{(\Phi_- + \hat{\Phi} \cdot \sin \omega t)^2}{\mu_0 \cdot S}$$

$$= \frac{1}{\mu_0 \cdot S} \cdot (\Phi_-^2 + 2 \cdot \Phi_- \cdot \hat{\Phi} \cdot \sin \omega t + \hat{\Phi}^2 \cdot \sin^2 \omega t).$$

Das erste Glied in dieser Gleichung stellt die konstante Anziehungskraft des Permanentmagneten dar. Das zweite Glied gibt die Kraft an, die sich mit der Frequenz ω des Spulenstromes periodisch ändert. Das letzte Glied weist darauf hin, daß noch eine weitere Wechselkraft wirksam ist, die sich

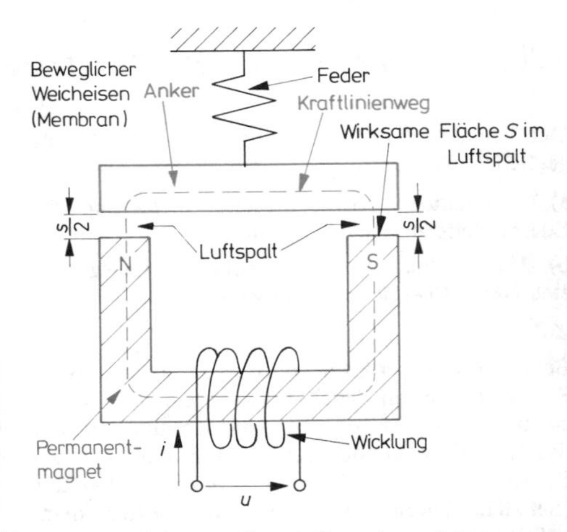

Bild 7.1. Prinzipieller Aufbau eines elektromagnetischen Schallwandlers

mit der **doppelten Frequenz** (2ω) ändert. Durch diese letzte Wechselkraft-Komponente entstehen **nichtlineare Verzerrungen.** – Wählt man die **Vormagnetisierung** Φ_- des Permanentmagneten so hoch, daß $\Phi_- \gg \hat{\Phi}$ ist, so kann man das die Verzerrungen verursachende Glied in der obigen Gleichung vernachlässigen, und die Ankerbewegung erfolgt somit ausschließlich mit einer **Wechselkraft**

$$F_{(\omega)} = 2 \cdot \frac{\Phi_- \cdot \hat{\Phi}}{\mu_0 \cdot S} \cdot \sin \omega t = 2 \cdot \frac{\Phi_- \cdot \Phi_\sim}{\mu_0 \cdot S},$$

bzw.

$$F = \frac{2 \cdot n \cdot \Phi_{-} \cdot i}{s + \frac{l}{\mu_{Fe}}} \approx \frac{2 \cdot n \cdot \Phi_{-}}{s} \cdot i,$$

n = Windungszahl der Wicklung

l = mittlere Länge des Eisenweges

μ_{Fe} = **relative Permeabilität** im Eisenweg

in der nur die Frequenz ω des Spulenstromes enthalten ist. – Die letzte Gleichung bezeichnet man auch als das **Kraftgesetz des elektromagnetischen Schallsenders (Sendergesetz)**. –

Wird nun umgekehrt die Membran und damit auch der Anker durch das Schallfeld in Bewegung versetzt, und zwar mit der Geschwindigkeit v

$$v = \frac{ds/2}{dt} = \frac{1}{2} \cdot \frac{ds}{dt},$$

so wird in der Spulenwicklung eine Wechselspannung u

$$u = (-)\, n \cdot \frac{d\Phi_{-}}{dt} = n \cdot 2 \cdot \frac{d\Phi_{-}}{ds} \cdot v,$$

bzw.

$$u = 2 \cdot n \cdot \frac{\Phi_{-}}{s + \frac{l}{\mu_{Fe}}} \cdot v \approx \frac{2 \cdot n \cdot \Phi_{-}}{s} \cdot v$$

induziert, die der zeitlichen Änderung der Luftspaltbreite, d.h. der **Auslenkungsgeschwindigkeit** v der Membran proportional ist. – Die letzte Gleichung bezeichnet man auch als das **Ausschlaggesetz des elektromagnetischen Schallempfängers (Empfängergesetz)**. –

Bringt man einen elektromagnetischen Schallempfänger in ein Schallfeld, so ist die in seiner Wicklung induzierte Wechselspannung um so höher, je größer die Gleichfeld-Vormagnetisierung Φ_{-} des magnetischen Kreises ist. Die Höhe des magnetischen Gleichflusses kann allerdings nicht beliebig gesteigert werden, da sonst der Anker und mit ihm die Membran an den Polen des Permanentmagneten „anschlägt" und von diesen festgehalten wird. – Ohne ein permanentes Magnetfeld arbeiten elektromagnetische Wandler nicht.

Elektromagnetische Schallwandler haben den Vorteil, daß sie sich mit **relativ gutem Wirkungsgrad** herstellen lassen. Aus diesem Grunde wird das elektromagnetische Prinzip nicht nur bei Fernsprechhörern benutzt, sondern auch bei **Subminiatur-Mikrofonen** und **-Hörern**. –

Einige prinzipielle Ausführungsformen von elektromagnetischen Schallwandlern sind im Bild 7.2. dargestellt. – Beim **rotationssymmetrischen System** und beim **Doppeljochsystem** wird der magnetische Kreis über einen Weicheisen-Anker und die Membran geschlossen. – Beim **Vierpolsystem** geht nur der Wechselfluß durch das bewegliche Element, nämlich durch den **Zungenanker**. Der drehbare Zungenanker befindet sich im Nullzweig einer **magnetischen Brückenschaltung** und wird daher vom Gleichfluß nicht durchflossen. Es entfällt damit die Möglichkeit einer magnetischen Sättigung, und man kann die Zunge sehr dünn und leicht ausführen. Schallwandler nach dem Vierpolsystem lassen sich außerordentlich klein aufbauen.

Die Membranen von Schallsendern werden bei tiefen Frequenzen besonders weit ausgelenkt, so daß man den Luftspalt von **elektromagnetischen Lautsprechern** sehr breit machen müßte, um ein „Anschlagen" des Ankers an den Polschuhen des Permanentmagneten zu vermeiden. Man schuf daher seinerzeit das **Freischwingersystem**, bei dem der Anker nicht anschlagen kann, siehe Bild 7.2.c). Bei größeren Amplituden ist das Magnetfeld, in dem der Anker schwingt, allerdings nicht mehr homogen, so daß Verzerrungen die Folge sind. –

7.2.2. Elektrodynamische Wandler

Der **elektrodynamische Schallwandler** besteht im Prinzip aus einem **feststehenden permanenten Magnetfeld** und einem darin **beweglichen Leiter** (siehe Bild 7.3.), der in der Praxis entweder zu einer **Schwingspule** aufgewickelt ist oder aber aus einer leichten **Metallfolie** besteht. Man vermeidet bei diesem Wandlerprinzip den Umweg über die Erzeugung eines magnetischen Wechselflusses in einem Eisenkern. Inhomogenitäten des Magnetfeldes, wie sie bei der Bewegung eines Ankers entstehen können (z.B. bei Luftspaltänderungen), treten hier nicht in Erscheinung. Sorgt man konstruktiv dafür, daß der bewegliche Leiter auch bei den größten noch auszuführenden Amplituden im homogenen Teil des permanenten Magnetfeldes bleibt, so lassen sich nach diesem Wandler-

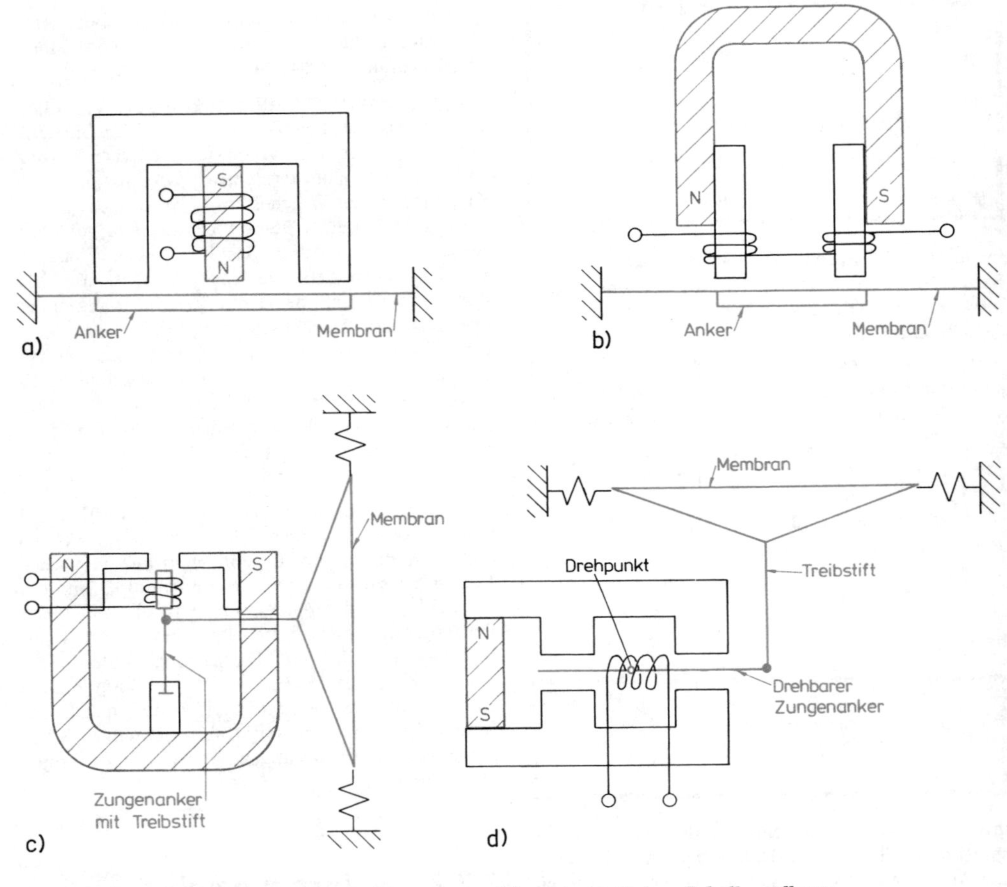

Bild 7.2. Verschiedene Ausführungsformen von elektromagnetischen Schallwandlern:

a) Rotationssymmetrisches System, *c) Freischwinger,* N S *Permanentmagnet*

b) Doppeljochsystem, *d) Vierpolsystem* *Weicheisen*

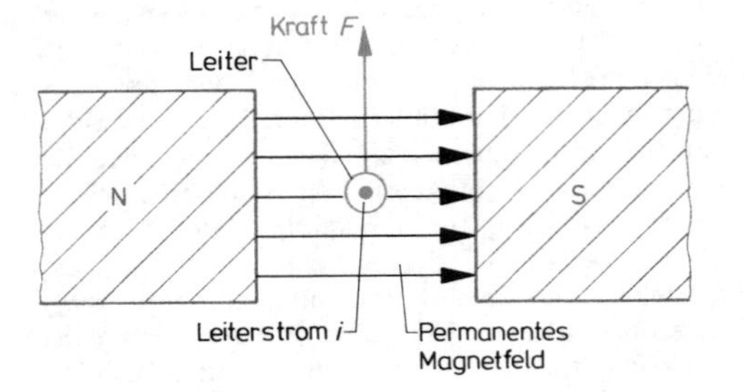

Bild 7.3. Funktionsprinzip eines elektrodynamischen Schallwandlers

prinzip **besonders verzerrungsarme Schallwandler** aufbauen. –

Die Gesetze des **elektrodynamischen Schallwandlers** sind **streng linear**: Das **Sendergesetz**

$$F = B \cdot l \cdot i$$

B = Magnetfeld-Induktion

l = Leiterlänge

zeigt eine **lineare Abhängigkeit** der **(Wechsel-) Kraft F vom (Wechsel-)Strom i.** –

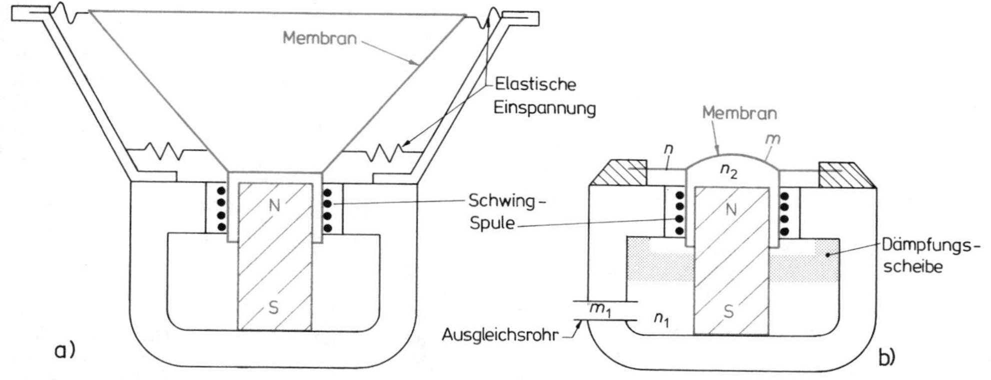

Bild 7.4. Praktische Ausführungen elektrodynamischer Schallwandler:
a) Dynamischer Lautsprecher,
b) Dynamisches Tauchspul-Mikrofon

Wird der Leiter mit der Geschwindigkeit v im Magnetfeld bewegt, so wird in ihm die (Wechsel-) Spannung u

$$u = B \cdot l \cdot v$$

induziert. Zwischen der **induzierten Spannung** u und der **Geschwindigkeit** v der Bewegung besteht ebenfalls ein **linearer Zusammenhang.** – Die letzte Gleichung beschreibt das **Empfängergesetz des elektrodynamischen Schallwandlers.** –

Bei den meisten praktischen Ausführungen besteht der bewegliche Leiter aus einer Schwingspule, die schwingfähig aufgehängt in einen Topfmagneten hineintaucht, siehe Bild 7.4. Unmittelbar an der Schwingspule ist die Membran befestigt.

Das **Tauchspulmikrofon** ist ein **Schalldruckempfänger.** Die von ihm abgegebene elektrische Signalspannung wäre ohne zusätzliche Maßnahmen sehr stark frequenzabhängig, siehe Bild 7.5.

Um innerhalb eines vorgegebenen Frequenzbereichs nahezu frequenzunabhängige Übertragungseigenschaften zu erzielen, ist eine **Frequenzgang-Korrektur** erforderlich. Die **Resonanzüberhöhung,** die von der **Membranmasse** m und ihrer **Einspann-Nachgiebigkeit** n herrührt, läßt sich durch einen sinnvoll angebrachten Reibungswiderstand (**Dämpfungsscheibe** hinter der Schwingspule im Inneren des Topfmagneten; z.B. aus Filz) dämpfen, siehe Bild 7.4.b). Außerdem kann die Übertragungskurve unterhalb und oberhalb der Eigenresonanz $\left[\frac{1}{\sqrt{m \cdot n}}\right]$ durch je einen entsprechend **abgestimmten Helmholtz-Resonator** angehoben werden: Die **Luftpolster-Nachgiebigkeit** n_1 ergibt mit der **Hohlraum-Masse** m_1 eines zusätzlich eingesetzten **Ausgleichsrohres** einen tieffrequent abgestimmten Resonator, während die **Luftpolster-Nachgiebigkeit**

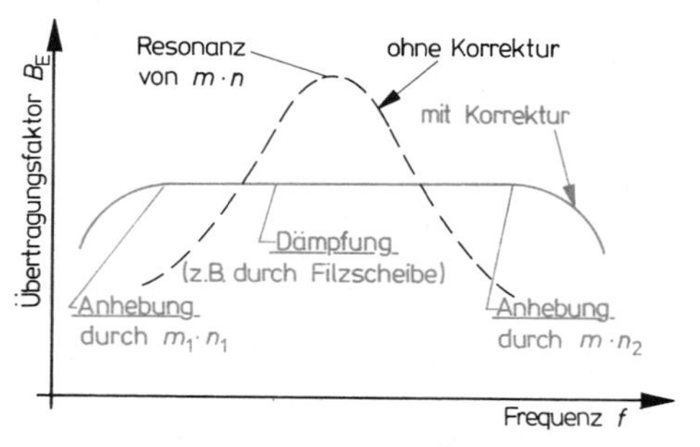

Bild 7.5. Frequenzgang des Übertragungsfaktors $B_E = u/p$ (= Mikrofonspannung u pro Schalldruck p; siehe auch Abschnitt 7.3.) eines Tauchspulmikrofons (schematisiert)

n_2 mit der **Membranmasse** m einen Resonator ergibt, dessen Abstimmung im höherfrequenten Bereich liegt. Das Luftpolster n_2 ist einerseits durch die Membran und andererseits durch die Dämpfungsscheibe räumlich abgeschlossen. Die Dämpfungsscheibe wirkt bei hohen Frequenzen wie eine schallundurchlässige Wand. – Man bekommt auf diese Weise eine **breitbandige** und annähernd **geradlinige Übertragungskurve**, siehe Bild 7.5. (rote Darstellung).

Nach dem Tauchspul-Prinzip gibt es auch **Zweiwegmikrofone** mit getrennten Hoch- und Tieftonsystemen, frequenzunabhängiger Richtungscharakteristik und geradlinigem Frequenzgang über den gesamten Hörbereich. –

Zu den dynamischen Schallwandlern gehört auch das **Bändchenmikrofon**, siehe Bild 7.6. Es wurde 1924 von **E. Gerlach** entwickelt. Der bewegliche elektrische Leiter übernimmt in diesem Falle

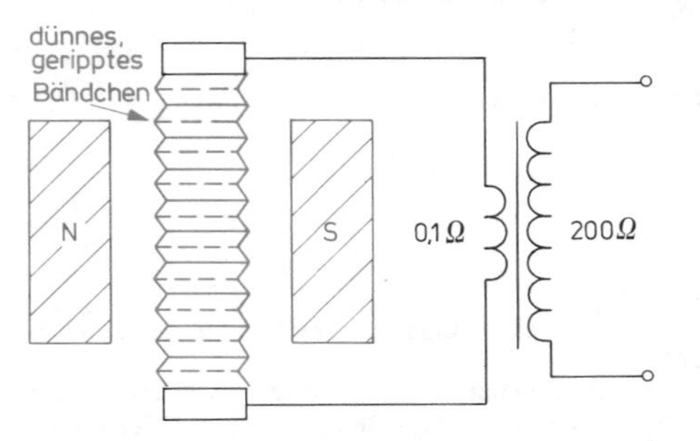

Bild 7.6. Prinzipieller Aufbau eines Bändchenmikrofons. – Die Impedanz des Bändchenmikrofons ist außerordentlich niedrig (etwa 0.1 Ω). Sie wird daher in der Praxis mit Hilfe eines Übertragers auf 200 Ω übersetzt

gleichzeitig die Funktion der Membran. Er besteht aus einem dünnen, leichten Metallbändchen – meist aus Aluminium – das zwischen den Polen eines Permanentmagneten hängt. Das Bändchenmikrofon ist ein **Geschwindigkeitsempfänger**. Die im Bändchen induzierte elektrische Spannung u ist der Geschwindigkeit v der Bändchenbewegung proportional; sie ist außerdem frequenzunabhängig, sofern das Bändchen **massegehemmt** schwingt:

Die Kraft F, die das Bändchen bewegt, nimmt mit ω zu. Die sich einstellende **Geschwindigkeit** v ist aber nur dann **frequenzunabhängig**, wenn man dafür sorgt, daß diese Kraft ausschließlich auf die Bändchen**masse** m zur Wirkung kommt und dieselbe beschleunigt.

$$F = m \cdot \frac{\mathrm{d}v}{\mathrm{d}t} = \mathrm{j}\omega m \cdot v, \quad \text{bzw.} \quad v = \frac{F\,(\sim \omega)}{\mathrm{j}\omega m}$$

Der Einfluß der Kraft auf die Nachgiebigkeit und den Reibungswiderstand des Bändchensystems muß dabei vernachlässigbar klein bleiben. Man bezeichnet das als **Massehemmung**. Diese Bedingung ist **oberhalb der Eigenresonanz** ω_0 des Bändchensystems erfüllt. Bändchenmikrofone arbeiten daher stets **tiefabgestimmt**; ihre Eigenresonanz liegt unterhalb der untersten noch zu übertragenden Signalfrequenz. Das Bändchen darf deswegen auch nicht zu straff gespannt sein. –

Normalerweise werden beide Seiten des Mikrofonbändchens dem Schalldruck des Schallfeldes ausgesetzt, so daß die auf das Bändchen wirkende Kraft dem Druckgradienten proportional ist. Bändchenmikrofone werden infolgedessen oft auch als **Druckgradientenempfänger** bezeichnet. Mit dieser Bezeichnungsweise wird die Ursache der Bändchenbewegung gekennzeichnet, nicht aber die eigentlich empfangene Größe, denn grad $p \neq v$!

Schließt man die Rückseite des Bändchenmikrofons nach hinten ab, so daß der Schalldruck des Schallfeldes nur von einer Seite auf das Bändchen wirkt, so erhält man einen **Schalldruckempfänger**. – Bändchenmikrofone sind vom Gewicht her i.a. schwerer und nicht so stoßunempfindlich wie Tauchspulmikrofone.

7.2.3. Magnetostriktive Wandler

Ferromagnetische Körper, die in ein Magnetfeld gebracht werden, erfahren eine Längenänderung. Ein Nickelstab z.B. verkürzt sich; andere ferromagnetische Materiale wiederum werden länger. Diesen Effekt beobachtete erstmals **J. P. Joule** (1818–1889) im Jahre 1847. – Etwa 20 Jahre danach entdeckte **E. Villari** den umgekehrten Vorgang: Die Magnetisierung eines ferromagnetischen Körpers ändert sich, sobald an ihm Kräfte angreifen, die eine Längenänderung verursachen. Umschließt man einen solchen Körper mit einer Spule, so wird in dieser dabei eine elektrische Spannung induziert, deren Höhe ein Maß für die Längenänderung ist. – Man faßt diese Erscheinungen zusammen unter der Bezeichnung: **Magnetostriktiver Effekt** oder **Magnetostriktion**. Das Zustandekommen der Magnetostriktion beruht auf Änderungen von „intermolekularen Luftspalten" im Inneren des jeweiligen ferromagnetischen Materials.

Magnetostriktive Längenänderungen werden u.a. zum Bau von elektroakustischen Wandlern ausgenutzt. Die relativen Längenänderungen selbst sind zwar außerordentlich klein ($\Delta l/l \approx 10^{-6}$), dafür können die auftretenden Kräfte jedoch sehr groß werden. **Magnetostriktive Schallwandler** finden daher ihren hauptsächlichen Einsatz im Bereich des **Unterwasserschalls,** z. B. beim Fischfang mit **Echolot.**

Als Material verwendet man vorwiegend Nickel, sowie Legierungen aus Nickel-Eisen, Nickel-Kupfer oder Eisen-Kobalt. Mit magnetostriktiven Schallwandlern erreicht man ungewöhnlich hohe elektroakustische Wirkungsgrade ($\geq 90\%$). Der Frequenzbereich, in dem magnetostriktive Wandler arbeiten, liegt zwischen etwa 10 und 500 kHz, d.h. im Ultraschallgebiet. Bei noch höheren

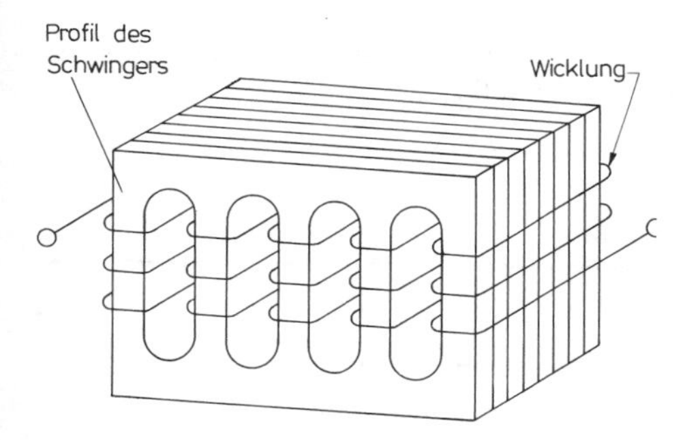

Bild 7.7. Magnetostriktiver Schwinger

Frequenzen geht der Vorteil des hohen Wirkungsgrades infolge zunehmender Wirbelstromverluste verloren. – Zur Herabsetzung von Wirbelstromverlusten verwendet man für **magnetostriktive Schwinger Pakete** aus **dünnen, geschichteten Blechen,** siehe Bild 7.7. Es werden aber auch **Ferrite** für den Aufbau magnetostriktiver Wandler verwendet. Sie haben den Vorteil, daß sie in nahezu beliebigen Formen herstellbar sind. Da Ferrite außerdem einen hohen spezifischen Widerstand besitzen, entfällt jegliche Lamellierung.

Bei magnetostriktiven Schwingern erzielt man die größtmöglichen Schwingungsamplituden, wenn die jeweiligen Schwinger in ihrer tiefsten mechanischen Eigenfrequenz angeregt werden. – Da die Eigenfrequenz durch die Abmessungen des Blechpaketes gegeben ist, richtet sich die Auswahl der Bleche nach der vorgesehenen Schwingfrequenz.

Die Magnetostriktion findet physikalisch ihre Analogie in der **Piezoelektrizität.** Von der Funktion her jedoch sind die magnetostriktiven Wandler vergleichbar mit den elektromagnetischen Schallwandlern: Die magnetostriktive Längenänderung ist nämlich ebenfalls proportional dem Quadrat der Magnetisierung. Die einer direkten Messung nicht zugänglichen *intermolekularen Luftspalte* kann man sich durch einen **einzigen fiktiven Luftspalt** s' ersetzt denken, den man über die Induktivität L der Wicklung wie folgt ausdrücken kann:

$$L = n^2 \cdot A_L = n^2 \cdot \frac{S \cdot \mu_0}{s'}, \quad \text{bzw.}$$

$$s' = \frac{n^2 \cdot S \cdot \mu_0}{L} = \frac{S \cdot \mu_0}{A_L}$$

n = Windungszahl der Wicklung

A_L = Magnetische Leitfähigkeit

Ersetzt man im **Sender-** und im **Empfängergesetz** der **elektromagnetischen Wandler** den Luftspalt $s/2$ (siehe auch Bild 7.1.) durch den Ausdruck für den fiktiven Luftspalt s' des magnetostriktiven Wandlers, so bekommt man das **Sendergesetz**

$$F = \frac{n \cdot \Phi_- \cdot A_L}{S \cdot \mu_0} \cdot i = \frac{n \cdot B_- \cdot A_L}{\mu_0} \cdot i$$

B_- = Induktion der Vormagnetisierung

und das **Empfängergesetz**

$$u = \frac{n \cdot \Phi_- \cdot A_L}{S \cdot \mu_0} \cdot v = \frac{n \cdot B_- \cdot A_L}{\mu_0} \cdot v$$

der magnetostriktiven Schallwandler. –

Voraussetzung für die einwandfreie Funktion eines magnetostriktiven Schallwandlers ist das Vorhandensein einer Gleichvormagnetisierung, ausgedrückt durch den magnetischen Fluß Φ_-, bzw. durch die magnetische Induktion B_-. Wegen der quadratischen Abhängigkeit der Längenänderung von der Magnetisierung muß der Gleichfluß Φ_- sehr viel größer als der Wechselfluß $\Phi_\sim$ sein, um Verzerrungen zu vermeiden.

7.2.4. Elektrostatische Wandler

Elektrostatische Schallwandler (auch: **Dielektrische Wandler**) sind im Prinzip Kondensatoren, die i.a. aus einer sehr dünnen, **schwingfähigen (Membran-)Elektrode** und einer **starren (Gegen-) Elektrode** bestehen, siehe Bild 7.8.

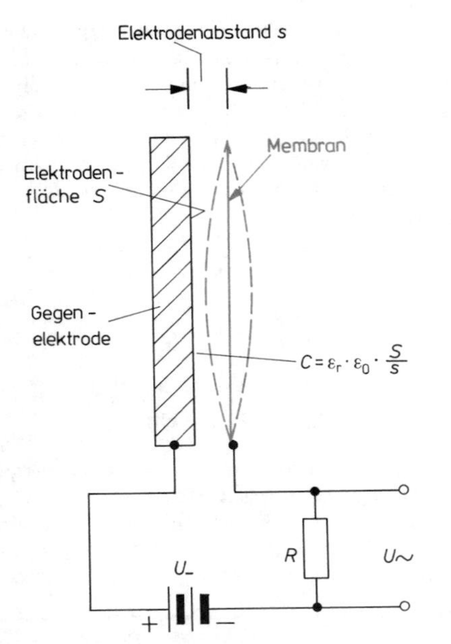

Bild 7.8. Funktionsprinzip eines elektrostatischen Schallwandlers

Beim elektrostatischen Schallsender wirkt auf die Membran die **elektrostatische Kraft**

$$F_{-} = (-)\frac{Q^2}{2 \cdot \varepsilon_r \cdot \varepsilon_0 \cdot S} = \frac{U_{-}^2 \cdot C^2}{2 \cdot \varepsilon_r \cdot \varepsilon_0 \cdot S} = \frac{U_{-}^2 \cdot C}{2 \cdot s}.$$

Q = elektrische **Ladung**
ε_0 = **absolute Dielektrizitätskonstante**
ε_r = **relative Dielektrizitätskonstante**
s = Elektrodenabstand

$$\left[C = \varepsilon_r \cdot \varepsilon_0 \cdot \frac{S}{s}\right]$$

Da die Kraft dem Quadrat der Spannung proportional ist, legt man zur Linearisierung und damit zur Vermeidung von Verzerrungen eine im Verhältnis zur Wechselspannung (z.B.: $u = \hat{U} \cdot \sin \omega t$) möglichst große Gleichspannung U_{-} an die Elektroden der Wandler-„Kapazität" C. Man bekommt damit ähnlich wie beim elektromagnetischen Wandler ein Gleichfeld, das den quadratischen Einfluß nicht mehr zur Wirkung kommen läßt.

Beträgt die gesamte Spannung

$$U = U_{-} + \hat{U} \cdot \sin \omega t\,,$$

so wirkt auf die Membran die **Momentankraft**

$$F = \frac{C}{2 \cdot s} \cdot (U_{-}^2 + 2 \cdot U_{-} \cdot \hat{U} \cdot \sin \omega t + \hat{U}^2 \cdot \sin^2 \omega t).$$

Aus dem zweiten Glied dieser Gleichung läßt sich – in Analogie zum elektromagnetischen Wandler – das **Sendergesetz des elektrostatischen Schallwandlers** ableiten:

$$F_{(\omega)} = \frac{C \cdot U_{-}}{s} \cdot \hat{U} \cdot \sin \omega t = C \cdot E_{-} \cdot u$$

E_{-} = **elektrische (Gleich-) Feldstärke** zwischen Membran und Gegenelektrode

$$u = \hat{U} \cdot \sin \omega t = \frac{i}{j\omega C}\,,$$

bzw.

$$F = \frac{E_{-}}{j\omega} \cdot i$$

Das **Empfängergesetz** bekommt man aus dem Ansatz

$$i = C \cdot \frac{du}{dt} = C \cdot \frac{du}{ds} \cdot \frac{ds}{dt} = C \cdot E_{-} \cdot v$$

$$i = u \cdot j\omega C$$

$$u = \frac{E_{-}}{j\omega} \cdot v.$$

Das j im Nenner des Sender- und Empfängergesetzes deutet lediglich darauf hin, daß die Kraft F gegenüber dem Strom i, bzw. die Spannung u gegenüber der Geschwindigkeit v um 90° nacheilt. – Die von einem elektrostatischen Empfänger abgegebene Signalspannung ist um so größer, je höher die Feldstärke E_{-} ist. –

Die bekanntesten Ausführungsformen von elektrostatischen Wandlern sind Schallwandler nach dem **Sell**'schen Prinzip, sowie **Kondensatormikrofone.**

H. Sell entwickelte 1937 einen elektrostatischen Wandler mit festem, elastischem Dielektrikum: Über eine massive, metallische Gegenelektrode wird eine sehr dünne Folie (5...10 µm) aus einseitig metallisiertem Kunststoff gespannt. Je nach der Oberflächenbeschaffenheit der Gegenelektrode sind mehr oder weniger **mitfedernde Luftpolster**

zwischen ihr und der Membran eingeschlossen. Damit kann die **Abstimmung** und mit ihr der übertragbare Frequenzbereich des **Sell-Wandlers** beeinflußt werden. Bei sehr glatter Oberfläche können Frequenzen bis zu 500 kHz übertragen werden. – In neuerer Zeit werden Sell-Wandler auch mit **elektrisch permanent polarisiertem Dielektrikum** gebaut. Dielektrika dieser Art enthalten ein **permanentes elektrisches Gleichfeld** E_-; man bezeichnet sie als **Elektrete**. Das Anlegen einer zusätzlichen Vorspannung U_- von außen erübrigt sich damit. Zur serienmäßigen Herstellung von Elektreten für elektrostatische Schallwandler eignen sich dielektrische Folien aus bestimmten Kunststoffen, z.B. Polykarbonate, Polyhalogen- Kohlenwasserstoffe, Polysulfone, usw., sowie deren Mischpolymerisate. Die **Folien** werden zunächst auf eine **hohe Temperatur** (z.B.: $\geq 120°$ C) erwärmt und anschließend in einem **starken elektrischen Gleichfeld** (z.B.: $\geq$ 20 kV/cm) **langsam abgekühlt**. Die verbleibende **permanente Polarisation** entspricht einer Vorspannung U_- von etwa 150 bis 200 V. –

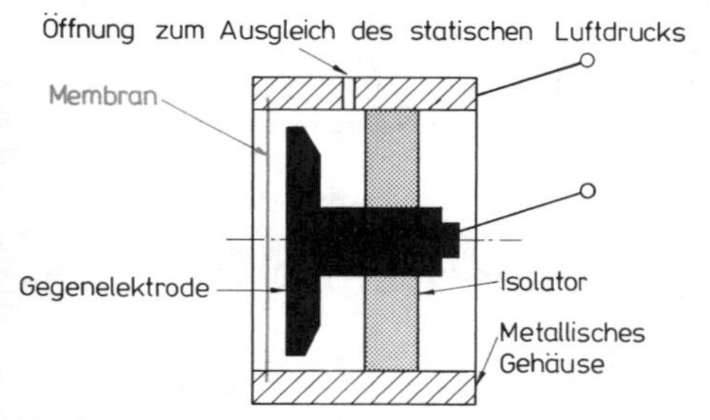

Bild 7.9. Prinzipieller Aufbau eines Kondensatormikrofons

Kondensatormikrofone arbeiten i.a. mit einem Luft-Dielektrikum. Vor einer ebenen Gegenelektrode ist in sehr kleinem Abstand (etwa 20 μm) eine elektrisch leitende, dünne Membran gespannt, siehe Bild 7.9. Wird die Membran durch auftreffenden Schall bewegt, so entstehen Kapazitätsänderungen, die elektrisch bewertet werden:

1. Hochfrequenz-Schaltung. Schaltet man ein Kondensatormikrofon parallel zu einem frequenzbestimmenden Schwingkreis eines HF-Senders, so wird die hochfrequente Senderspannung durch die Kapazitätsänderungen des beschallten Mikrofons **frequenzmoduliert**. Die auf diese Weise modulierte HF kann entweder drahtlos übertragen oder aber auch sofort wieder demoduliert werden.

Eine andere Schaltungsmöglichkeit stammt von **H. Riegger**. Das Kondensatormikrofon liegt in diesem Falle ebenfalls parallel zu einem hochfrequent betriebenen Schwingkreis. Dieser Schwingkreis ist allerdings so abgestimmt, daß die Frequenz des speisenden HF-Generators bei unbeschalltem Kondensatormikrofon auf einer Flanke seiner Resonanzkurve liegt, und zwar auf halber Höhe. Bei Beschallung ändert sich im Rhythmus der Schallfrequenz die Kreiskapazität, d.h. die Eigenfrequenz des Schwingkreises und damit auch die HF-Spannung an demselben. Die hochfrequenten Spannungsänderungen sind um so größer, je steiler die Resonanzkurve verläuft. Bei diesem Verfahren werden die Frequenzänderungen in Amplitudenänderungen überführt. Durch eine nachfolgende (AM-)Demodulation gewinnt man wieder die niederfrequente Signalspannung. –

Die **Hochfrequenz-Schaltung** des Kondensatormikrofons hat gegenüber der anschließend noch erläuterten **Niederfrequenz-Schaltung** den Vorteil, daß keine Vorspannung U_- erforderlich ist. Der Übertragungsfaktor B_E kann erheblich höher liegen, was zu einer Herabsetzung des **Eigen-Rauschpegels** führt. Außerdem erfahren selbst sehr tiefe Frequenzen keine Phasenverzerrungen. – Ein sehr wesentlicher Nachteil der HF-Schaltung liegt allerdings in der leichten Verstimmbarkeit des Schwingkreises. –

2. Niederfrequenz-Schaltung. In der Niederfrequenz-Schaltung (siehe Bild 7.10) wird die Kapazität C des Kondensatormikrofons – sie liegt zwischen etwa 10 und 200 pF – über den Widerstand R auf den Wert der **Vor-** oder **Polarisationsspannung** U_- aufgeladen. Wird das Mikrofon beschallt, so ändert sich im Rhythmus der Schallfrequenz die Mikrofonkapazität und mit ihr der Strom durch den Widerstand R. Der dadurch hervorgerufene **Wechselspannungs**abfall an diesem Widerstand (= Mikrofon-Signalspannung) wird einem nachfolgenden Niederfrequenz-Vorverstärker zugeführt. Damit auch noch sehr tiefe Frequenzen übertragen werden können, müssen der Widerstand R und der Eingangswiderstand R_{Eingang} des nachfolgenden Verstärkers sehr hochohmig ($\geq$ 200 MΩ) sein. Der Vorverstärker ist daher entweder mit einer **Elektronenröhre** oder (neuerdings) mit einem **Feldeffekttransistor** bestückt, siehe Bild 7.10.b). –

Gemäß dem Empfängergesetz nimmt die von einem elektrostatischen Schallempfänger, z.B. einem Kondensatormikrofon in Niederfrequenz-Schaltung, abgegebene elektrische Signalspannung u mit wachsender Schallfrequenz ω ab ($1/\omega$ — Gang,

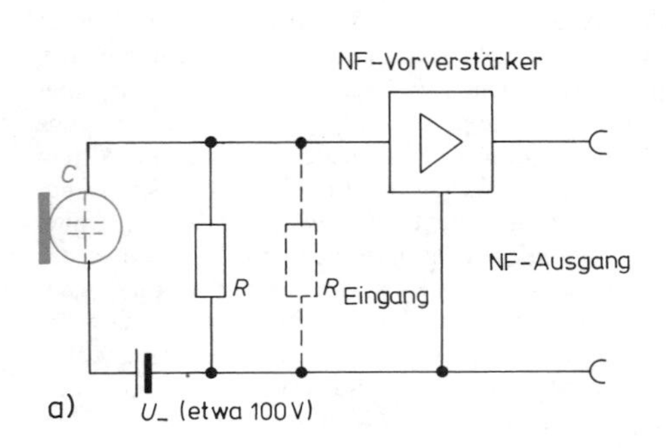

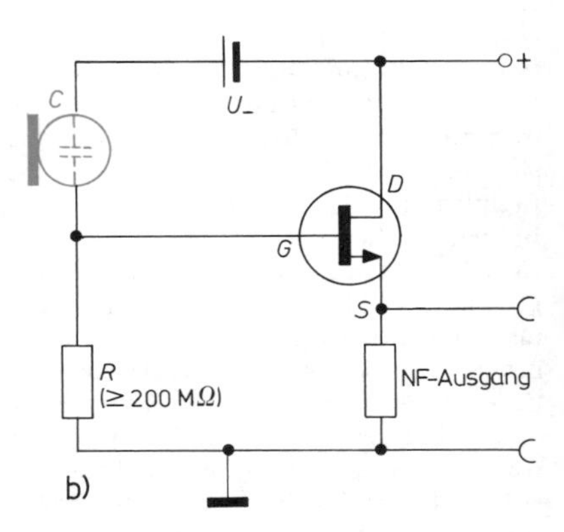

Bild 7.10. Kondensatormikrofon in Niederfrequenz-Schaltung:
a) Prinzipschaltung,
b) Schaltungsbeispiel eines NF-Vorverstärkers für ein Kondensatormikrofon mit einem N-Kanal-Sperrschicht-Feldeffekttransistor in Source-Folger-Schaltung

in Worten: **Eins-durch-Omega-Gang**). Um innerhalb eines vorgegebenen Frequenzbereichs frequenzunabhängige Übertragungseigenschaften zu erzielen, wird die Membran **hochabgestimmt**, d. h. man legt ihre mechanische Eigenresonanz ω_0 oberhalb der höchsten noch zu übertragenden Signalfrequenz. Auf diese Weise wird für alle Frequenzen $\omega \ll \omega_0$ der vom Empfängergesetz her gegebene $1/\omega$-Gang durch den von der **Hochabstimmung** herrührenden ω-Gang (in Worten: **Omega-Gang**) kompensiert:

$$u = \frac{E_-}{\mathrm{j}\omega} \cdot v$$

$$u|_{\omega \ll \omega_0} = \frac{E_-}{\mathrm{j}\omega} \cdot S \cdot p \cdot \mathrm{j}\omega n = E_- \cdot S \cdot p \cdot n, \quad \text{bzw.}$$

$$B_\mathrm{E} = \left.\frac{u}{p}\right|_{\omega \ll \omega_0} = E_- \cdot S \cdot n$$

S = Membranfläche

Der **Übertragungsfaktor** $B_\mathrm{E} = \frac{u}{p}$ (siehe Abschnitt 7.3.) ist somit frequenzunabhängig; die **Membranbewegung** wird hierbei nicht durch die Größe ihrer Masse, sondern durch die Größe ihrer **Nachgiebigkeit** n bestimmt. –

Kleine, nach hinten schalldicht abgeschlossene Kondensatormikrofone mit **hochabgestimmter Membran** sind frequenz- und richtungsunabhängige **Schalldruckempfänger.** In einem Schallfeld (p = const.) gibt ein solcher Empfänger unterhalb seiner Resonanzfrequenz ω_0 eine von ω unabhängige elektrische Signalspannung ab. – Läßt man den Schall von beiden Seiten auf die Membran einwirken, so bekommt man einen **Schnelleempfänger** mit einer **8-förmigen Richtcharakteristik** (siehe auch Bild 4.7.).

7.2.5. Piezoelektrische Wandler

Etwa um das Jahr 1880 beobachteten die **Gebrüder Curie,** daß bei der mechanischen **Deformation** bestimmter **kristalliner Stoffe** an deren Oberfläche elektrische Ladungen auftreten **(direkter piezoelektrischer Effekt).** Umgekehrt kann man einen solchen kristallinen Stoff durch Anlegen einer elektrischen Spannung mechanisch verformen **(reziproker piezoelektrischer Effekt).**

Der Piezoeffekt ist erklärbar durch eine **Verschiebung** des **Gitters** der **positiven Ionen** gegen das Gitter der **negativen Ionen.** Deformiert man einen Kristall in ganz bestimmten Richtungen, so werden die Ladungen getrennt. Es tritt dabei eine **elektrische Polarisation** auf, die an ganz bestimmten Kristallflächen nachweisbar ist (direkter Piezoeffekt). Voraussetzung für das Auftreten des Piezoeffekts ist die Existenz von **piezoelektrischen (polaren)** Achsen innerhalb des Kristalls. – Bringt man umgekehrt einen piezoelektrischen Kristall in ein elektrisches Feld, wobei die Feldrichtung mit der Richtung einer der piezoelektrischen Achsen zusammenfällt, so werden an den Ionengittern Kräfte wirksam, durch die der Kristall in ganz bestimmten Richtungen **komprimiert**, bzw. **dilatiert** wird (reziproker Piezoeffekt).

Man unterscheidet grundsätzlich zwischen dem **longitudinalen Piezoeffekt** (hier schwingt der Kristall in der Richtung des angelegten elektrischen Feldes; der longitudinale Effekt tritt bei den sogenannten **Dickenschwingern** auf, z. B. beim **Quarz)** und dem **transversalen Piezoeffekt** (hier schwingt der Kristall quer zur Richtung des angelegten elektrischen Feldes; der transversale Effekt tritt bei den sogenannten **Längsschwingern** auf, z. B. beim **Seignettesalz)**, siehe Bild 7.11.

Die Darstellung des Piezoeffekts ist in diesem Bilde stark schematisiert; Δd, bzw. Δl symbolisieren dabei nur die Gesamtänderung der Kristallabmessung in der betreffenden Richtung. Die Kompression, bzw. Dilatation tritt stets zweiseitig in Erscheinung. –

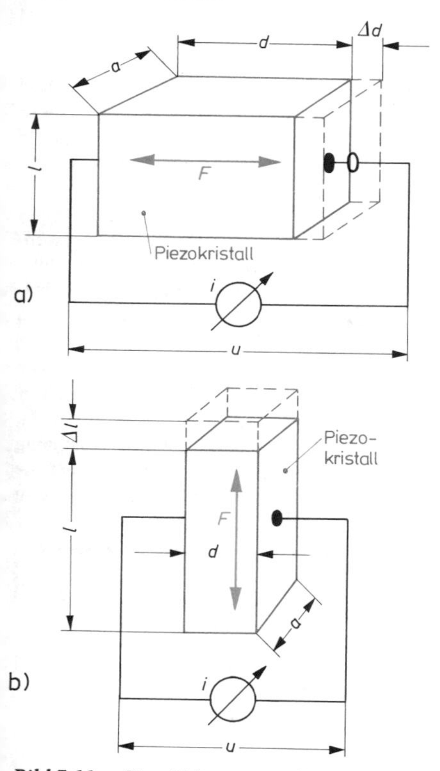

Bild 7.11. Zur Erläuterung des piezoelektrischen Effekts:

a) Longitudinaler Piezoeffekt (schematisiert),
b) Transversaler Piezoeffekt (schematisiert)

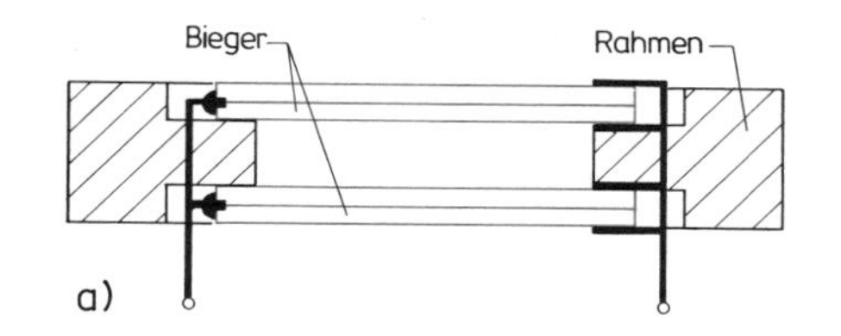

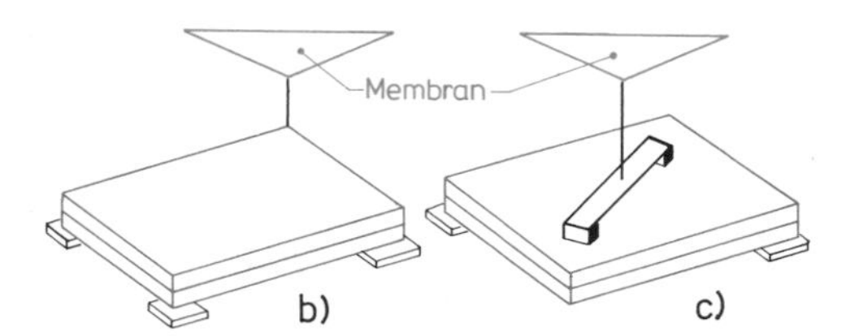

Bild 7.12. Verschiedene Ausführungsformen von piezoelektrischen Schallempfängern:

a) Doppelklangzelle,
b) Biegeschwinger,
c) Sattelschwinger

Kittet man **zwei Längsschwinger** mit ihren Kristallflächen in der Weise zusammen, daß beim Anlegen einer elektrischen Spannung der eine kürzer und der andere länger wird, d. h. daß die gesamte Anordnung sich durchbiegt, so bekommt man einen sogenannten **Biegeschwinger.** In der Praxis werden Biegeschwinger i. a. einseitig fest eingespannt, siehe auch Bild 7.12. b).

Wird auf einen piezoelektrischen Kristall eine Kraft F ausgeübt, so erscheint an seiner Oberfläche eine elektrische Ladung q, die der Kraft proportional ist. Die Fläche S_q, an der die elektrische Ladung nachweisbar ist, muß nicht in jedem Falle mit derjenigen Fläche S_F identisch sein, auf die die Kraft wirkt. Diesen Zusammenhang beschreibt die folgende Beziehung

$$\frac{q}{S_q} = \delta \cdot \frac{F}{S_F}$$

$$q = \delta \cdot \frac{S_q}{S_F} \cdot F = \delta \cdot z \cdot F.$$

$\delta =$ **Piezomodul** $\left[\text{Einheitenzeichen: } \frac{\text{As}}{\text{m}^2}\right]$

$z =$ Flächenverhältnis

Schreibt man für $q = i \cdot \Delta t$, so erhält man aus der obigen Gleichung

$$i \cdot \Delta t = \delta \cdot z \cdot F, \quad \text{bzw.} \quad \frac{F}{i} = \frac{\Delta t}{\delta \cdot z}.$$

Da bei **reversiblen Schallwandlern** die **Quotienten** F/i und u/v **einander gleich** sind (man bezeichnet diese Quotienten auch als **elektromechanische Umwandlungsfaktoren**), ist

$$\frac{u}{v} = \frac{F}{i}$$

$$u \cdot \frac{\Delta t}{\Delta x} = \frac{\Delta t}{\delta \cdot z}$$

$$\Delta x = \delta \cdot z \cdot u .$$

Damit kann man das **Sender-** und **Empfängergesetz** für den **piezoelektrischen Longitudinal-** und **Transversal-Schallwandler** ableiten. Unter Verzicht auf die Zwischenrechnung ergibt das für den **Longitudinal-Wandler** ($S_q = S_F = l \cdot a$; $\Delta x/x = \Delta d/d$):

Sender	Empfänger
$F = \frac{\delta \cdot E}{j\omega\varepsilon} \cdot i$	$u = \frac{\delta \cdot E}{j\omega\varepsilon} \cdot v$

und für den **Transversal-Wandler** ($S_q = l \cdot a$; $S_F = d \cdot a$; $\Delta x/x = \Delta l/l$):

Sender	Empfänger
$F = \frac{\delta \cdot E}{j\omega\varepsilon} \cdot \frac{d}{l} \cdot i$	$u = \frac{\delta \cdot E}{j\omega\varepsilon} \cdot \frac{d}{l} \cdot v$

Darin sind E der **Elastizitätsmodul** und $\varepsilon\ (= \varepsilon_r \cdot \varepsilon_0)$ die **Dielektrizitätskonstante** des piezoelektrischen Materials. – Die Kristallabmessungen (d, l) haben nur beim Transversal-Wandler Einfluß auf das Sender-, bzw. Empfängergesetz. Dem piezoelektrischen Empfängergesetz zufolge ist $u \sim \frac{1}{\omega}$, d.h. **Kristallmikrofone** geben nur dann eine von der Frequenz unabhängige elektrische Signalspannung ab, wenn die Eigenfrequenz ω_0 des Mikrofonsystems oberhalb des zu übertragenden Frequenzbereichs liegt (**Hochabstimmung**, wie beim Kondensatormikrofon). Durch eine sinnvolle Konstruktion kann man ω_0 sehr hoch legen und bekommt damit außerordentlich hochwertige Schallempfänger. Wegen des **kapazitiven Innenwiderstandes** muß der Eingangswiderstand des nachfolgenden Verstärkers entsprechend hochohmig sein, damit auch die tiefen Frequenzen uneingeschränkt zur Übertragung gelangen.

Der piezoelektrische Effekt wird u.a. für den Bau von **Mikrofonen, Lautsprechern, Fernsprechkapseln, Ultraschall-Wandlern** und **Beschleunigungsempfängern** benutzt. – Bild 7.12. zeigt einige der gebräuchlichsten Ausführungsformen piezoelektrischer Schallempfänger.

7.2.6. Zusammenfassung der Gesetzmäßigkeiten der verschiedenen Wandler-Prinzipe

1. Schallsender:

Elektromagnetische und **elektrostatische Schallsender** arbeiten nach **quadratischen Kraftgesetzen.** Die primäre Größe zur Erzielung einer Kraftwirkung ist beim **elektromagnetischen System** der **Strom** und beim **elektrostatischen** System die **Spannung:**

$$F_{\text{el.-magn.}} \sim \Phi^2 \sim i^2$$
$$F_{\text{el.-stat.}} \sim Q^2 \sim u^2$$

Um bei der elektroakustischen Übertragung Verzerrungen zu vermeiden, ist eine **Vorpolarisation** (**permanentes Magnetfeld**, bzw. **permanentes elektrostatisches Feld**) erforderlich. – Für **magnetostriktive Schallsender** gilt sinngemäß das gleiche wie für elektromagnetische Schallsender. –

Für **elektrodynamische** und **piezoelektrische Sender** gelten **lineare Kraftgesetze**. Beim elektrodynamischen Sender ist der Strom die primäre Größe, durch die der Leiter in Bewegung gesetzt wird:

$$F_{\text{el.-dyn.}} \sim i$$

Bei einem Piezokristall werden die Ionengitter ursächlich durch das Anlegen eines Wechselfeldes, d.h. durch eine zeitlich veränderliche **Spannung** zum Schwingen gebracht. Die dabei auftretende Wechselkraft ist der angelegten Wechselspannung proportional:

$$F_{\text{piezoel.}} \sim u$$

2. Schallempfänger:

Schallwellen, die auf das bewegliche Element eines Schallempfängers treffen – i.a. ist es die Membran – versetzen dieses in schwingende Bewegungen um seine Ruhelage. Wie schon im Abschnitt 7.1. erwähnt wurde, gibt es Schallempfänger, die entweder auf die zeitliche **Auslenkung** $x(t)$ oder aber auf die **Geschwindigkeit** $v(t)$ der Bewegung reagieren, d.h. **Elongationsempfänger** und **Geschwindigkeitsempfänger.** –

Den Empfängergesetzen ist zu entnehmen, daß sämtliche Wandler, die mit einem **magnetischen Feld** arbeiten, **Geschwindigkeitsempfänger** sind:

$$u_{\text{el.-magn.}} \sim v$$
$$\text{el.-dyn.}$$
$$\text{magnetostr.}$$

Schallwandler, die mit einem **elektrischen Feld** arbeiten, sind dagegen **Elongationsempfänger:**

$$u_{\text{el.-stat. piezoel.}} \sim \frac{v}{j\omega} \sim x$$

Schallempfänger, die mit einem **magnetischen Feld** arbeiten, geben eine **frequenzabhängige Signalspannung** ab. Die Eigenresonanz liegt meist in der Mitte des Übertragungsbereichs. Eine Linearisierung des Frequenzgangs wird mit Hilfe von Helmholtz-Resonatoren vorgenommen. – Eine Ausnahme bildet das Bändchenmikrofon (**Tiefabstimmung**).

Schallempfänger, die mit einem **elektrischen Feld** arbeiten, geben eine von der **Frequenz unabhängige Signalspannung** ab, sofern ihre Eigenresonanz oberhalb des Übertragungsbereichs liegt (**Hochabstimmung**). –

7.3. Der elektroakustische Übertragungsfaktor

Zur Angabe des Frequenzbereichs, den ein **reversibler Schallwandler** zu übertragen vermag, benötigt man eine **Übertragungsgröße**, die eine **Beziehung** zwischen **abgestrahltem Schall** und **zugeführter elektrischer Größe** – und umgekehrt – zwischen **empfangener Schallfeldgröße** und **erzeugter elektrischer Größe** herstellt. Eine solche Größe ist der **elektroakustische Übertragungsfaktor.** Man unterscheidet hierbei zunächst zwischen dem **elktroakustischen Übertragungsfaktor** B_S eines **Schallstrahlers** oder **-senders** (Einheitenzeichen: N/m^2V), z. B. eines **Lautsprechers,**

$$B_S = \frac{p_r}{u}$$

p_r = Schalldruck in einer Entfernung r vom Schallsender (i. a. ist $r = 1$ m)

u = elektrische Spannung an den Anschlußklemmen des Schallsenders

und dem **elektroakustischen Übertragungsfaktor** B_E eines **Schallaufnehmers** oder **-empfängers** (Einheitenzeichen: Vm^2/N), z. B. eines **Mikrofons.**

$$B_E = \frac{u}{p}$$

u = elektrische Spannung an den Anschlußklemmen des Schallempfängers

p = empfangener Schalldruck

Je nachdem, ob die Spannung u im **Leerlauf** oder bei **betriebsmäßigem Abschluß** des Schallempfängers gemessen wird, unterscheidet man ferner zwischen dem **Leerlaufübertragungsfaktor** und dem **Betriebsübertragungsfaktor.** –

An Stelle des Übertragungsfaktors gibt man in der Praxis auch das **elektroakustische Übertragungsmaß** G an, und zwar in dB:

$$G = 20 \cdot \lg \frac{B}{B_0}$$

B_0 = **Bezugsübertragungsfaktor**

Die Angabe des elektroakustischen Übertragungsmaßes ist sowohl bei Schallsendern (G_S) als auch bei Schallempfängern (G_E) üblich. – Der **Bezugsübertragungsfaktor** beträgt (normalerweise) bei **Schallsendern** $B_{S0} = 0{,}1\ N/m^2V$ und bei **Schallempfängern** $B_{E0} = 10\ Vm^2/N$. –

Reversible Schallwandler erfüllen das **Reziprozitätstheorem**[1] (Vertauschbarkeit von Ursache und Wirkung). Bei Wandleruntersuchungen, die mit dem Reziprozitätstheorem im Zusammenhang stehen, verwendet man zur **Charakterisierung** des **Schallsenders** den **Stromübertragungsfaktor** $B_{iS} = p_r/i$ (darin ist i der **Antriebsstrom** des Schallsenders, der in einer Entfernung r den Schalldruck p zur Folge hat) – und zur **Charakterisierung** des **Schallempfängers** den **Leerlaufübertragungsfaktor**

---

[1] Die **Helmholtzsche Formulierung** von 1860 lautet: „Wenn in einem, teils von endlich ausgedehnten festen Wänden begrenzten, teils unbegrenzten Raum Schall im Punkt A erzeugt wird, so ist das Geschwindigkeitspotential in einem anderen Punkt B so groß, als es in A sein würde, wenn dieselbe Schallerregung in B stattfände".

$B_{lE} = u/p$ (darin ist u die EMK des Schallempfängers bei Beschallung mit einem Schalldruck p). Das Einheitenzeichen des Stromübertragungsfaktors ist N/m^2A. –

Da in elektroakustischen Wandlern die Energie in 3 verschiedenen Formen (**elektrisch, mechanisch, akustisch**) auftritt, kann man die elektroakustischen Übertragungsfaktoren (z.B.: B_{iS} und B_{lE}) auch als Funktion von 3 verschiedenen Größen darstellen, nämlich

$$B_{iS} = M_S \cdot \frac{1}{Z_m} \cdot K_S,$$

$$\left[\frac{p_r}{i} = \frac{F}{i} \cdot \frac{v}{F} \cdot \frac{p_r}{v}\right],$$

$M_S = \frac{F}{i}$ **elektromechanischer Umwandlungsfaktor** des **Schallsenders**

$Z_m = \frac{F}{v}$ **mechanische Impedanz**

$K_S = \frac{p_r}{v}$ **mechanoakustische Umwandlungsfunktion des Schallsenders**

bzw.

$$B_{lE} = M_E \cdot \frac{1}{Z_m} \cdot K_E.$$

$$\left[\frac{u}{p} = \frac{u}{v} \cdot \frac{v}{F} \cdot \frac{F}{p}\right]$$

$M_E = \frac{u}{v}$ **elektromechanischer Umwandlungsfaktor** des **Schallempfängers**

$Z_m = \frac{F}{v}$ **mechanische Impedanz**

$K_E = \frac{F}{p}$ **mechanoakustische Umwandlungsfunktion** des **Schallempfängers**

Die **elektromechanischen Umwandlungsfaktoren** M_S und M_E sind bei reversiblen Schallwandlern einander gleich. Man kann sie den Sender- und Empfängergesetzen für die verschiedenen Wandlerprinzipe direkt entnehmen, siehe auch Tafel 7.1.

Tafel 7.1. Elektromechanische Umwandlungsfaktoren

Wandlerprinzip		$M (= M_S = M_E)$
elektromagnetisch		$\frac{2 \cdot n \cdot \Phi_-}{s}$
elektrodynamisch		$B \cdot l$
magnetostriktiv		$\frac{n \cdot \Phi_- \cdot A_L}{S \cdot \mu_0}$
elektrostatisch		$\frac{E_-}{j\omega}$
piezo-elektrisch	Longitudinal-schwinger	$\frac{\delta \cdot E}{j\omega\varepsilon}$
	Transversal-schwinger	$\frac{\delta \cdot E}{j\omega\varepsilon} \cdot \frac{d}{l}$

Die **mechanische Impedanz** $Z_m \left[= \frac{F}{v}\right]$ setzt sich zusammen aus der mechanischen Impedanz des Systems und aus dem Strahlungswiderstand r_{str}. Die **mechanoakustischen Umwandlungsfunktionen** K_S und K_E sind voneinander verschieden. Das Verhältnis von K_E zu K_S ein und desselben reversiblen Schallwandlers bezeichnet man als **Reziprozitätsparameter** I

$$I = \frac{K_E}{K_S} \left[= \frac{B_{lE}}{B_{iS}}\right] = \frac{4\pi r}{\varrho_- \cdot \omega} = \frac{2 \cdot r \cdot \lambda}{\varrho_- \cdot c}.$$

7.4. Miniatur-Schallwandler und ihre Übertragungseigenschaften

Zur Herstellung von **Miniatur-** und **Subminiaturwandlern**, wie sie beispielsweise in **elektronischen Schwerhörigengeräten** oder auch in der **Raumfahrt** verwendet werden, eignen sich bevorzugt das **elektromagnetische**, das **piezoelektrische** und das **elektrostatische Wandlerprinzip**. Das Volumen solcher Schallwandler läßt sich bis auf etwa 0,10 cm^3 reduzieren, siehe auch Bild 7.13.

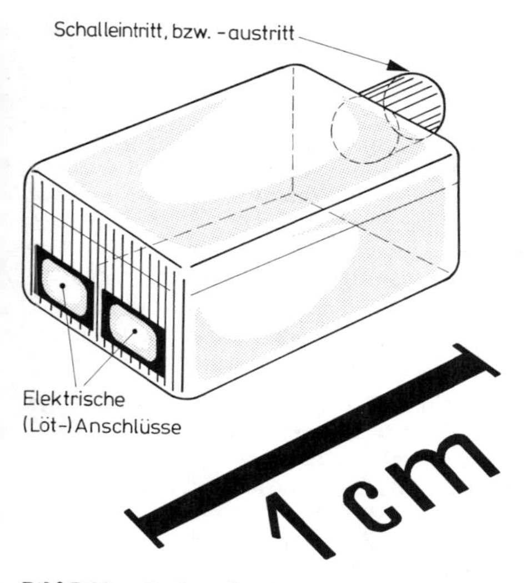

Bild 7.13. Praktische Ausführung von Subminiatur-Schallwandlern, wie sie z.B. in Schwerhörigengeräten Verwendung finden

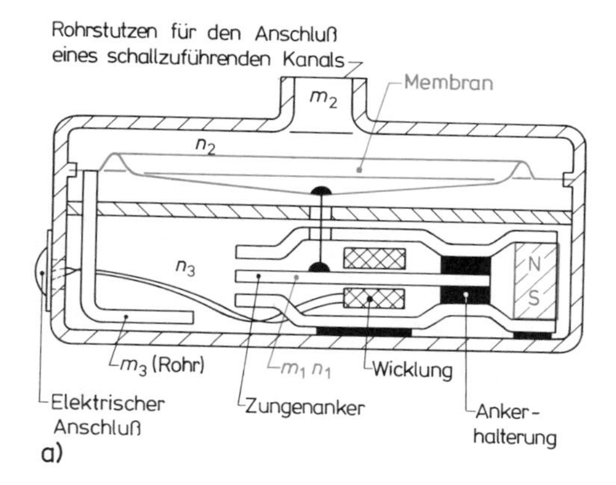

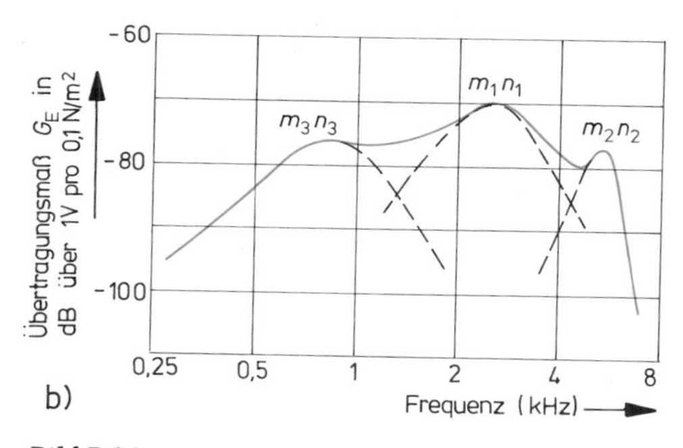

Bild 7.14.

a) Prinzipieller Aufbau – und

b) Frequenzgang des Übertragungsmaßes eines elektromagnetischen Kleinstmikrofons

Den Aufbau eines **elektromagnetischen Kleinstmikrofons** zeigt das Bild 7.14.a); es arbeitet mit einem Vierpolsystem. Zwei **Helmholtz-Resonatoren** $m_2 n_2$ und $m_3 n_3$ begradigen den Frequenzgang des Übertragungsmaßes, siehe Bild 7.14.b). – In der gleichen Größe und Ausführung gibt es auch **elektromagnetische Kleinsthörer**, und zwar sowohl mit einer zweipoligen Wicklung (zum Anschluß beispielsweise an einen Verstärker mit Eintakt-Ausgang) als auch mit einer dreipoligen Wicklung (zum Anschluß an einen Gegentakt-Verstärker). Zweipolige Miniaturhörer werden in der Praxis oft an Eintakt-Transistorendstufen betrieben, so daß durch ihre Wicklung der Endstufen-Kollektor**gleichstrom** fließt. In solchen Fällen benutzt man Hörer mit mechanisch vorausgelenkt justiertem Zungenanker. Der fließende Gleichstrom bringt die Zunge wieder in die richtige Betriebslage zurück. Beim Anschluß derartiger Hörer ist daher auf die angegebene Polung zu achten. –

Im Bild 7.15.a) ist der Aufbau eines **piezoelektrischen Kleinstmikrofons** mit einem eingebauten Feldeffekttransistor als Impedanzwandler dargestellt. Die Mikrofonmembran ist mit einem Biegeschwinger gekoppelt, der in diesem Falle aus piezoelektrischem Keramikmaterial besteht. Mikrofone dieser Art werden auch als **Keramikmikrofone** bezeichnet. Als Keramikmaterial verwendet man bevorzugt gesintertes **Bariumtitanat** ($BaTiO_3$) und **Bleizirkonattitanat**. Beide Keramiken sind polykristallin und besitzen **elektrostriktive**[1] Eigenschaften; piezoelektrisch sind sie normalerweise nicht. Erst durch eine permanente elektrische Polarisation (= elektrische Vorspannung) werden diese Keramiken piezoelektrisch. Man bezeichnet das als **induzierte Piezoelektrizität.** Zu diesem Zweck wird das Keramikmaterial in einem elektrostatischen Feld hoher Feldstärke ($\geq$ 20 kV/cm) auf eine Temperatur erwärmt, die

[1] Elektrostriktives Material ändert seine Abmessungen unabhängig vom Vorzeichen der angelegten elektrischen Spannung stets gleichsinnig, und zwar nach einem quadratischen Gesetz. Durch Anlegen einer entsprechend hohen Vorspannung läßt sich diese quadratische Abhängigkeit zwischen Längenänderung und elektrischer Feldstärke linearisieren.

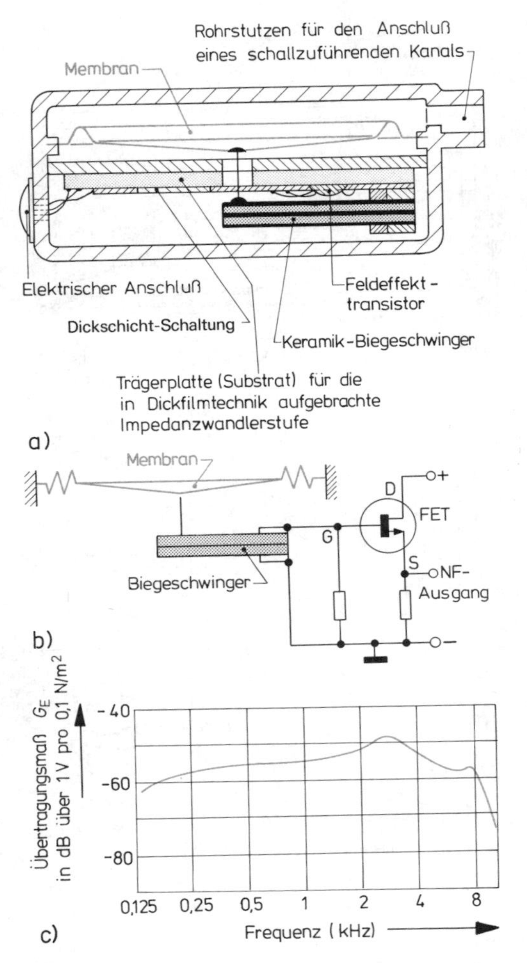

Bild 7.15.
a) Prinzipieller Aufbau,
b) Impedanzwandler-Schaltung – und
c) Frequenzgang des Übertragungsmaßes eines piezoelektrischen Kleinstmikrofons (Keramikmikrofon)

oberhalb des **Curiepunktes**[1] liegt. Kühlt man anschließend das Material langsam wieder ab, wobei die elektrische Feldstärke unverändert aufrechterhalten wird, so verbleibt in der Keramik eine „eingefrorene" elektrische Polarisation, und man erhält **Piezokeramik.**

[1] Der Curiepunkt von Bariumtitanat liegt bei einer Temperatur von etwa 120°C und von Bleizirkonattitanat bei etwa 370°C.

Wegen ihres hohen **(kapazitiven)** Innenwiderstandes werden Keramikmikrofone stets unter Zwischenschaltung einer **Impedanzwandlerstufe** an einen nachfolgenden Transistorverstärker angeschlossen, siehe Bild 7.15.b). Die Impedanzwandlerstufe – sie besteht i.a. aus einem **Feldeffekttransistor** (FET) und einigen Widerständen, die in **Dickschichttechnik** aufgebaut und innerhalb des Mikrofongehäuses untergebracht sind – hat einen außerordentlich hohen Eingangswiderstand, so daß das Keramikmikrofon auch noch bei sehr tiefen Frequenzen gute elektroakustische Übertragungseigenschaften besitzt, siehe dazu Bild 7.15.c). –

Piezoelektrische **Keramik**-Schallwandler sind – im Gegensatz zu piezoelektrischen **Kristall**-Schallwandlern – **feuchtigkeitsunempfindlich** und (bis zu ihrer relativ hohen Curietemperatur) **temperaturbeständig.** –

In jüngster Zeit sind die piezoelektrischen Materialien um eine neue Werkstoffvariante bereichert worden. Es handelt sich dabei um ganz bestimmte *polarisierbare* Kunststoffe. Der bekannteste davon ist das **Polyvinylidenefluorid** (abgekürzt: **PVDF** oder **PVF₂**). Dieses Material läßt sich auch als Folie mit einer Stärke bis zu etwa 10 µm – und dünner – herstellen, so daß man meist nur von **„Piezopolymerfolien"** spricht. Eine beidseitig metallisierte PVDF-Folie zeigt im Hörfrequenzbereich allerdings nur den **transversalen Piezoeffekt,** siehe Bild 7.16.a). Um damit eine schallwandelnde Wirkung zu erzielen,

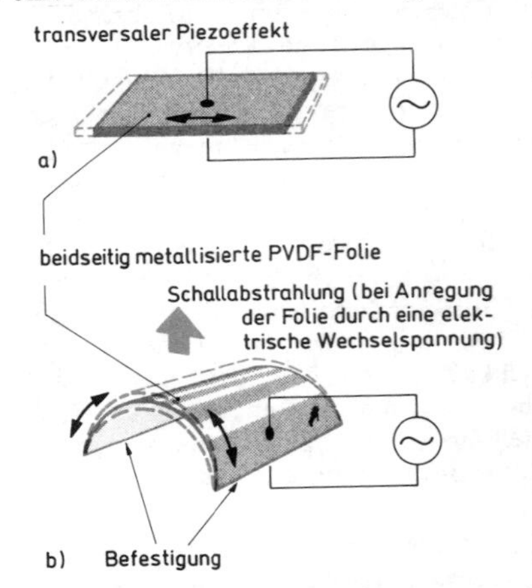

Bild 7.16. Schematische Darstellung der Umwandlung einer transversalen Folienbewegung in eine normal zur Folienoberfläche gerichtete Schwingbewegung, die ihrerseits zu einer Schallabstrahlung führt – und umgekehrt.

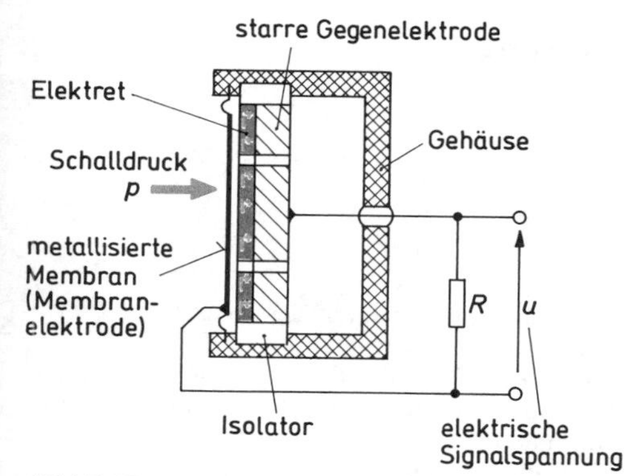

Bild 7.17. Grundsätzlicher Aufbau eines Back-Elektretmikrofons. Zur besseren Veranschaulichung ist die Elektretschicht hier nicht maßstabsgerecht eingezeichnet. Ihre tatsächliche Dicke liegt zwischen etwa 15 ... 30 µm.

Bild 7.18. Ausführungsbeispiel für ein kleines Elektretmikrofon (Typ KE 4); Länge: 4,2 mm, Durchmesser: 4,75 mm ∅ und Einspracheöffnung: 0,5 mm ∅.

gibt man der Folie zweckmäßigerweise eine *gewölbte* Gestalt, siehe Bild 7.16.b). Mit diesem Material lassen sich auch sehr kleine Mikrofone aufbauen. –

Elektrostatische Subminiaturmikrofone arbeiten heute ausschließlich mit **Elektreten** (s.a. Abschnitt 7.2.4.). Als Ausgangsmaterial für die Herstellung von Elektreten verwendet man hochisolierende Kunststoffolien, z.B. aus **Teflon.** Durch spezielle Polarisationsverfahren lassen sich darin bleibende elektrische Ladungen „einfrieren", so daß das Material danach ein permanentes elektrisches Feld besitzt. Legt man eine solche **polarisierte Elektretfolie** zwischen die beiden Elektroden eines Kondensatormikrofons, so wird die Bereitstellung einer gesonderten Polarisations-Gleichspannung überflüssig; man erhält auf diese Weise ein **Elektret-Kondensatormikrofon** oder kurz: **Elektretmikrofon.** Bei der praktischen Realisierung unterscheidet man zwei Möglichkeiten: Man kann entweder die Elektretfolie gleichzeitig auch als Membran (mit einseitiger Metallisierung) verwenden und bekommt dabei ein sogenanntes **Folien-Elektretmikrofon,** oder man bringt das Elektretmaterial auf die **Gegenelektrode** *(back plate)* auf und erhält in diesem Falle ein sogenanntes **Back-Elektretmikrofon,** siehe Bild 7.17. Letzteres hat eine Reihe von qualitativen Vorzügen (z.B. geringere Körperschallempfindlichkeit) gegenüber der zuerst genannten Ausführung. – Bei den Folien-Elektretmikrofonen findet man häufig auch sogenannte **Multisupport-Gegenelektroden.** Die Elektretmembran liegt dabei an vielen Stellen auf der Gegenelektrode auf. Man erhält dadurch u.a. eine relativ große Nutzkapazität.

Genauso wie das Keramikmikrofon enthält auch das **Elektret-Subminiaturmikrofon** eine im gleichen Gehäuse eingebaute **(FET-)Impedanzwandlerstufe,** die oftmals auch bei einer Betriebsspannung von ca. 1,0 V noch einwandfrei arbeiten muß (z.B. bei **Hörgeräten**). – Elektretmikrofone sind häufig so ausgeführt, daß man den eingebauten FET je nach der äußeren Beschaltung entweder nur als Impedanzwandler oder gleichzeitig auch als Verstärker betreiben kann. Im letzteren Falle erhöht sich die Mikrofonempfindlichkeit um 10 ... 14 dB.

Bild 7.18. zeigt ein Ausführungsbeispiel für ein besonders kleines Elektretmikrofon. Der dazugehörige Frequenzgang des Freifeld-Übertragungsmaßes ist in Bild 7.19. dargestellt.

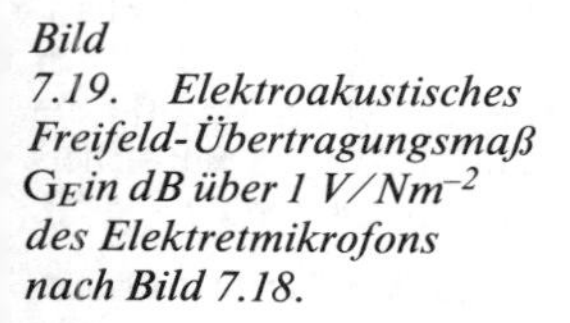
Bild 7.19. Elektroakustisches Freifeld-Übertragungsmaß G_E in dB über 1 V/Nm^{-2} des Elektretmikrofons nach Bild 7.18.

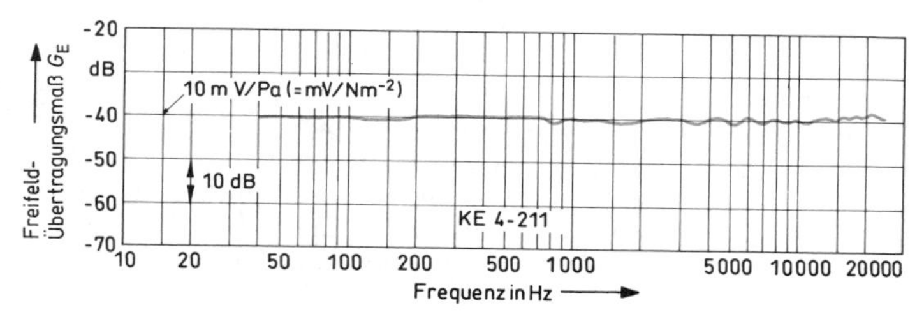

8. Akustische Meßtechnik

Die ersten akustischen Meßgeräte waren rein mechanische Instrumente, wie z.B. die **Rayleigh-Scheibe** zur Messung der Schallschnelle, der **Helmholtz-Resonator** zur Klanganalyse mit dem menschlichen Ohr als Indikator oder das **Kundtsche Rohr** zur Wellenlängenbestimmung mit Hilfe von Staubfiguren. – In der modernen akustischen Meßtechnik bedient man sich überwiegend **elektroakustischer** Mittel. Nahezu alle elektroakustischen Meßgeräte lassen sich auf das gleiche Funktionsprinzip zurückführen:

1. Aufnahme der akustischen Größe mit einem elektroakustischen Wandler (Schallempfänger) und Umwandlung derselben in eine entsprechende elektrische Größe,

2. Verstärkung der elektrischen Größe (eventuell auch Bewertung derselben),

3. Anzeige, bzw. Registrierung des Ergebnisses.

8.1. Messung von Luftschall

Durch die Messung und Angabe *einer* der beiden Schallfeldgrößen (**Schalldruck, Schallschnelle**) läßt sich ein Schallfeld quantitativ beschreiben. Meßtechnisch besonders zugänglich ist der Schalldruck.

8.1.1. Rayleigh-Scheibe

Eine relativ einfache Möglichkeit zur absoluten **Messung der Schallschnelle** in Gasen (und Flüssigkeiten) bietet die **Rayleigh-Scheibe**. Sie verkörpert zugleich auch das älteste Verfahren dieser Art. Es handelt sich dabei um eine dünne, kreisrunde Scheibe, die an einem tordierbaren Faden drehbar befestigt ist.

Bringt man eine Scheibe in eine Strömung, so erfährt sie ein Drehmoment, das sie quer zur Strömungsrichtung zu stellen versucht. Kehrt man die Strömungsrichtung um, so bleibt das Drehmoment in seiner Größe und Drehrichtung unverändert erhalten.

Da auch die Schallausbreitung an jeder Stelle des Schallfeldes eine Strömung mit periodisch wechselnder Richtung darstellt, erfährt eine solche Scheibe auch im Schallfeld ein Drehmoment. Dieses Drehmoment ist dem Quadrat der Schallschnelle (Effektivwert) proportional:

$$M = \frac{4}{3} \cdot R^3 \cdot \varrho \cdot \tilde{v}^2 \cdot \sin 2\vartheta$$

R = Radius der kreisförmigen Scheibe ($R \ll \lambda$)

ϱ = Dichte des Schallausbreitungsmediums

ϑ = Winkel zwischen der Schallausbreitungsrichtung und der Scheibenebene.

Zur Messung der Schallschnelle wird die Rayleigh-Scheibe bei zunächst ausgeschalteter Schallquelle unter einem Neigungswinkel von $\vartheta = 45°$ gegenüber der Schallausbreitungsrichtung an den Meßort gebracht. Bei Beschallung versucht die Scheibe sich quer zur Ausbreitungsrichtung der Schallwellen zu stellen. Das dabei auf den Faden ausgeübte Drehmoment ($M \sim \tilde{v}^2$) ist ein Maß für die auftretende Schallschnelle. – Die Meßunsicherheit dieses Verfahrens ist relativ groß ($\geq 5\%$).

Bis auf gelegentlich noch durchgeführte Absolutkalibrierungen von Mikrofonen hat die Rayleigh-Scheibe heute nur noch historische Bedeutung.

8.1.2. Messung des Schalldruckpegels

Die in der Praxis am häufigsten gemessene Schallfeldgröße ist der **Schalldruck**, bzw. der **Schall(druck)pegel**. Bild 8.1. zeigt das grundsätzliche Blockschaltbild eines **Schallpegelmessers**: Das Mikrofon ist ein Schalldruckempfänger, s.a. Seite 94. Man verwendet dafür vorzugsweise (hochabgestimmte) Kondensatormikrofone, deren Übertragungsmaß innerhalb des gesamten Meßbereichs frequenzunabhängig, d.h. linear verläuft, und deren Richtcharakteristik auch bei höheren Frequenzen möglichst kugelförmig ist. Kondensatormikrofone eignen sich für Schalldruckmessungen über einen sehr großen **Dynamikbereich**; es u.a. dadurch begrenzt, daß die Öffnung für den Ausgleich des statischen Luftdrucks (siehe Bild 7.9.) wirksam zu werden beginnt, und zwar dergestalt, daß es mit niedriger werdender Frequenz zu einem Druckausgleich zwischen beiden Seiten der Membran kommt.

Soll der Schalldruckpegel in einer **Druckkammer**, z.B. in einem **akustischen Kuppler**, gemessen werden, so benutzt man dafür ein **Druckmikrofon**[1].

Im Gegensatz zum Freifeldmikrofon ist beim Druckmikrofon die Membranresonanz **kritisch** gedämpft; der Druckfrequenzgang verläuft infolgedessen auch bei den hohen Frequenzen linear. –

Der dem Meßmikrofon nachfolgende elektrische Verstärker hat innerhalb des gesamten Meß-

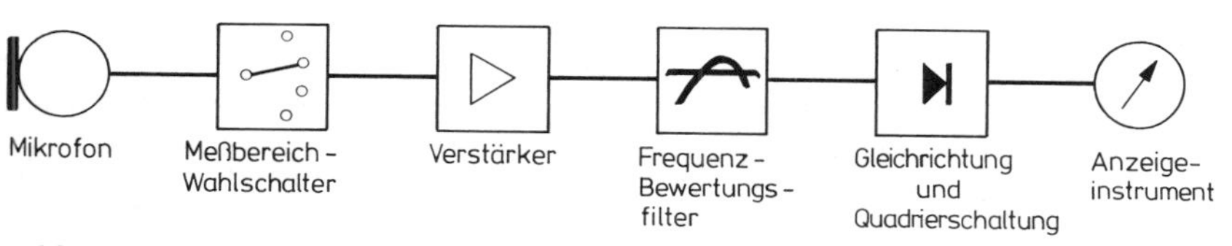

Bild 8.1. Blockschaltbild eines Schallpegelmessers

können Schallpegel von etwa 30 bis 160 dB (4% Klirrfaktor) und mehr gemessen werden. Die untere Dynamikgrenze wird im wesentlichen durch das Rauschen des nachfolgenden Verstärkers bestimmt. – Bringt man ein Meßmikrofon, dessen geometrische Abmessungen vergleichbar sind mit der Wellenlänge des Schalls – bei Mikrofonkapseln von 1 Zoll Durchmesser (∼ 25 mm) ist diese Bedingung bereits oberhalb von etwa 1 kHz erfüllt – in ein **freies Schallfeld**, so wird das Feld dadurch gestört; unmittelbar vor dem Mikrofon tritt bei senkrechtem Schalleinfall ein **lokal begrenzter Schalldruckanstieg** auf. Um bei der Messung den **wahren Freifeld-Schalldruckpegel** des **ungestörten** Schallfeldes zu erhalten, sorgt man durch konstruktive Maßnahmen für eine **überkritische** Membrandämpfung und somit für eine **Frequenzgangkorrektur** bei den hohen **Frequenzen**. Damit ist das vom Mikrofon abgegebene elektrische Signal bei senkrechtem Schalleinfall bis zur höchsten meßbaren Frequenz dem Freifeld-Schalldruckpegel proportional. Mikrofone, die mit einer solchen „Freifeldkorrektur“ versehen sind, nennt man **Freifeldmikrofone**. – Im Bereich der hohen Frequenzen wird die Messung außerdem noch vom Schalleinfallswinkel beeinflußt. – Nach tiefen Frequenzen hin wird der Meßbereich bereichs i.a. einen linearen Frequenzgang. Schallpegelmesser, die auch zur **objektiven Lautstärkemessung** (siehe Abschnitt 9.3.) benutzt werden, besitzen zusätzlich im Meßverstärker **frequenzbewertende Filter**, die wahlweise einschaltbar sind. Die Eigenschaften dieser Filter sind durch nationale und internationale Normen verbindlich festgelegt.

Bei hochwertigen Schallpegelmessern, mit denen ein Pegelumfang von beispielsweise 100 dB und mehr gemessen werden kann, ist der Meßbereich-Wahlschalter meistens in zwei voneinander unabhängige Umschalter aufgeteilt. Der erste Schalter befindet sich dabei nach wie vor unmittelbar hinter dem Mikrofon, d.h. am Eingang des Meßverstärkers, während der zweite Schalter etwa in der Mitte des elektrischen Verstärkers angeordnet ist. Man erzielt auf diese Weise eine Pegelbereichswahl, durch die auch in den niedrigen Meßbereichen ein ausreichender Störspannungsabstand gewährleistet ist. –

[1] Innerhalb einer starren Druckkammer ist der Schalldruckpegel überall konstant, sofern die Kammerabmessungen klein im Verhältnis zur Wellenlänge sind. Das Druckmikrofon bildet mit seiner Membran meist eine gesamte Wand der Druckkammer.

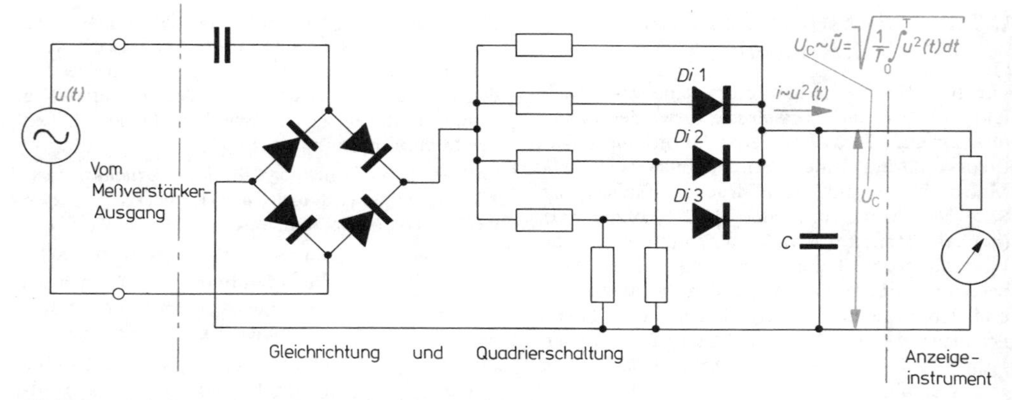

Bild 8.2. Schaltung für eine echte Effektivwertmessung

Die elektrische Verstärkung des Meßverstärkers wird bei der Kalibrierung des Mikrofons mit einem besonderen Steller auf den erforderlichen Wert eingestellt und belassen.

Die Ausgangsspannung des Verstärkers wird gleichgerichtet und über ein umschaltbares Netzwerk – zur wahlweisen Messung des **arithmetischen Mittelwertes**, des **Effektivwertes** oder des **Scheitelwertes** – einem (Drehspul-) Anzeigeinstrument zugeführt. Die Anzeige des Meßwertes erfolgt als Schalldruckpegel in Dezibel (dB).

8.1.2.1. Effektivwertmessung

Für die Praxis am bedeutsamsten ist der Effektivwert. Bei einem sinusförmigen Signal bestehen zwischen Effektivwert, Mittelwert und Scheitelwert genau definierte Beziehungen, siehe Abschnitt 1.5.1.3. Wollte man nur sinusförmige Signalspannungen messen, so würde es genügen, die Instrumentenskale mit einer Teilung zu versehen, die den genannten Beziehungen entspricht, und man würde stets den richtigen Effektivwert ablesen. Mißt man mit einem solchen Instrument Signale von anderer Kurvenform, so ist der angezeigte Wert falsch. – Um unabhängig von der Kurvenform des Signals in jedem Falle den richtigen Effektivwert messen zu können, wurden spezielle Effektivwert-Meßschaltungen entwickelt, die man elektrisch unmittelbar vor das Anzeigeinstrument schaltet. Eine praktisch bewährte Schaltung zur **echten Effektivwertmessung,** die bis zu einem Scheitelfaktor (= Scheitelwert/Effektivwert; s. Seite 16) von etwa 5 sehr genau arbeitet[1], zeigt Bild 8.2. Die dem Gleichrichter nachgeschaltete **Quadrierschaltung** approximiert mit Hilfe eines Diodennetzwerks ($D1$, $D2$ und $D3$) polygonartig eine annähernd **quadratische** Strom-Spannungs-Kennlinie. Ist der Momentanwert der gleichgerichteten Signalspannung $u(t)$ kleiner als die am Ladekondensator C stehende und während einer Periode T nahezu konstant bleibende Gleichspannung U_C, so sind alle 3 Dioden gesperrt. Überschreitet der Momentanwert der gleichgerichteten Spannung die Gleichspannung U_C, so werden die Dioden nacheinander leitend und schalten dabei zusätzliche Strompfade in den Instrumentenkreis ein. Der Ausgangsstrom $i\ (\sim u^2\ (t))$ lädt den Kondensator C, der sich seinerseits wiederum über den Innenwiderstand des Anzeigeinstrumentes entlädt. – Die Vorspannung der 3 Dioden erfolgt mit der am Kondensator C auftretenden und von der Gleichrichtung herrührenden Gleichspannung U_C, die die Schaltung sich gewissermaßen selbst zur Verfügung stellt. Entsprechend der Höhe des Effektivwertes der Signalspannung nimmt die erzielte quadratische Kennlinie somit einen mehr oder weniger steilen Verlauf. Auf diese Weise wird der Dynamikbereich des Effektivwertmessers außerordentlich groß. Die durch das Diodennetzwerk zunächst **quadrierte** und anschließend am Kondensator C **integrierte** Spannung wird hierbei **radiziert**. Damit ist die Gleichspannung U_C dem Effektivwert $\tilde{U}$ der Signalspannung $u\,(t)$ proportional:

$$U_C \sim \tilde{U} = \sqrt{\frac{1}{T} \cdot \int_0^T u^2(t)\,dt}$$

[1] Für die in der Praxis vorkommenden Kurvenformen ist dieser Wert vollkommen ausreichend.

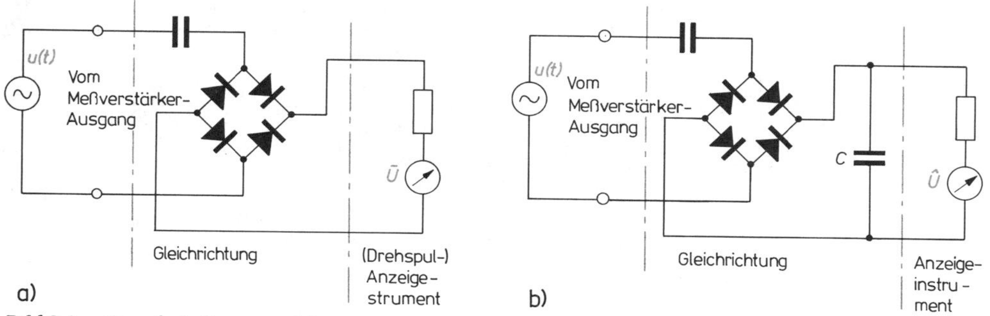

Bild 8.3. Grundschaltung zur Messung
a) des arithmetischen Mittelwertes – und b) des Scheitelwertes

8.1.2.2. Mittelwert- und Scheitelwertmessung

Zur Messung des arithmetischen Mittelwertes einer Wechselspannung schließt man das Anzeigeinstrument unmittelbar hinter dem Meßgleichrichter an, siehe Bild 8.3. a). Der durch das Instrument hindurchfließende Strom ist dem Mittelwert der gleichgerichteten Signalspannung proportional. Für die Anzeige benutzt man ein Drehspulinstrument[1]. – Bei sinusförmigen Signalspannungen unterscheidet sich der arithmetische Mittelwert um etwa −0,9 dB vom entsprechenden Effektivwert. –

Die Grundschaltung für die Messung des Scheitelwertes ist im Bild 8.3. b) dargestellt. Der dem Gleichrichter folgende Kondensator C wird jeweils auf den Scheitelwert der gleichgerichteten Signalspannung aufgeladen. Da mit dem Instrument die Kondensatorspannung gemessen wird, zeigt es gleichzeitig auch den Scheitelwert der Eingangswechselspannung an. Bedingt durch die endlichen Lade- und Entlade-Zeitkonstanten ist der angezeigte Spannungswert allerdings nicht streng genau. Für besonders exakte Scheitelwertmessungen benutzt man vorzugsweise einen Oszillografen. – Bei sinusförmigen Signalspannungen unterscheidet sich der Scheitelwert vom entsprechenden Effektivwert um +3 dB.

8.1.2.3. Pegelschreiber

Der zu messende Schalldruckpegel kann nicht nur auf einer Instrumentenskale angezeigt, sondern auch grafisch registriert werden. Dazu bedient man sich eines **Pegelschreibers.** Moderne Pegelschreiber besitzen einen eigenen Meßgleichrichter und ein eigenes umschaltbares Netzwerk zur Mittelwert-, Effektivwert- und Scheitelwertmessung, so daß sie umittelbar am Wechselspannungs-Ausgang des Pegelmesser-Verstärkers angeschlossen werden können. Die Aufzeichnung des Schalldruckpegels als Funktion der Zeit erfolgt auf einem fortlaufenden Registrierstreifen, siehe Bild 13.1. im Anhang. Pegelschreiber sind registrierende Spannungs(pegel)messer. Die grundsätzliche Funktionsweise veranschaulicht Bild 8.4.

Die zu registrierende Eingangsspannung $u(t)$ wird einem **Meßpotentiometer** zugeführt, dessen Schleifer mit einem **elektrodynamischen Antriebssystem** mechanisch gekoppelt ist. Die Kopplung erfolgt über ein Schreibgestänge, an dem auch der **Schreibstift** (Tintenpatrone für normales Papier, bzw. Safirstift für Wachspapier) befestigt ist. Das Meßpotentiometer ist Bestandteil eines **selbsttätigen Regelkreises.** Die am Schleifer des Potentiometers abgegriffene Signalspannung wird verstärkt, gleichgerichtet und mit einer festen **Referenzspannung** U_r verglichen. Die sich dabei ergebende **Differenzspannung** $(U_{gl} - U_r)$ steuert über einen Gleichstromverstärker das elektrodynamische Antriebssystem mit dem daran angekoppelten Potentiometerschleifer[1]. Die **Antriebsspule** (Tauchspule 1 im Bild 8.4.) wird dabei soweit bewegt, bis die Differenzspannung gleich Null wird. Jede Änderung der Eingangsspannung $u(t)$ wirkt auf den Regelkreis wie eine **Störgröße,** die durch eine entsprechende Verstellung des Potentiometerabgriffs ausgeregelt wird. Die Polarität der Differenzspannung bestimmt die Bewegungsrichtung. – Die Größe des Meßbereichs

---
[1] Drehspulinstrumente zeigen den arithmetischen Mittelwert an.

[1] Bei älteren Pegelschreibern wird das Schreibgestänge mit dem daran angekoppelten Potentiometerabgriff noch von einem Elektromotor bewegt (z. B.: **Neumann-Schreiber**).

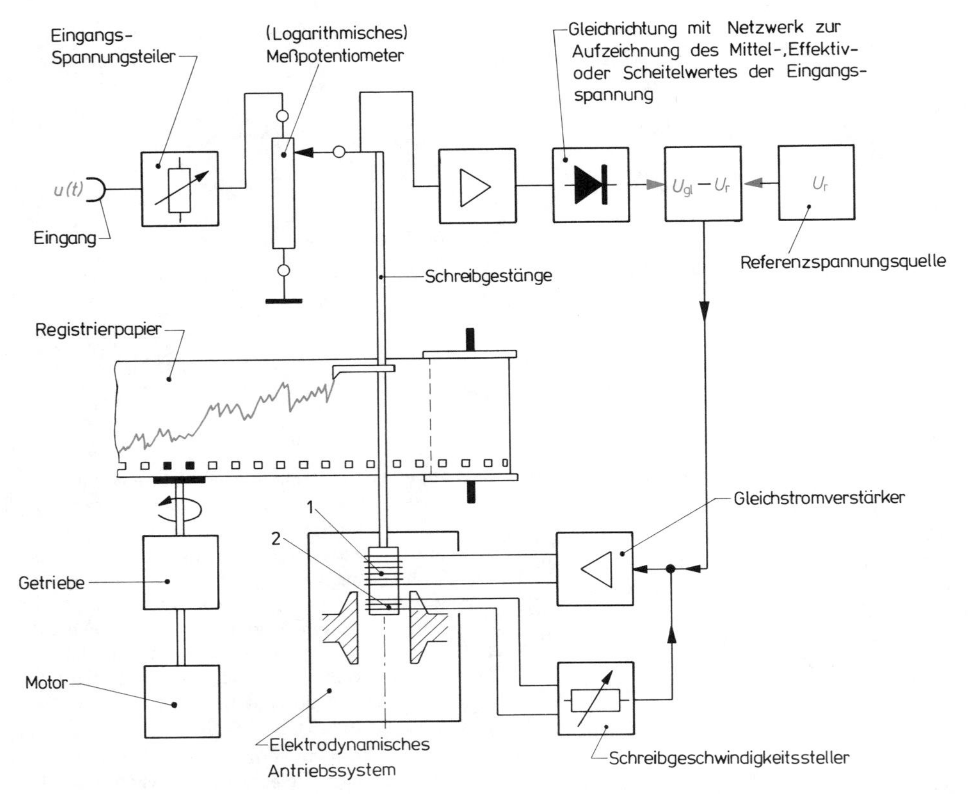

Bild 8.4. Vereinfachtes Blockschaltbild eines Pegelschreibers. 1 Antriebsspule 2 Bremsspule

(z.B.: 10, 25, 50, oder 75 dB) hängt vom jeweils eingesetzten Meßpotentiometer ab. Bei Verwendung eines logarithmischen Meßpotentiometers ist die Schleiferstellung dem Logarithmus der Eingangsspannung, d.h. dem Spannungspegel, proportional.

Das Antriebssystem enthält i.a. noch eine zweite Tauchspule (**Bremsspule**). In ihr wird bei jeder Schreibbewegung eine der **Schreibgeschwingigkeit** proportionale (Brems-)Spannung induziert, die über einen Steller auf den Eingang des Gleichstrom-Antriebsverstärkers zurückgeführt wird. Die Bremsspannung wirkt der Regelspannung entgegen. Auf diese Weise kann die höchstmögliche Schreibgeschwindigkeit auf einen Wert begrenzt werden, der auch bei sehr großen plötzlichen Pegeländerungen nicht überschritten wird. – Bei einer Papierbreite von 50 mm sind maximale Schreibgeschwindigkeiten von etwa 2 mm/s bis 1 m/s (in Stufen einstellbar) üblich. –

8.1.3. Mikrofonkalibrierung

Mikrofone, die für akustische Meßzwecke benutzt werden, zeichnen sich durch einen besonders **geradlinigen Frequenzgang** und eine sehr große **zeitliche Konstanz** ihres **elektroakustischen Übertragungsmaßes** aus. Jedem Meßmikrofon wird ein Kalibrierdokument mitgegeben, aus dem das exemplareigene Mikrofon-Übertragungsmaß entnommen werden kann. – Die Genauigkeit eines akustischen Meßergebnisses hängt sehr wesentlich auch von der Langzeitkonstanz der Eigenschaften sämtlicher nachgeschalteten elektrischen Geräte (Verstärker, Gleichrichter, usw.) ab. Ebenfalls von Einfluß ist – bei Verwendung eines Kondensator-Meßmikrofons – die Konstanz der Polarisationsspannung. Es ist daher unbedingt darauf zu achten, daß die **Kalibrierung**[1] eines Meßmikro-

[1] Die Begriffe **Kalibrierung** und **Eichung** werden häufig verwechselt. Eichungen führen grundsätzlich nur staatliche Eichbehörden durch.

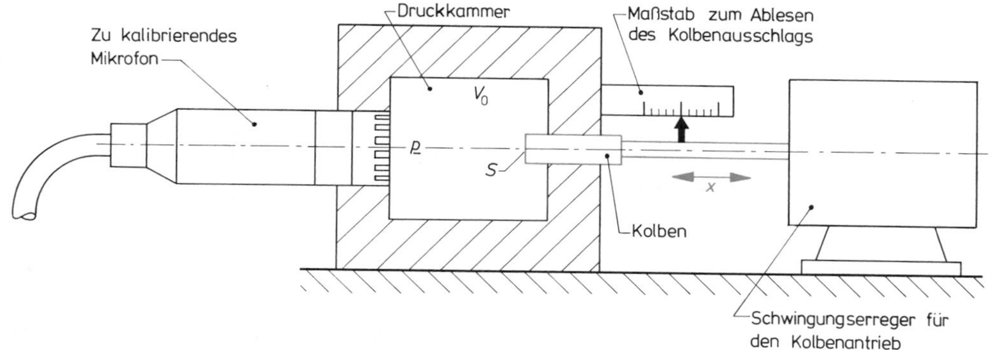

Bild 8.5. Mikrofonkalibrierung mit einem Pistonfon

fons – einschließlich der dazugehörigen Apparatur – von Zeit zu Zeit kontrolliert wird; erforderlichenfalls ist eine Nachkalibrierung durchzuführen. –

Bei der Kalibrierung eines Mikrofons wird entweder der **Druck-Übertragungsfaktor,** bzw. das **Druck-Übertragungsmaß**[1] oder aber der **Feld-Übertragungsfaktor,** bzw. das **Feld-Übertragungsmaß**[1] bestimmt. – Für die Ermittlung des Druck-Übertragungsmaßes gibt es verschiedene Möglichkeiten. Neben der **elektrostatischen Kalibrierung** mit einer Hilfselektrode (Kalibrierung über eine elektrostatische Ersatzkraft) oder der **Kalibrierung im Kundtschen Rohr** sind insbesondere **Druckkammerverfahren (Druckkammerkalibrierung)** sehr gebräuchlich. – Die Bestimmung des Feld-Übertragungsmaßes erfolgt im **freien Schallfeld (Freifeldkalibrierung).**

8.1.3.1. Druckkammerkalibrierung

Zwei der bekanntesten und in der Praxis besonders häufig verwendeten **Druckkammerverfahren** zur Bestimmung des Druck-Übertragungsfaktors, bzw. des Druck-Übertragungsmaßes eines Mikrofons sind das **Pistonfon** und das **Reziprozitätsverfahren.**–

Das **Pistonfon** besteht aus einer allseits geschlossenen, meist zylindrischen Kammer, deren innere Abmessungen klein gegenüber der benutzten Wellenlänge sind; man nennt eine solche Kammer auch **Druckkammer.** Mit Hilfe eines motorisch oder elektrodynamisch angetriebenen Kolbens wird darin ein **(Schall-)Wechseldruck** p erzeugt, der durch den größten Kolbenausschlag $\hat{x}$ (von Spitze zu Spitze gemessen) genau definiert und innerhalb der gesamten Druckkammer konstant ist, siehe Bild 8.5. Die Druckkammer wird mit dem zu kalibrierenden Mikrofon schalldicht abgeschlossen, wobei eine in der Kammerwand befindliche Kapillare für den erforderlichen statischen Druckausgleich sorgt. Der durch die Kolbenbewegung innerhalb der Druckkammer und somit auch an der Mikrofonmembran erzeugte Effektivwert des Schallwechseldrucks $\tilde{p}$ beträgt:

$$\tilde{p} = \frac{1}{\sqrt{2}} \cdot \frac{p_-}{V_0} \cdot \varkappa \cdot \frac{\hat{x}}{2} \cdot S$$

$\tilde{p}$ = Effektivwert des erzeugten Schalldrucks
p_- = atmosphärischer Luftdruck
V_0 = mittleres Kammervolumen
$\varkappa$ = Adiabatenexponent, siehe Abschnitt 2.2.1.1.
$\hat{x}$ = Kolbenamplitude, von Spitze zu Spitze gemessen
S = Kolbenfläche

Die Größe des Kolbenausschlags $\hat{x}$ kann an einem eigens dafür vorgesehenen Maßstab abgelesen werden. Es gibt auch Pistonfone, bei denen der Kolbenausschlag mit einem **Meßmikroskop** gemessen wird. – Die oben stehende Gleichung gilt nur für eine **adiabatische Kompression,** d. h. für eine Kompression ohne Wärmeausgleich.

Eine genaue Kalibrierung ist mit dem Pistonfon nur innerhalb eines eingeschränkten Frequenzbereichs (etwa 30 bis 300 Hz) möglich. Nach hohen Frequenzen hin wird dieser Bereich durch

[1] Beide Übertragungsmaße beziehen sich gemäß DIN 45590 auf den Bezugs-Übertragungsfaktor B_{E0} = 10 Vm²/N, s. a. Abschnitt 7.3.

die zunehmende Ungleichmäßigkeit der Schalldruckverteilung im Innern der Druckkammer begrenzt. Bei sehr tiefen Frequenzen hingegen ergeben sich Kalibrierfehler infolge des Übergangs von der adiabatischen in eine isotherme Kompression. Hinzu kommt noch der Einfluß der – gerade bei tiefen Frequenzen – nicht immer als ausreichend anzusehenden Kammerabdichtung. – Die mit einem Pistonfon erzielbare Kalibriergenauigkeit liegt je nach Sorgfalt und Aufwand bei $\pm$ 3 %, entsprechend etwa $\pm$ 0,3 dB. –

Eine recht genaue Methode zur Kalibrierung von Mikrofonen stellt das **Reziprozitätsverfahren** dar. Die verbleibende Meßunsicherheit läßt sich hierbei bis auf $\pm$ 0,3 %, entsprechend etwa $\pm$ 0,03 dB, reduzieren. Das Reziprozitätsverfahren beruht auf der Umkehrbarkeit reversibler elektroakustischer Wandler, d.h. auf der Anwendung des **Reziprozitätstheorems**, siehe Abschnitt 7.3., bzw. S. 97. Es ist prinzipiell sowohl in der Druckkammer (**Druckkammerkalibrierung**) als auch im freien Schallfeld (**Freifeldkalibrierung**) anwendbar. – Einfacher in der Handhabung ist die Druckkammerkalibrierung nach dem Reziprozitätsverfahren.

Die Kalibrierung erfolgt grundsätzlich in zwei Schritten:

1. Schritt: Das zu kalibrierende Mikrofon Mi_x wird zusammen mit einem zweiten Mikrofon Mi_{re}, einem **reversiblen Schallwandler,** in einer **Druckkammer** mit dem gleichen Schalldruck beschallt. An den Mikrofonen werden dabei die Leerlaufspannungen $\tilde{u}_x$ und $\tilde{u}_{re}$ gemessen.

2. Schritt: Das zweite Mikrofon Mi_{re} wird nun als **Schallsender** betrieben, und zwar mit einem Speisestrom $\tilde{i}'_{re}$. Am Mikrofon Mi_x ergibt sich dabei eine Leerlaufspannung von $\tilde{u}_x'$.

Damit kann der **Leerlaufübertragungsfaktor** $B_{l\mathrm{Ex}}$ des zu kalibrierenden Mikrofons Mi_x errechnet werden (siehe auch Anhang):

$$B_{l\mathrm{Ex}} = \sqrt{\frac{\tilde{u}_x'}{\tilde{i}'_{re}} \cdot \frac{\tilde{u}_x}{\tilde{u}_{re}} \cdot I_D}$$

$$I_D = \frac{\omega \cdot V_0}{\varkappa \cdot p_-},$$

Reziprozitätsparameter in der Druckkammer[1]

V_0 = Kammervolumen

$\varkappa$ = Adiabatenexponent (des Druckkammergases)

p_- = atmosphärischer Luftdruck

Ist der Schallwandler Mi_{re} z.B. ein **Kondensatormikrofon** mit einer Kapselkapazität C_{re}, so kann $\tilde{i}'_{re}$ auch durch den Ausdruck

$$\tilde{i}'_{re} = \tilde{u}'_{re} \cdot \mathrm{j}\omega C_{re}$$

ersetzt werden. Die obige Gleichung für den Leerlaufübertragungsfaktor $B_{l\mathrm{Ex}}$ lautet dann

$$B_{l\mathrm{Ex}} = \sqrt{\frac{\tilde{u}_x'}{\tilde{u}'_{re}} \cdot \frac{\tilde{u}_x}{\tilde{u}_{re}} \cdot \frac{V_0}{\varkappa \cdot p_- \cdot C_{re}}}.$$

Mit Hilfe des Reziprozitätsverfahrens läßt sich der Übertragungsfaktor eines Mikrofons – unter Umgehung einer quantitativen Messung akustischer Größen – lediglich durch die Messung zweier Verhältnisse von insgesamt vier elektrischen Größen bestimmen.

8.1.3.2. Freifeldkalibrierung

Die **Freifeldkalibrierung** eines Mikrofons wird im **freien Schallfeld** durchgeführt; in der Praxis bedient man sich dazu meist eines **reflexionsfreien** („schalltoten") **Raumes**, siehe Abschnitt 8.1.4. Am gebräuchlichsten sind die folgenden beiden Verfahren, bei denen der Übertragungsfaktor des zu kalibrierenden Mikrofons durch einen **Vergleich** mit einem **Normalmikrofon** (= Mikrofon mit sehr genau bekanntem Übertragungsfaktor) gewonnen wird:

1. Substitutionsvergleich. Das Normalmikrofon und das zu kalibrierende Mikrofon werden in einem freien Schallfeld, das z.B. durch einen Lautsprecher erzeugt wird, nacheinander an den gleichen Meßort gebracht. Die dabei gemessenen Mikrofonspannungen verhalten sich zueinander wie die entsprechenden Übertragungsfaktoren:

$$\frac{\tilde{u}_x}{\tilde{u}_N} = \frac{B_{Ex}}{B_{EN}}$$

Index N: Normalmikrofon

Das Verhältnis der beiden Spannungen kann mit Hilfe einer **Eichleitung** sehr genau bestimmt werden. –

2. Direkter Vergleich. Beide Mikrofone werden im (freien) Schallfeld symmetrisch zur Schallquelle (Lautsprecher) angeordnet. Das Normal-

[1] Bei der Anwendung des Reziprozitätsverfahrens im *freien Schallfeld* steht in der Gleichung für $B_{l\mathrm{Ex}}$ an Stelle von I_D der **Reziprozitätsparameter** $I = \frac{4\pi r}{\varrho_- \cdot \omega}$, siehe Abschnitt 7.3.

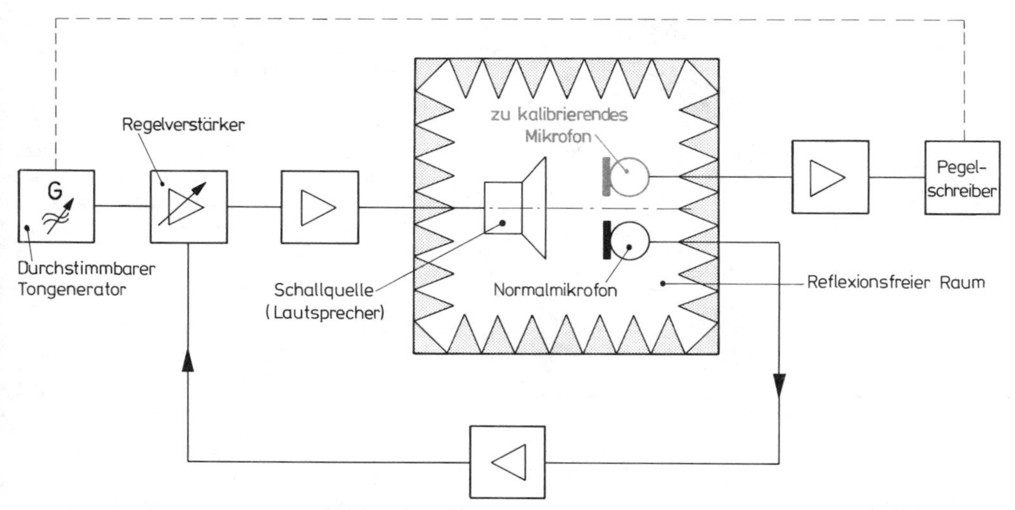

Bild 8.6. Freifeldkalibrierung eines Mikrofons durch direkten Vergleich mit einem Normalmikrofon

mikrofon übernimmt dabei die Funktion eines **Regelmikrofons**; es steuert über einen Regelverstärker die Speisung des Lautsprechers so, daß am Ort der beiden Mikrofone der Schalldruck über den gesamten interessierenden Frequenzbereich hinweg konstant bleibt. – Schließt man das zu kalibrierende Mikrofon an einen Pegelschreiber an, so kann man – sofern der verwendete Tongenerator stetig durchstimmbar ist – auch den Frequenzgang des zu ermittelnden Übertragungsmaßes aufzeichnen, siehe Bild 8.6. Dieses Verfahren ist zwar nicht ganz so genau wie die **Substitutionsmethode**, dafür ist es aber einfacher und zeitlich unaufwendiger in der Handhabung. Es eignet sich für **automatisierte Messungen.**

8.1.4. Akustische Meßräume

Die Ausbildung eines Schallfeldes wird in einem allseits geschlossenen Raum sehr stark durch die Gestalt und die Materialeigenschaften der Raumbegrenzungsflächen beeinflußt. – In der akustischen Meßtechnik arbeitet man mit **zwei Typen** von **Meßräumen**, deren akustische Eigenschaften einander extrem entgegengesetzt sind. Es sind dies der **reflexionsarme** oder auch **reflexionsfreie Raum** und der **Hallraum.**

8.1.4.1. Der reflexionsarme Raum

Der **reflexionsarme** (häufig auch als „schalltot“ bezeichnete) **Raum** ist ein akustischer Meßraum, der zur Erzeugung eines **freien Schallfeldes** dient. Schallwellen, die von einer in ihm befindlichen Schallquelle – das ist i. a. ein Lautsprecher – abgestrahlt werden, breiten sich (praktisch) **reflexionsfrei**, d. h. ausschließlich als **fortschreitende Wellen** aus. Zu diesem Zweck sind die Begrenzungsflächen (Wände, Boden und Decke) eines solchen Raumes lückenlos mit **keilförmigen Schallabsorbern** aus gepreßten Glas- oder Mineralfasern ausgekleidet, wobei die Keilspitzen in den Raum hineinragen, siehe Bild 8.7. Die schallabsorbierende Wirkung derartiger Wandauskleidungen ist allerdings frequenzabhängig, sie nimmt nach tiefen Frequenzen hin ab. In sehr sorgfältig aufgebauten Räumen wird die auftreffende Schallenergie im Tonfrequenzbereich oberhalb von etwa 100 Hz zu mehr als 99,9% absorbiert. Das entspricht einem Reflexionsfaktor (siehe auch Abschnitt 4.2.3.2.) von $r < \sqrt{1 - 0{,}999} = 0{,}0316$ (entsprechend 3,16%). – Die **untere Grenzfrequenz** eines reflexionsfreien Raumes ist definiert als diejenige Frequenz, bei der der Reflexionsfaktor $r = 0{,}1$ (entsprechend 10%), bzw. der Absorptionsgrad $\alpha = 1 - r^2 = 0{,}99$ (entsprechend 99%) beträgt; von der auftreffenden Schallenergie wird dabei nur 1% reflektiert. –

Reflexionsarme Räume benutzt man u. a. beispielsweise zur Untersuchung, Entwicklung und (Freifeld-) Kalibrierung von Schallempfängern und Schallsendern (Mikrofone, Lautsprecher), zur Aufnahme von Richtdiagrammen, für akustisch-

Bild 8.7. Beispiel für die Auskleidung eines reflexionsarmen Raumes

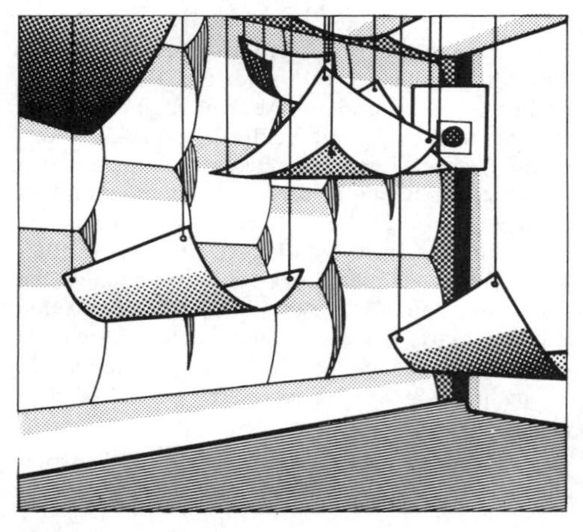

Bild 8.8. Hallraum

physiologische Versuche oder auch zur Geräuschmessung an Industrieerzeugnissen.

8.1.4.2. Der Hallraum

Im Gegensatz zum reflexionsfreien Raum sind die Begrenzungsflächen eines **Hallraumes** hart und besonders gut reflektierend ausgebildet. Die Schallwellen erfahren daran eine Vielzahl von aufeinanderfolgenden Reflexionen. Es entsteht dabei ein **diffuses Schallfeld**.

Das Raumvolumen liegt in der Praxis zwischen etwa 100 und 300 m^3. Die Wände sind meist durch ein unregelmäßiges Relief uneben gestaltet und i.a. nicht parallel zueinander angeordnet, siehe Bild 8.8. Zur Erzielung einer möglichst großen Diffusität werden zusätzlich noch **Streukörper** (z.B. gebogene Plexiglasplatten) in den Raum gehängt.

Die Nachhallzeit eines Hallraumes ist über den gesamten Tonfrequenzbereich hin so groß (bis zu 5 s und mehr), daß sich nach Inbetriebnahme einer Schallquelle ein über den gesamten Raum (praktisch) konstanter Schalldruckpegel einstellt. Hallräume werden in der Hauptsache zur Messung der von einer Schallquelle abgestrahlten Schallleistung, sowie zur Bestimmung des Absorptionsgrades von Schallschluckstoffen verwendet. –

8.1.5. Schallanalyse

Jeder Schallvorgang kann als **Zeitfunktion** seines Schalldrucks $p(t)$ dargestellt und, sofern man den Vorgang mit einem Mikrofon aufnimmt, auch auf dem Bildschirm eines Oszillografen sichtbar gemacht werden. – **Zusammengesetzte periodische Schallereignisse** lassen sich durch die **Fourieranalyse** in ihre harmonischen Anteile zerlegen. Die Durchführung der Fourierzerlegung auf experimentellem Wege, und zwar mit Hilfe von Meßgeräten, ist im wesentlichen die Aufgabe der **Schallanalyse**. Es werden dabei auch nichtperiodische Vorgänge analysiert.

Entsprechend der Bedeutung, die der Ermittlung der **spektralen Zusammensetzung** von Schallereignissen zukommt, wurden bereits sehr früh geeignete Mittel und Verfahren für eine Schallanalyse gesucht und gefunden. Erinnert sei in diesem Zusammenhang beispielsweise an die **Klanguntersuchungen** mit **Ohr-Resonatoren (v. Helmholtz)**, bzw. mit **Stimmgabeln (C. Stumpf)**. – Die moderne Technik der Schallanalyse bedient sich ausschließlich **elektrischer Resonatoren,** bzw. **Filter.**

8.1.5.1. Suchtonanalysator

Das **Suchtonverfahren** eignet sich zur Analyse von periodischen Schallvorgängen mit einem nicht zu dicht besetzten Linienspektrum. Das zu analysierende Frequenzspektrum wird zusammen mit einer kontinuierlich veränderbaren **Such(ton)-**

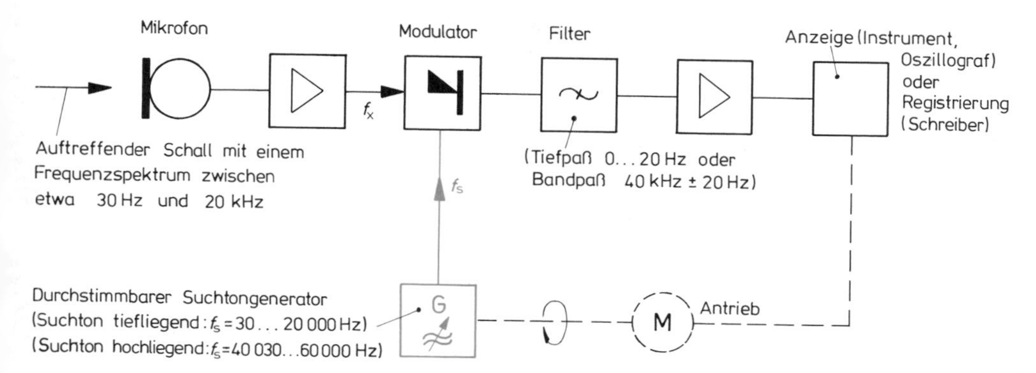

Bild 8.9. Blockschaltbild eines Suchtonanalysators nach M. Grützmacher

frequenz f_s konstanter Amplitude einem Modulator zugeführt und darin gemischt. Das Mischergebnis durchläuft ein **Filter (Tiefpaß** oder **Bandpaß)** und wird dahinter zur Anzeige gebracht oder registriert, siehe Bild 8.9.

Man unterscheidet grundsätzlich zwischen Suchtonanalysatoren mit **tiefliegendem** ($f_s = 30\ldots 20000$ Hz, **Tieftonverfahren)** und mit **hochliegendem** ($f_s = 40030\ldots 60000$ Hz, **Hochtonverfahren) Suchton.** – Jede Frequenz f_x des zu analysierenden Frequenzgemisches ergibt zusammen mit der Suchtonfrequenz f_s hinter dem Modulator als erste Seitenschwingungen die **Differenzfrequenz** $f_1 = f_s - f_x$ und die **Summenfrequenz** $f_2 = f_s + f_x$.

1. Tieftonverfahren. Beim Tieftonverfahren ist das Filter i.a. ein **Tiefpaß,** dessen Durchlaßbereich unterhalb des Analysierbereichs liegt (z.B.: 0...20 Hz). Nähert sich bei langsamem Durchstimmen des Suchtongenerators die Suchtonfrequenz f_s von unten her einer Frequenz f_x des Spektrums, so nimmt die Differenzfrequenz f_1 zunächst kontinuierlich ab, erreicht bei Frequenzgleichheit ($f_s = f_x$) den Wert **Null** und steigt mit weiter anwachsender Suchtonfrequenz wieder an. Die analysierte Frequenz f_x ($= f_s$) erscheint in der geschriebenen Anzeige als **Senke (Schwebungsnull)** mit zwei seitlich gelegenen Spitzen, siehe Bild 8.10.a.). – Die Summenfrequenz f_2 steigt während dieses Vorganges monoton an; sie liegt außerhalb des Tiefpaß-Durchlaßbereichs und kommt infolgedessen nicht zur Anzeige.

2. Hochtonverfahren. Beim Hochtonverfahren ist das Filter ein **Bandpaß,** dessen Mittenfrequenz oberhalb des Analysierbereichs liegt. (z.B.: 40 kHz ± 20 Hz). In diesem Falle werden immer nur diejenigen Frequenzen f_x angezeigt, die mit der Suchtonfrequenz f_s eine Differenzfrequenz ($f_s - f_x$) von 40 kHz ± 20 Hz ergeben. Im Gegen-

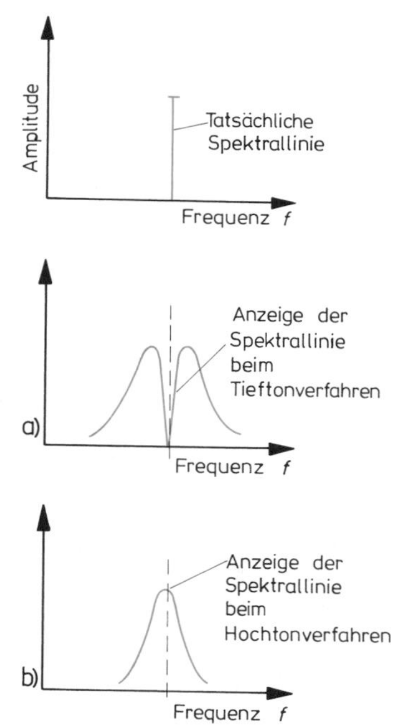

Bild 8.10. Anzeige einer Spektrallinie bei einem Suchtonanalysator

a) nach dem Tieftonverfahren – und

b) nach dem Hochtonverfahren

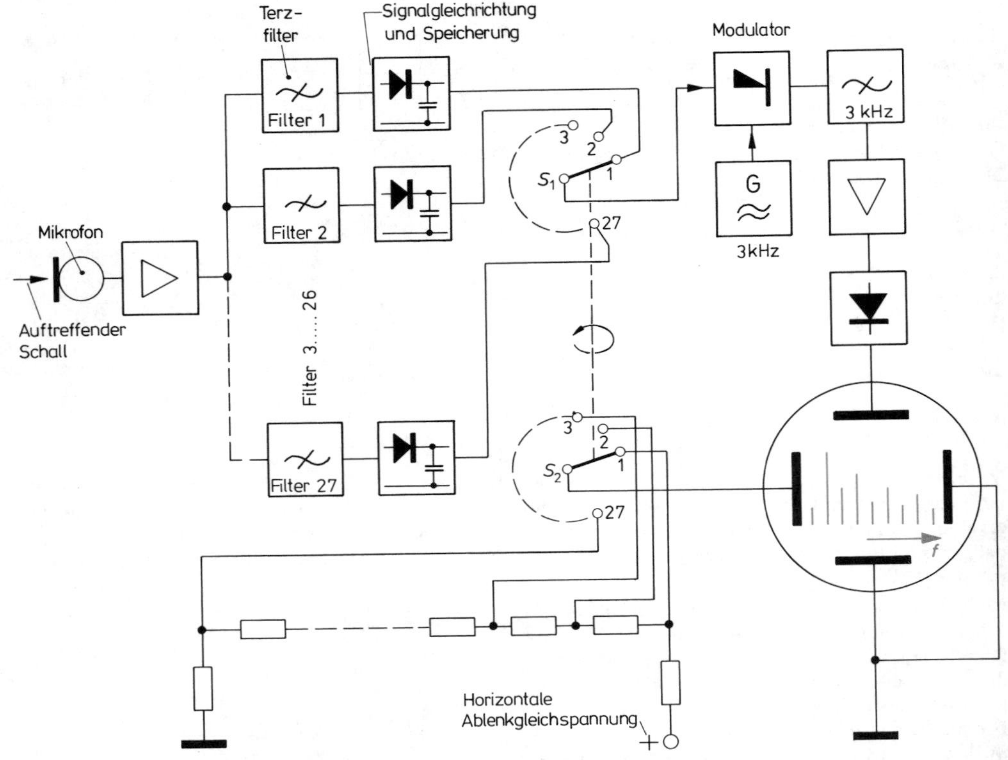

Bild 8.11. Blockschaltbild eines Tonfrequenzspektrometers nach E. Freystedt

satz zum Tieftonverfahren erscheint hier jede analysierte Frequenz f_x als **Spitze** in der geschriebenen Anzeige, siehe Bild 8.10. b). –

Die Amplituden-Anzeigegenauigkeit eines Suchtonanalysators wird von der **Verweilzeit** des Suchtones innerhalb des Filter-Durchlaßbereichs bestimmt. Eine amplitudenrichtige Anzeige erfolgt nur im **eingeschwungenen Zustand** des Filters. Die **Einschwingzeit** τ wiederum hängt von der **Grenzfrequenz** f_g (beim **Tiefpaß**), bzw. von der **Bandbreite** Δf (beim **Bandpaß**) des betreffenden Filters ab:

Tiefpaß	$\tau_{TP} = \dfrac{\pi}{\omega_g} = \dfrac{1}{2f_g}$
Bandpaß[1]	$\tau_{BP} = \dfrac{2\pi}{\Delta\omega} = \dfrac{1}{\Delta f}$

Je schmalbandiger das verwendete Filter ist, um so größer wird die erzielbare **Analysierschärfe**. In gleichem Maße erhöht sich aber auch die Einschwingzeit τ, so daß für eine genaue Frequenzanalyse ein entsprechender **Zeitaufwand** erforderlich ist. – Schreibt man nach **K. Küpfmüller** eine Verweilzeit von $t_v \geq 20 \cdot \tau$ vor, so ist der verbleibende Amplituden-Anzeigefehler $< 10\%$.

Beispiel: Es soll ein Klangspektrum von 0 bis 16 kHz untersucht werden, wobei die Bandbreite des dazu verwendeten Filters $\pm$ 20 Hz (= 40 Hz) beträgt.

Gesucht: Die Analysierzeit für das gesamte Spektrum. – Lösung: Die Verweilzeit t_v ist

[1] Das Produkt $\tau \cdot \Delta f = 1$ bezeichnet man auch als **Unschärferelation.** Diese besagt, daß zwischen der für eine Übertragung vorhandenen Bandbreite Δf und der dafür erforderlichen Übertragungs-, bzw. Beobachtungszeit τ (= Δt) ein fester Zusammenhang besteht.

$20 \cdot \tau = 20 \cdot \frac{1}{40} = 0{,}5$ s für 40 Hz. Bei einer **konstanten Durchstimmgeschwindigkeit** von 80 Hz/s dauert die gesamte Analyse 200 s = 3 min 20 s.

8.1.5.2. Tonfrequenzspektrometer

Tonfrequenzspektrometer benutzt man zur Analyse **schnell veränderlicher Schallereignisse.** Das zu analysierende Signal wird mit einem Mikrofon aufgenommen und gelangt an die Eingänge eines Filtersatzes. In der Regel sind es 27 **Terzfilter,** die gemeinsam einen Frequenzbereich von 36 Hz bis 18,432 kHz erfassen. Ihre Eingänge sind **parallelgeschaltet.** – Am Ausgang jedes einzelnen Filters erfolgt eine Amplitudenauswertung (Gleichrichtung und Speicherung), deren Ergebnis von einem mit etwa 20 Umdrehungen pro Sekunde rotierenden Schalter (S_1) oder auch elektronisch (mit der gleichen Frequenz) abgetastet und mittels eines Modulators einer Festfrequenz von beispielsweise 3 kHz aufmoduliert wird. Über ein Bandfilter (3 kHz) und einen nachgeschalteten Verstärker mit nochmaliger Gleichrichtung gelangt das Resultat der Analyse schließlich an die Vertikalplatten einer Oszillografen-Bildröhre, siehe Bild 8.11. – Synchron zur Abtastung durch den Schalter S_1 versorgt ein zweiter Schalter S_2 die Horizontalplatten der Bildröhre stufenweise mit der zum jeweiligen (Terz-)Filter gehörenden Ablenkgleichspannung. Jeder Filtermittenfrequenz ist eine ganz bestimmte Horizontalauslenkung zugeordnet. Die an den Filterausgängen ausgewerteten Amplituden erscheinen somit auf dem Bildschirm der Oszillografenröhre als nebeneinander stehende **Spektrallinien.**

Infolge der Parallelschaltung der Terzfiltereingänge befinden sich die Filter selbst stets im eingeschwungenen Zustand. Die Durchführung der Analyse ist daher nicht so zeitaufwendig wie beispielsweise beim Suchtonverfahren. Die Genauigkeit der spektralen Auflösung wird naturgemäß durch die Anzahl der Terzfilter bestimmt. Der zu analysierende Schallvorgang sollte sich während der Zeit eines Schalterumlaufs (= 1/20 s) nicht ändern.

8.1.5.3. Terz/Oktavsieb-Analysator

Terz/Oktavsieb-Analysatoren bestehen im wesentlichen aus einem Satz umschaltbarer **Terz-** und **Oktav-Bandpaßfilter,** deren Mittenfrequenzen i.a. der ISO-Reihe entsprechen, siehe Tafel 8.1. Die Durchlaßbereiche der einzelnen Filter schließen lückenlos aneinander an.

Analysatoren dieser Art werden in der Praxis häufig **in Verbindung** mit einem **Pegelschreiber** – beispielsweise zur Analyse von Dauergeräuschen – verwendet. Die Umschaltung der Filterausgänge wird dabei vom Pegelschreiber ferngesteuert, siehe Bild 8.12. Die Analysiergeschwindigkeit wird in diesem Falle vom Schreiber bestimmt.

Tafel 8.1. Vorzugsreihe für Terz- und Oktavband-Mittenfrequenzen nach der ISO-Empfehlung R 266.

Mittenfrequenz in Hz	Terzfilter	Oktavfilter	Mittenfrequenz in Hz	Terzfilter	Oktavfilter
12,5	+		800	+	
16	+	+	1000	+	+
20	+		1250	+	
25	+		1600	+	
31,5	+	+	2000	+	+
40	+		2500	+	
50	+		3150	+	
63	+	+	4000	+	+
80	+		5000	+	
100	+		6300	+	
125	+	+	8000	+	+
160	+		10000	+	
200	+		12500	+	
250	+	+	16000	+	+
315	+		20000	+	
400	+		25000	+	
500	+	+	31500	+	+
630	+		40000	+	

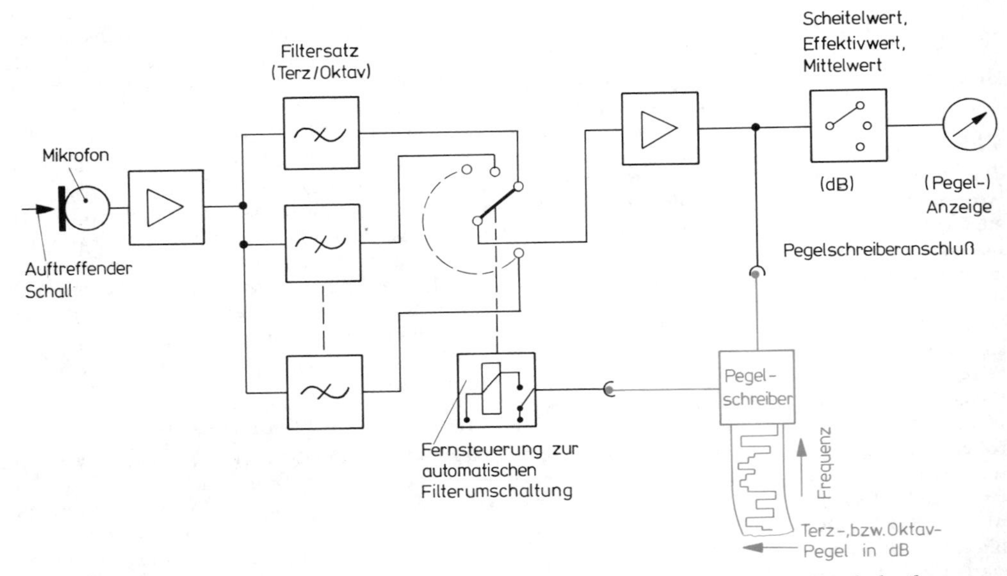

Bild 8.12. Blockschaltbild eines Terz/Oktavsieb-Analysators mit angeschlossenem Pegelschreiber

8.1.6. Korrelationsmeßtechnik

Bei der Lösung von akustischen und schwingungstechnischen Aufgaben kann die Korrelationsmeßtechnik oft eine sehr wertvolle Hilfe sein, sei es bei der Messung und Analyse von periodischen Signalen, die bereits weit unterhalb des Rauschpegels liegen **(Autokorrelation)** oder aber bei der Detektion und Lokalisation von Störschallquellen **(Kreuzkorrelation).**

8.1.6.1. Korrelationsfunktion

Die Korrelationsanalyse ermöglicht es, eine Aussage über den **Grad** einer etwaigen **strukturellen Verwandtschaft** oder **Ähnlichkeit** zwischen zwei **stationären Signalen** $s_1(t)$ und $s_2(t)$ zu machen, die als **Zeitfunktion** vorliegen. Es wird dabei festgestellt, in welchem Maße das Signal $s_1(t)$ mit dem um eine bestimmte Zeit τ *verzögerten* Signal $s_2(t+\tau)$ noch „*korreliert*" ist. Als Ergebnis bekommt man die verzögerungszeitabhängige **Korrelationsfunktion** $k_{12}(\tau)$, die definitionsgemäß durch den folgenden Ausdruck gegeben ist:

$$k_{12}(\tau) = \lim_{T\to\infty} \frac{1}{2T} \cdot \int_{-T}^{+T} s_1(t) \cdot s_2(t+\tau)\,dt$$

$$= \overline{s_1(t) \cdot s_2(t+\tau)}$$

τ = **Verzögerungszeit** oder **Zeitverschiebungsparameter**

T = **Integrations-** oder **Beobachtungszeit**

Wiederholt man die durch diese Definitionsgleichung vorgeschriebene Rechenoperation für beliebig viele, voneinander verschiedene Zeitverzögerungswerte τ, so kann man die Funktion $k_{12}(\tau)$ durch einen zusammenhängenden Kurvenzug darstellen. Da hier die *korrespondierenden* Eigenschaften von *zwei verschiedenen Signalen* untersucht werden, bezeichnet man $k_{12}(\tau)$ als **Kreuzkorrelationsfunktion.** – In analoger Weise kann man auch nur *ein* Signal analysieren, indem man seine strukturelle Ähnlichkeit mit „*sich selbst*" bei verschiedenen Verzögerungszeiten τ feststellt. Die sich hierbei ergebende Korrelationsfunktion $k_{11}(\tau)$ bezeichnet man als **Autokorrelationsfunktion:**

$$k_{11}(\tau) = \lim_{T\to\infty} \frac{1}{2T} \cdot \int_{-T}^{+T} s_1(t) \cdot s_1(t+\tau)\, dt = \overline{s_1(t) \cdot s_1(t+\tau)}$$

Die gesamte **Korrelationsanalyse** besteht somit formal aus den Operationen

Zeitverschiebung, Produktbildung und **Mittelung**

von *zwei verschiedenen* bzw. *zwei identischen Zeitfunktionen.* Die **Einheit** der **Korrelationsfunktion** ist diejenige einer **quadratischen Größe,** z.B. $(N/m^2)^2$, V^2, o.ä.

Für die technische Durchführung von Korrelationsanalysen gibt es eine Reihe von sehr leistungsfähigen und relativ einfach zu bedienenden **Korrelationsmeßgeräten** (= **Korrelatoren**), bei denen die Infinitesimalrechnung i.a. durch eine endliche Reihe approximiert wird:

$$k(\tau) = \frac{1}{N} \cdot \sum_{n=1}^{N} s(n \cdot \Delta t) \cdot s(n \cdot \Delta t + \tau)$$

N = **Gesamtzahl** der in gleichgroßen Zeitabständen oder -inkrementen Δt nacheinander gemessenen Ordinatenwerte (= **Proben**) der Signalzeitfunktion $s(t)$

Δt = **Zeitinkrement,** wobei $1/\Delta t \geqq 2 \cdot$ Signalbandbreite sein sollte

Die grafische Darstellung der Autokorrelationsfunktion $k_{11}(\tau)$ ergibt an der Stelle $\tau = 0$ unabhängig vom zeitlichen Verlauf des zu analysierenden Signals stets ein **positives Maximum**[1]), d.h. zwischen $s_1(t)$ und $s_1(t+0)$ besteht **Identität** (= Höchstmaß an Ähnlichkeit), s.a. Bild 8.13. Für alle übrigen Werte von $\tau \neq 0$ erhält man bei **nichtperiodischen** Zeitfunktionen $k_{11}(\tau)$-Werte, die stets kleiner sind als $k_{11}(0)$ und mit größer werdendem τ gegen Null streben, s. Bild 8.13b); die Autokorrelationsfunktion strebt mit wachsendem τ dem Wert Null um so schneller entgegen je größer die **Bandbreite des Signals** ist. – Bei **periodischen** Zeitfunktionen dagegen erreicht die Autokorrelationsfunktion $k_{11}(\tau)$ nach einer Zeitverschiebung τ von $n \cdot 1/f$ ($n = 1, 2, 3, \ldots$; $1/f$ = Periodendauer des Signals) jeweils den gleichen Wert wie für $\tau = 0$. Das Autokorrelogramm eines periodischen Signals ergibt folglich eine ebenfalls periodische, ungedämpfte Zeitfunktion von gleicher Grundfrequenz, siehe Bild 8.13a); die Autokorrelationsfunktion einer Sinusschwingung ist eine Kosinusfunktion, das Autokorrelogramm einer Rechteckschwingung ergibt eine frequenzgleiche Dreiecksfunktion, und aus einer autokorrelierten Dreieckschwingung wird eine aus Parabelstücken zusammengesetzte Zeitfunktion. Auf dieser Tatsache beruht das wichtigste Anwendungsgebiet für die **Autokorrelationsanalyse,** nämlich die **Erkennung** und **Störbefreiung** sehr **stark verrauschter periodischer Signale.** –

Die **Kreuzkorrelationsanalyse** eignet sich vorzugsweise zur **Untersuchung** von **Signalübertragungswegen.** Beschallt man beispielsweise einen Raum mit einem nichtperiodischen Signal $s_1(t)$, z.B. mit breitbandigem Rauschen, und führt man mit dem nach einer bestimmten Laufzeit wieder empfangenen Signal $s_2(t)$ sowie dem ursprünglich ausgesendeten Signal $s_1(t)$ eine Kreuzkorrelation durch, so erscheint im Kreuzkorrelogramm ein Maximum an einer Stelle τ, die der **Laufzeit** des Signals entspricht. Auf diese Weise kann man z.B. die **Entfernung** und **Richtung** einer Geräuschquelle sehr genau bestimmen. Bei mehreren möglichen Signalübertragungswegen erscheinen im Kreuzkorrelogramm entsprechend viele Maxima, s. Bild 8.14.

8.1.6.2. Spektrale Leistungsdichte

Aus der Korrelationsfunktion kann man mit Hilfe der **Fourier-Transformation** (= **Übergang** vom **Zeitbereich** in den **Frequenzbereich**) die **spektrale Leistungsdichte** des zu analysierenden Signals bekommen. Die **Fourier-Transformierte** der **Kreuzkorrelationsfunktion** $k_{12}(\tau)$ ergibt das **Kreuzleistungsspektrum** (auch: **Spektrale Kreuzleistungsdichte)**

$$K_{12}(\omega) = \int_{-\infty}^{+\infty} k_{12}(\tau) \cdot e^{-j\omega\tau}\, d\tau,$$

[1]) Physikalisch von Bedeutung ist die Autokorrelationsfunktion $k_{11}(0)$ insofern, als sie der Signalleistung (= **Autoleistung**) proportional ist:

$$k_{11}(0) = \lim_{T\to\infty} \frac{1}{2T} \cdot \int_{-T}^{+T} s_1^2(t)\, dt = \overline{s_1^2(t)}$$

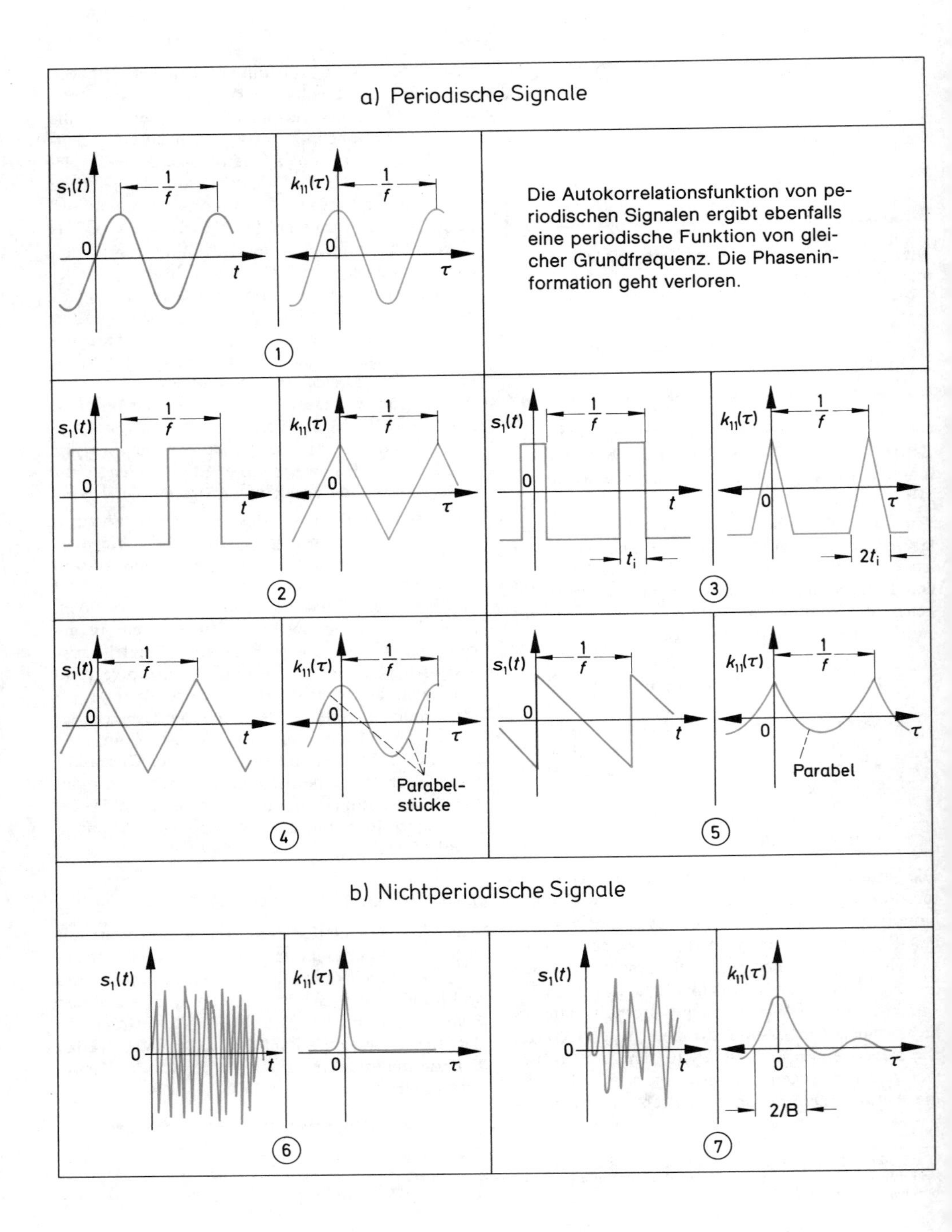
a) Periodische Signale
Die Autokorrelationsfunktion von periodischen Signalen ergibt ebenfalls eine periodische Funktion von gleicher Grundfrequenz. Die Phaseninformation geht verloren.
$s_1(t)$
$k_{11}(\tau)$
$\frac{1}{f}$
0
t
τ
t_i
$2t_i$
Parabelstücke
Parabel
b) Nichtperiodische Signale
2/B
1
2
3
4
5
6
7

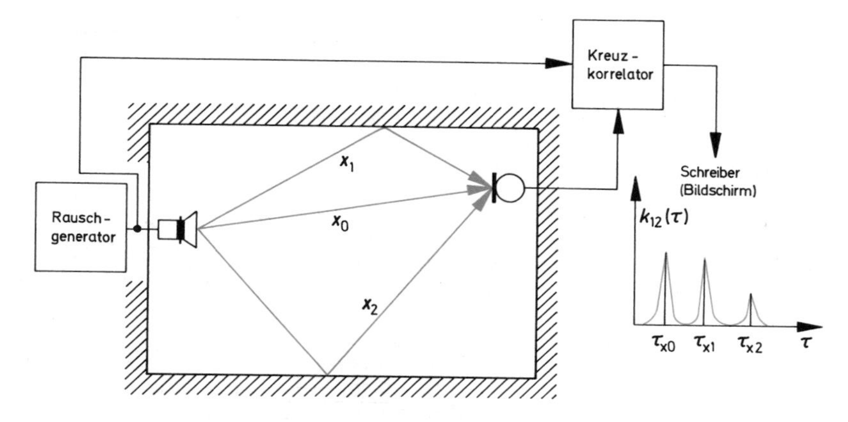

Bild 8.13. Gegenüberstellung von Zeitfunktion $s_1(t)$ und Autokorrelationsfunktion $k_{11}(\tau)$ von einigen typischen periodischen und nichtperiodischen Signalfunktionen:

a) Periodische Signale
1. *Sinusschwingung*
2. *Rechteckschwingung*
3. *Impulsfolge*
4. *Dreieckschwingung*
5. *Sägezahnschwingung*

b) Nichtperiodische Signale
6. *Breitbandiges Rauschen*
7. *Bandbegrenztes Rauschen*

während die **Fourier-Transformierte** der **Autokorrelationsfunktion** $k_{11}(\tau)$ das **(Auto-)Leistungsspektrum** (auch: **Spektrale (Auto-)Leistungsdichte**)

$$K_{11}(\omega) = \int_{-\infty}^{+\infty} k_{11}(\tau) \cdot e^{-j\omega\tau}\, d\tau$$

ergibt (**Wiener**sches **Theorem**). – Umgekehrt bekommt man aus einem gegebenen Kreuz- bzw. Autoleistungsspektrum die dazugehörige Korrelationsfunktion durch die **inverse Fourier-Transformation:**

$$k_{12}(\tau) = \frac{1}{2\pi} \cdot \int_{-\infty}^{+\infty} K_{12}(\omega) \cdot e^{j\omega\tau}\, d\omega$$

$$k_{11}(\tau) = \frac{1}{2\pi} \cdot \int_{-\infty}^{+\infty} K_{11}(\omega) \cdot e^{j\omega\tau}\, d\omega$$

Bild 8.14. Darstellung mehrerer Schallübertragungswege im Kreuzkorrelogramm

Die **Einheit** der **spektralen Leistungsdichte** ist diejenige einer **quadratischen Größe pro Hertz Bandbreite** (daher: -dichte), z.B. $(N/m^2)^2/Hz$, V^2/Hz, o.ä. –

Die **Kreuzkorrelationsfunktion** ist stets eine **reelle Größe** *ohne Phaseninformation.* Die **spektrale Kreuzleistungsdichte** dagegen ist i.a. **komplex:**

$$\underline{K}_{12}(\omega) = |\underline{K}_{12}(\omega)| \cdot e^{-j\varphi_\omega}$$

Ihre Zerlegung in **Real-** und **Imaginärteil** ergibt:

$$\underline{K}_{12}(\omega) = C_{12}(\omega) - jQ_{12}(\omega)$$

Den **Realteil** $C_{12}(\omega)$ bezeichnet man als **Co-Spektrum** und den **Imaginärteil** $Q_{12}(\omega)$ als **Quad-Spektrum.** –

Ein weiteres Analyseverfahren, das in engem Zusammenhang mit der spektralen Leistungsdichte steht, ist die sogenannte **Cepstrumanalyse**[1]). Bei diesem Verfahren wird ein (Leistungs-)Spektrum einer „*Frequenzanalyse*" unterworfen, gerade so als ob eine „*Zeitfunktion*" zu analysieren wäre. Die Durchführung einer Cepstrumanalyse ist nur dann sinnvoll, wenn das zu analysierende Spektrum **Periodizitäten** enthält. –

[1]) **Cepstrum** (Kunstwort, das durch Buchstabenvertauschung aus dem Wort „Spectrum" entstanden ist) = *Quadrierte Fourier-Rücktransformierte* des *logarithmierten Leistungsspektrums.*

8.2. Messung von Körperschall

Die vom Luftschall her bekannten Schallfeldgrößen lassen sich im Inneren fester Körper nur schwer erfassen. Bei der **Körperschallmessung** ist man daher vornehmlich auf die quantitative Ermittlung der an der Körperoberfläche zu beobachtenden Bewegungen angewiesen. – Die in der Praxis benutzten **Körperschallmikrofone** sind i. a. **Beschleunigungsaufnehmer** (engl.: **Accellerometer**); sie arbeiten meist nach dem **piezoelektrischen Prinzip**. Beschleunigt man einen solchen Aufnehmer mechanisch in seiner Achsrichtung, so gibt er eine elektrische Spannung ab, die der Größe der **Beschleunigung** verhältnisgleich ist. Durch eine oder zwei nachfolgende **elektrische Integrationen** dieser Spannung kann man sowohl die **Schwingschnelle** als auch den **Schwingausschlag** messen. Alle drei genannten mechanischen Größen können **breitbandig** (als Gesamtpegel) oder auch **selektiv** (mit analysiertem Frequenzspektrum) gemessen werden.

Den grundsätzlichen Aufbau eines **piezoelektrischen Beschleunigungsaufnehmers** zeigt das Bild 8.15. Zwei Scheiben aus gegeneinander polarisierter Piezokeramik bilden das eigentliche Wandlersystem. Auf ihm ruht eine relativ große **seismische Masse**, die durch eine Feder mechanisch vorgespannt ist. Das Wandlersystem ist einseitig mit dem biegesteifen Boden (im Bild 8.13. als **Basis** bezeichnet) des hermetisch abgeschlossenen Aufnehmergehäuses verbunden. Bei einer Beschleunigung des Aufnehmers in seiner **Achsrichtung** wird auf die Piezoscheiben eine **Kraft** ausgeübt, die der **Beschleunigung der seismischen Masse proportional** ist. Die vom Wandler erzeugte elektrische Spannung ist infolgedessen ebenfalls der Beschleunigung dieser Masse proportional. Die seismische Masse folgt genau den Bewegungen des auf seinen Körperschall zu untersuchenden mechanischen Schwingers, solange die Frequenz weit unterhalb der Eigenresonanz des Beschleunigungsmessers liegt; die Eigenresonanz praktisch üblicher Beschleunigungsaufnehmer liegt zwischen etwa 25 und 45 kHz. Die Ableitung der Spannung erfolgt meist an einer elektrisch leitenden Schicht zwischen den beiden Wandlerplatten und dem Aufnehmergehäuse selbst, siehe Bild 8.15. – Zur Messung im Bereiche sehr niedriger Frequenzen ist einem piezoelektrischen Beschleunigungsaufnehmer stets ein **Vorverstärker** nachzuschalten. Dieser Vorverstärker kann entweder ein **Spannungsverstärker** (mit Impedanzwandlerstufe am Eingang) oder ein **Ladungsverstärker** sein. Bei Spannungsverstärkern

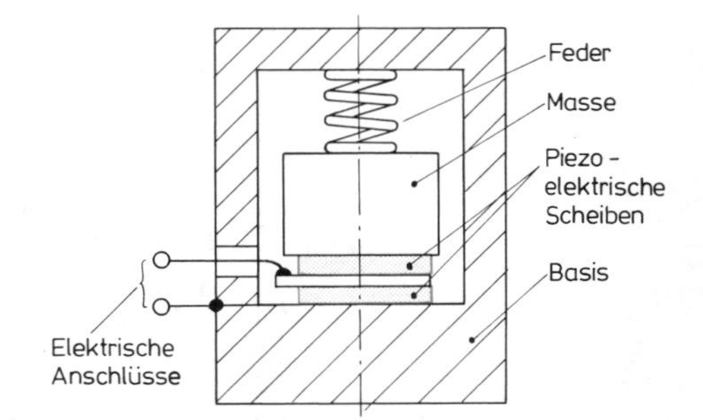

Bild 8.15. Grundsätzlicher Aufbau eines piezoelektrischen Beschleunigungsaufnehmers (schematisch)

mit einem Eingangswiderstand bis zu 3000 MΩ liegt die untere (Meß-)Grenzfrequenz bei etwa 1 Hz, was in den meisten Fällen genügt. Nachteilig ist beim Spannungsverstärker dennoch die Tatsache, daß mit zunehmender Länge des Aufnehmerkabels auch dessen **Kabelkapazität** anwächst und damit die Spannungsempfindlichkeit des Beschleunigungsaufnehmers entsprechend abnimmt. –

Bei Verwendung eines Ladungsverstärkers verschwindet der Einfluß der Kabelkapazität, die Länge des Kabels wird damit gegenstandslos. Ladungsverstärker sind im Prinzip zunächst auch Spannungsverstärker (mit sehr hohem Verstärkungsfaktor V), die mittels eines zwischen Ausgang und Eingang geschalteten Kondensators C_g kapazitiv gegengekoppelt sind. Am Verstärkereingang erscheint infolgedessen eine sehr große Kapazität ($\approx C_g \cdot V$); die vom Piezowandler erzeugten Ladungen werden von ihr vollständig „abgesaugt". Ladungsverstärker haben einen sehr hohen Eingangswiderstand, so daß für die untere Grenzfrequenz Werte bis herab zu 0,003 Hz erzielbar sind. Nachteilig am Ladungsverstärker sind (im Vergleich zum Spannungsverstärker) sein größerer Aufwand, sein niedrigerer Störabstand und sein schlechteres Ein- und Ausschwingverhalten. –

Beschleunigungsaufnehmern wird von ihren Herstellern i. a. ein individuelles Kalibrierzeugnis mitgeliefert. Neben der vollständigen **Frequenzkurve** (mit Angabe der **Eigenresonanz**) und der **Wandlerkapazität** C_W sind darin insbesondere der

Ladungsübertragungsfaktor B_q =

$$= \frac{\text{Erzeugte Ladung } q}{\text{Schwingbeschleunigung } a}$$

$$\left(\text{angegeben in } \frac{\text{pC}}{\text{g}}\text{; g} = 9{,}81 \text{ m/s}^2\right)$$

und der

Spannungsübertragungsfaktor B_u =

$$= \frac{\text{Erzeugte Leerlaufspannung } u}{\text{Schwingbeschleunigung } a}$$

$$\left(\text{angegeben in } \frac{\text{mV}}{\text{g}}\right)$$

angegeben. Zwischen der ursächlich erzeugten Ladung q und der ihr proportionalen Leerlaufspannung u besteht dabei folgender Zusammenhang:

Ladung q = **Leerlaufspannung** u · **Kapazität** C_W
oder

$$B_q = B_u \cdot C_W$$

Besondere Sorgfalt verlangt die **Ankopplung** des Beschleunigungsaufnehmers an das Meßobjekt. Die Verbindung muß möglichst fest sein. Gebräuchliche Befestigungsmittel sind z.B. Schrauben, Haftmagnete, Klebwachse o.ä. – Um das Meßobjekt durch die Anbringung des Beschleunigungsaufnehmers in seinem Schwingverhalten nicht nennenswert zu beeinflussen, sollte der Aufnehmer so leicht wie möglich sein. Die in der Praxis üblichen Beschleunigungsaufnehmer haben eine Gesamtmasse von etwa 10 bis 30 g. –

Beschleunigungsaufnehmer verwendet man u.a. zur Messung von mechanischen Schwingungen und Stößen an **Maschinen, Fahrzeugen, Schiffen, Flugzeugen, Gebäuden** usw. In automatisch geregelten Schwingprüfanlagen benutzt man sie als **Kontrollaufnehmer.** Eine weitere Anwendung finden Beschleunigungsaufnehmer beim Bau von **künstlichen Mastoiden** zur **objektiven Kalibrierung** von **Vibratoren** und **Knochenleitungshörern** für Hörgeräte und Audiometer, siehe Abschnitt 9.6.

9. Physiologische Akustik

9.1. Aufbau und Funktion des Gehörs

Der Aufbau des menschlichen Ohres ist im Bild 9.1. schematisch dargestellt. – Die **Ohrmuschel** mit dem darin beginnenden **äußeren Gehörgang** stellt den nach außen sichtbaren Teil unseres Gehörorgans dar. Den äußeren Gehörgang – er hat einen mittleren Querschnitt von etwa 0,4 cm^2 und eine mittlere Länge von etwa 2,5 cm – kann man physikalisch gesehen als einen **Hohlraum-Resonator** (Eigenfrequenz: etwa 3 kHz) betrachten, dessen „inneres Ende" mit einer **nachgiebigen Membran,** dem **Trommelfell,** abgeschlossen ist. Gehörknöchelchen bilden einen Hebelmechanismus, dem die Funktion eines **Impedanztransformators** zukommt. Das letzte Glied der Gehörknöchelchenkette, nämlich der Steigbügel, sitzt auf einer dünnen Membran, dem sogenannten **ovalen Fenster** und stellt damit eine direkte Verbindung zum **Innenohr** und somit zum eigentlichen Hörorgan her. Das Innenohr besteht aus einem schneckenförmig aufgewickelten und am Ende abgeschlossenen Kanal von insgesamt etwa 32 mm Länge, der sogenannten **Schnecke** (cochlea); es ist

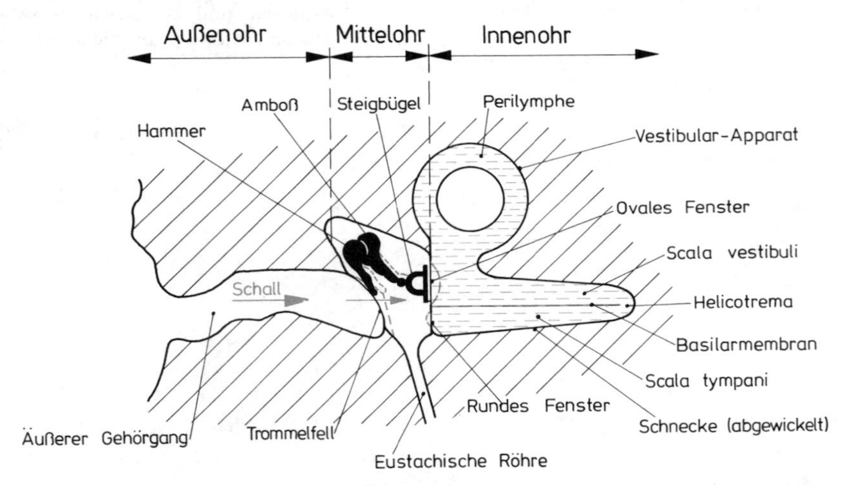

Bild 9.1. Schematische Darstellung des menschlichen Außen-, Mittel- und Innenohres mit abgewickelter Schnecke

Das Trommelfell bildet gleichzeitig die Grenze zwischen dem äußeren und dem mittleren Ohr. Hinter dem Trommelfell beginnt das **Mittelohr.** Es besteht im wesentlichen aus der luftgefüllten **Paukenhöhle,** die über die **Eustachische Röhre** mit dem Nasen-Rachenraum und der Mundhöhle, d.h. mit der Außenluft in Verbindung steht (damit herrscht hinter dem Trommelfell der gleiche atmosphärische Druck wie davor), und aus den drei über Gelenke ineinandergreifenden **Gehörknöchelchen (Hammer, Amboß** und **Steigbügel).** Die mit einer **Flüssigkeit** (Perilymphe) gefüllt. Unter der Impedanztransformation versteht man die **Anpassung** der relativ **niedrigen Schallkennimpedanz der Luft** an die sehr viel **höhere Schallkennimpedanz der Innenohrflüssigkeit.**

Neben der Impedanztransformation üben die Gehörknöchelchen außerdem noch eine Schutzfunktion aus. Sie schützen das Innenohr vor Beschädigung, und zwar dadurch, indem sie bei sehr hohen Schalldruckpegeln durch bestimmte Muskel aus ihrer sonst üblichen Lage herausgedreht werden und dadurch eine zu heftige Kraftausübung des Steigbügels auf das ovale Fenster verhindern.

Die Innenohr-Schnecke ist im knöchernen **Felsenbein** eingebettet. Der Schneckengang ist der Länge nach durch eine Scheidewand mit der **Basilarmembran** als beweglichem Teil in einen oberen Kanal, die **Vorhoftreppe** (*scala vestibuli*), und in einen unteren Kanal, die **Paukentreppe** (*scala tympani*), geteilt[1]. Die *scala vestibuli* beginnt hinter dem ovalen Fenster, und die *scala tympani* endet am **runden Fenster**. Beide Treppen stehen am Ende der Schnecke durch eine kleine Öffnung, das **Helicotrema**, miteinander in Verbindung. Räumlich oberhalb der Schnecke befindet sich der **Vestibular-Apparat (Gleichgewichtsorgan)** mit den drei senkrecht zueinander stehenden **Bogengängen**. Sie sind ebenfalls mit Perilymphe gefüllt. Im Bild 9.1. sind die Bogengänge symbolisch nur durch einen Bogen angedeutet.

Schallwellen, die über den Steigbügel und das ovale Fenster auf die Innenohrflüssigkeit der Vorhoftreppe übertragen werden, und zwar in Form von **hydraulischen Druckwellen**, veranlassen die Flüssigkeit nach einem Druckausgleich zu suchen. Die einzige Möglichkeit für einen solchen Druckausgleich bietet das **runde Fenster**, das sich unterhalb des ovalen Fensters befindet und durch die **Basilarmembran** von der Vorhoftreppe getrennt ist; die Wände des Schneckengehäuses sind starr. – Die Druckwellen der Innenohrflüssigkeit in der Vorhoftreppe können sich entweder über das Helicotrema und die Flüssigkeit der Paukentreppe zum runden Fenster hin ausgleichen, oder aber sie können unter Umgehung des Helicotremas die Basilarmembran im Rhythmus der Schallschwingungen durchbiegen, d.h. die Membran in Schwingungen versetzen und auf diese Weise das runde Fenster erreichen. Beim Hörprozeß geschieht das letztere. – Auf der Basilarmembran befindet sich das **Cortische Organ**, an dem die eigentliche **Umsetzung der Schallschwingungen in Nervenreize** erfolgt. Das Cortische Organ enthält eine Vielzahl von **Haarzellen**, denen in sehr geringem Abstand eine **Deckmembran** gegenübersteht, siehe Bild 9.2. Bewegungen, bzw. Schwingungen der Basilarmembran verursachen eine Reizung dieser Haarzellen. Die dadurch hervorgerufenen Aktionsströme in den entsprechenden Nervenzellen des Cortischen Organs

[1] Genau genommen sind es sogar 3 Kanäle. Es kommt noch der **Schneckengang** (*ductus cochlearis*) hinzu, der durch die **Reißnersche Membran** gegenüber der *scala vestibuli* abgegrenzt und im übrigen allseits geschlossen aber ebenfalls mit Innenohrflüssigkeit gefüllt ist. Die Reißnersche Membran ist sehr dünn und daher akustisch unwirksam.

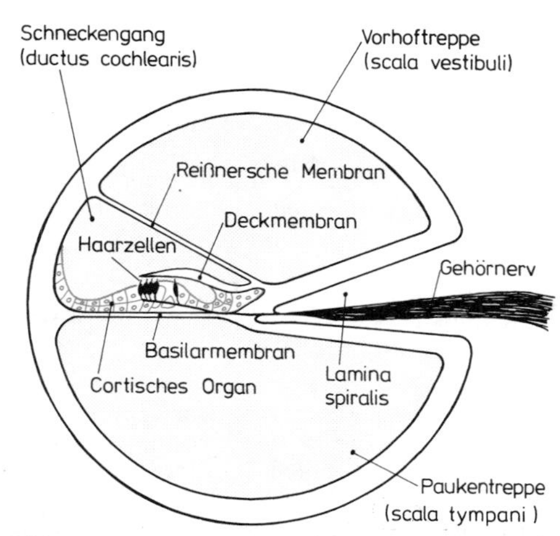

Bild 9.2. Schematische Darstellung des Querschnitts durch einen Schneckengang in der unteren Windung

werden über den Gehörnerv dem Hörzentrum des Gehirns mitgeteilt, und es kommt zur **Sinneswahrnehmung des Hörens.**

Die relativ dicke und unterschiedlich breite Basilarmembran spannt sich quer durch die Lichtung der knöchernen Schnecke. Am schmalsten ist die Basilarmembran in unmittelbarer Nähe des ovalen Fensters, während ihre Breite in Richtung zur Schneckenspitze, d.h. zum Helicotrema hin zunimmt – **v. Helmholtz** vertrat seinerzeit die Ansicht, daß die Basilarmembran aus quergespannten Fasern bestünde, die, ähnlich wie die Zungen eines Zungenfrequenzmessers zu schwingen beginnen, sobald ihre Eigenfrequenz im Spektrum des aufgenommenen Schalls enthalten ist **(Helmholtzsche Resonanztheorie)**. Diese Theorie erscheint auf den ersten Blick sehr einleuchtend; sie hat sich daher auch sehr lange behaupten können. – Die tatsächlichen Vorgänge auf der Basilarmembran werden, wie wir heute – insbesondere durch die Arbeiten von v. Békésy – wissen, durch **hydrodynamische Ereignisse** in der Perilymphe bestimmt. Im Jahre 1928 entdeckte **G. v. Békésy** (1899–1972), daß hydraulische Druckwellen in der Innenrohr-Schnecke in Form einer **Wellenbewegung (Wanderwelle)** über die Basilarmembran hinwegstreichen. Die Amplitude einer solchen Wanderwelle wächst während ihres Entlangwanderns über die Membran bis zur Erreichung eines Maximums an und sinkt danach spontan ab. Diejenige Stelle auf der Basilarmembran, an der die Wanderwelle ihr Amplitudenmaximum erreicht, wird vom Gehör als Maß für die Höhe der Schallfrequenz gewertet. Eine „scharfe Ab-

stimmung" von Teilen der Basilarmembran liegt nicht vor; um so erstaunlicher ist die Analysierschärfe unseres Ohres.
Die Wanderwelle auf der Basilarmembran ist der letzte Vorgang in unserem Gehörorgan, bei dem man den aufgenommenen Schall noch als Schwingung verfolgen kann. Vom Cortischen Organ ab beginnen sehr komplizierte Umwandlungs-, Fortleitungs- und Auswertungsvorgänge, deren Funktion bisher noch nicht restlos geklärt ist.

9.2. Hörschwelle und Schmerzempfindungsschwelle

Wie wir aus Erfahrung wissen, kann unser Gehör akustische Ereignisse nur innerhalb eines ganz bestimmten Frequenz- und Schallpegelbereichs wahrnehmen. Die untere Schallpegelgrenze bezeichnet man als **Hörschwelle** und die obere Schallpegelgrenze als **Schmerzempfindungs- oder Schmerzschwelle.** Das Gebiet zwischen beiden Schwellen nennt man die **Hörfläche.** Unter der Hörschwelle versteht man denjenigen Schalldruck, bzw. Schalldruckpegel, bei dem unser Ohr den Schall gerade noch wahrnimmt. Die Hörschwelle läßt sich relativ genau durch eine Ja-Nein-Aussage ermitteln. Die Schmerzschwelle hingegen wird von vielen Beobachtern nicht so eindeutig erkannt. – Beide Schwellen sind **frequenzabhängig.** Die größte Empfindlichkeit besitzt unser Ohr im Frequenzbereich zwischen etwa 700 und 6000 Hz. Der kleinste Schalldruck, den wir in diesem Bereich noch wahrnehmen, beträgt etwa 20 $\mu N/m^2$. Dieser Wert wurde als **Bezugswert** für den **absoluten Schalldruckpegel** festgelegt.

Jede Beeinträchtigung des Hörvermögens äußert sich am auffallendsten im Verlauf der individuellen

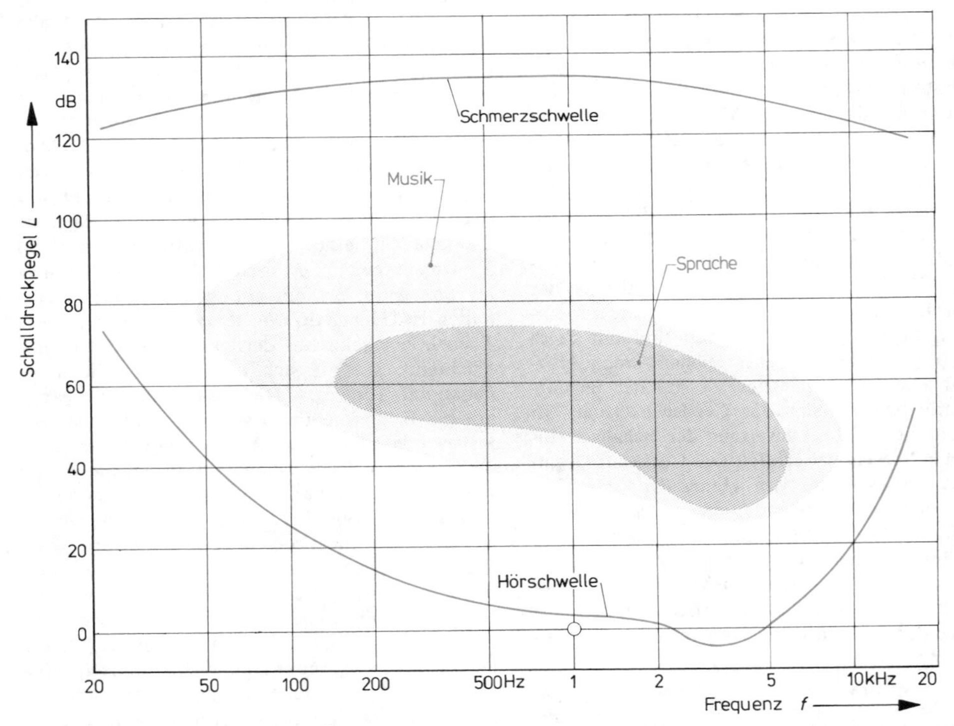

Bild 9.3. Hörfläche eines normalhörenden Beobachters bei Sinustönen. Die farbig eingetragenen Flächen kennzeichnen die spektralen Schallpegelverteilungen von Sprache und Musik

Hörschwelle. Die Messung der Hörschwelle mit reinen Tönen, d.h. die Aufnahme eines sogenannten **Tonaudiogramms**, z.B. durch den Ohrenarzt, ist daher für die Diagnostik eines Hörschadens von erheblicher Bedeutung. Aus dem Frequenzgang des **Hörverlusts** – darunter versteht man den Schallpegelabstand zwischen der gemessenen Hörschwelle eines Hörgeschädigten und der Hörschwelle normalhörender Personen bei den verschiedenen Meßfrequenzen – kann auf die Art des individuellen Hörschadens geschlossen werden.

Das Bild 9.3. zeigt die **Hörfläche** von normalhörenden Personen. Beobachtet man die menschliche Stimme über einen längeren Zeitraum hinweg, und zwar in einem Abstand von 1 m, so erhält man eine spektrale Schallpegelverteilung, wie sie im Bild 9.3. dargestellt ist. In der gleichen Abbildung ist vergleichsweise auch die spektrale Schallpegelverteilung üblicher Musikdarbietungen eingetragen. – In geräuschvoller Umgebung ist unsere Sprache nur dann verständlich, wenn sie nicht von **Störschall verdeckt** wird.

9.3. Lautstärke und Lautheit

Wie das Bild 9.3. sehr deutlich zeigt, verläuft die Hörschwellenkurve stark frequenzabhängig. Wir empfinden daher zwei Töne gleichen Schalldruckpegels jedoch unterschiedlicher Frequenz nicht als gleich laut. Um **subjektive Lautstärkeempfindungen** quantitativ beurteilen und angeben zu können, hat man neben den rein physikalischen Größen des Schalls auch einige physiologische Größen eingeführt. Die bekannteste davon ist die **Lautstärke**, bzw. der **Lautstärkepegel** L_N. – Die Ermittlung der Lautstärke eines Schallereignisses – es kann ein reiner Ton beliebiger Frequenz, ein Tongemisch oder auch ein Geräusch sein – wird auf einen **subjektiven Vergleich** mit einem kalibrierten **Bezugs- oder Normschall** zurückgeführt, dessen Schalldruckpegel variabel ist; auf ihn wird die zu bestimmende Lautstärke eingestellt und anschließend abgelesen. Die Frequenz des Bezugsschalls beträgt 1 kHz. Der nach seiner Lautstärke zu beurteilende Schall, sowie der Normschall werden von einem **normalhörenden Beobachter** in wechselnder Folge abgehört. Der Schalldruckpegel des Bezugsschalls wird dabei so eingestellt, daß er **gleich laut empfunden** wird wie der nach seiner Lautstärke zu bewertende Schall. – Der Pegel des gleich lauten Normaltones wurde als Maß für die Lautstärke des zu messenden Schallereignisses (von beliebiger Frequenz, bzw. von beliebiger spektraler Zusammensetzung) festgelegt. Die Einheit der Lautstärke ist das **phon**. Unter der Lautstärke von beispielsweise 80 phon versteht man einen Schall (beliebiger Frequenz), der genau so laut empfunden wird wie ein 1 kHz-Sinuston mit einem Schalldruckpegel von 80 dB.

Den Zusammenhang zwischen Lautstärke und Schalldruckpegel für sämtliche Frequenzen des Hörbereichs haben seinerzeit **H. Fletcher** und **A. W. Munson** mit sinusförmigen Einzeltönen untersucht und durch **Kurven gleicher Lautstärke** dargestellt, siehe Bild 9.4. Diese Kurven wurden 1961 als ISO-Empfehlung R 226 international eingeführt. Es sind Mittelwerte aus den Untersuchungen mit einer sehr großen Anzahl von normalhörenden Personen. Die Kurven veranschaulichen die spektrale Empfindlichkeit unseres Gehörs. Die Kurve für 0 phon ist identisch mit dem Frequenzgang der Hörschwelle. Bei kleinen Lautstärken ist die Frequenzabhängigkeit ausgeprägter als bei größen Lautstärken. –

Den ersten anerkannten Vorschlag für die Wahl eines Lautstärkemaßstabes machte **H. Barkhausen** im Jahre 1926. Von ihm stammt auch der erste **Lautstärkemesser** auf der Basis des **subjektiven Hörvergleichs.** – Zur Vermeidung der unbequemen subjektiven Messung wurden auch objektiv arbeitende und anzeigende Meßgeräte entwickelt und gebaut, wie z.B. der **DIN-Lautstärkemesser**. Sie enthalten ähnlich wie Schallpegelmesser ein Mikrofon, einen Meßverstärker und eine Meßwertanzeige. Darüber hinaus besitzen sie zusätzlich noch sogenannte **Ohrfilter** oder **Ohrsiebe**, mit denen für die verschiedenen Pegelbereiche die Kurven gleicher Lautstärke angenähert werden. Die Eigenschaften des menschlichen Ohres können hiermit naturgemäß nur unvollkommen nachgebildet werden, so daß die auf diese Weise erzielten Meßergebnisse sich von denjenigen der rein subjektiven Lautstärkemessung durchaus unterscheiden können. Neben dem Meßergebnis selbst sollte daher stets auch das jeweilige Meßverfahren angegeben werden. – Mit dem **DIN-Lautstärkemesser** mißt man **Lautstärkepegel** in **DIN-phon.** Der DIN-Lautstärkemesser besitzt drei **Ohrkurvenfilter**, und zwar für die Bereiche 0...30 DIN-phon, 30...60 DIN-phon und über 60 DIN-phon. – Durch die Angabe des Lautstärkepegels,

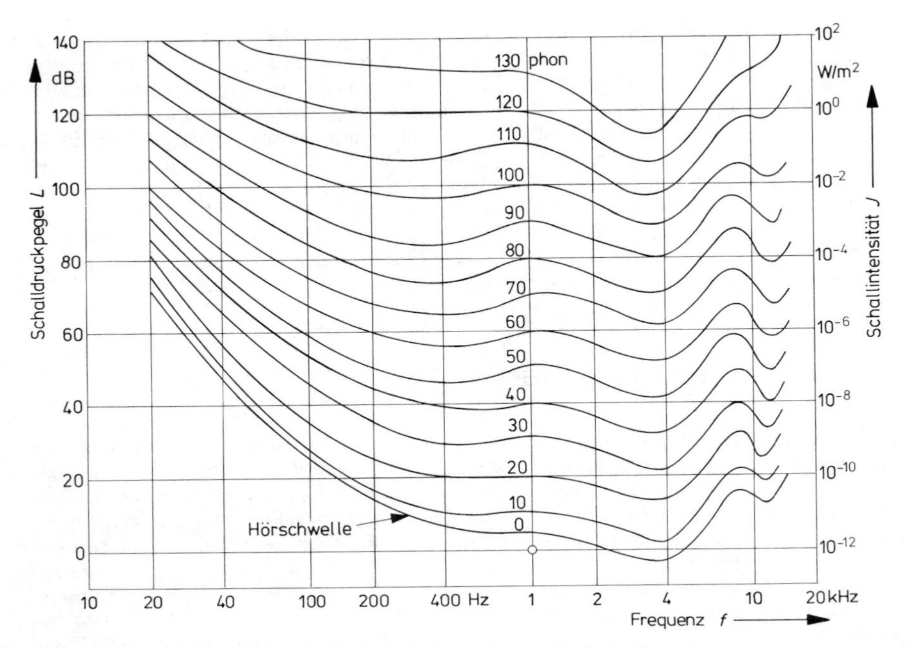

Bild 9.4. Kurven gleicher Lautstärke, aufgenommen mit Sinustönen

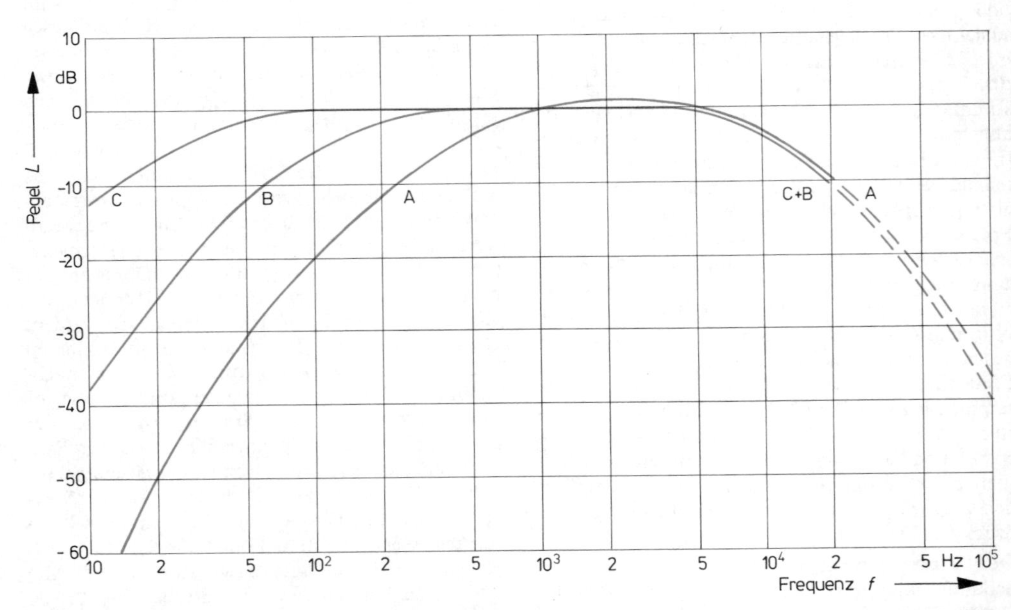

Bild 9.5. International festgelegte Bewertungskurven für Schallpegelmesser mit den Bewertungsfiltern A, B und C gemäß IEC

z. B. in DIN-phon, ist eine Verwechselung mit dem objektiv gemessenen Schalldruckpegel in dB ausgeschlossen. Bei 1 kHz sind der Lautstärkepegel und der Schalldruckpegel zahlenmäßig einander gleich.

Bei den heute üblichen **objektiven Lautstärkepegelmeßgeräten,** die dem DIN-Lautstärkemesser im Prinzip weitgehend entsprechen, bemüht man sich, von der Angabe des Lautstärkepegels in DIN-phon abzukommen, und statt dessen (nach IEC) von **bewerteten Schalldruckpegeln (weighted sound level)** zu sprechen. Schallpegelmesser dieser Art haben genau wie der DIN-Lautstärkemesser drei **Bewertungskurven** (**A**, **B** und **C**). Die Definition des bewerteten Schalldruckpegels L_X lautet:

$$L_X = 20 \lg \frac{\tilde{p}_X}{20\,\mu\text{N/m}^2} \text{ in dB(X)}$$

X = Bewertungsfilter (**A**, **B** oder **C**)

L_X = Bewerteter Schalldruckpegel (L_A, L_B oder L_C)

$\tilde{p}_X$ = Effektivwert des Schalldrucks, den man durch Zwischenschaltung eines frequenzbewertenden Filters mißt.

Das Bild 9.5. zeigt die international festgelegten Bewertungskurven für Schallpegelmesser mit den Bewertungsfiltern **A**, **B** und **C**, die mit den früheren DIN-Frequenzbewertungskurven weitgehend übereinstimmen. – Die Wahl der Bewertungskurve ist nicht mehr starr an bestimmte Pegelbereiche gebunden. Es wird sogar empfohlen, möglichst nur noch mit der Bewertungskurve **A** zu messen und den bewerteten Schalldruckpegel L_A in dB (A) anzugeben. –

Die **logarithmische phon-**, bzw. **dB-Skale** bereitet dem Praktiker wegen ihrer Unanschaulichkeit gelegentlich Schwierigkeiten. Dazu *folgendes Beispiel:* Der Lärm einer Maschine habe beispielsweise einen Lautstärkepegel von 77 phon. Setzt man eine weitere gleichlaute Maschine in Betrieb, so steigt der gesamte Lautstärkepegel wegen der Energieverdopplung auf „nur“ etwa 80 phon an.

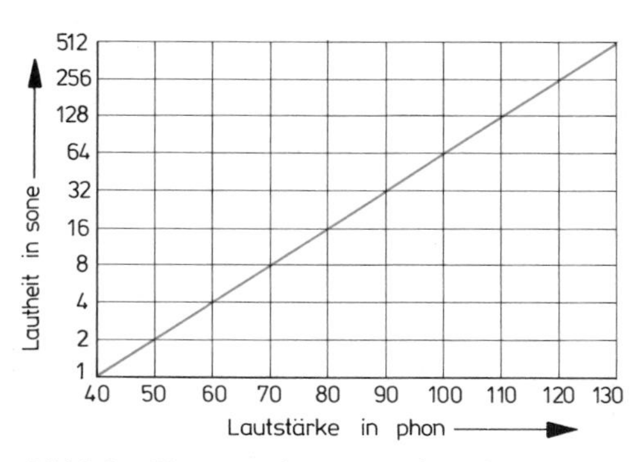

Bild 9.6. Zusammenhang zwischen der Lautheit in sone und der Lautstärke in phon. Unterhalb von 40 phon ist der Zusammenhang nicht mehr linear

Die Verdopplung der Energie äußert sich nicht in einer Verdopplung des Lautstärke-Zahlenwertes, d. h. man vermißt eine Übereinstimmung zwischen der Empfindungsänderung und der Änderung des die Empfindung beschreibenden Zahlenwertes. Mit anderen Worten: Für die Praxis wäre in vielen Fällen ein linearerer Zusammenhang zwischen der subjektiven Empfindung und dem dazugehörigen Zahlenwert von Vorteil. Einen solchen Zusammenhang bekommt man durch die Einführung der Skale für die sogenannte **Lautheit**[1] N, gemessen, bzw. angegeben in **sone**. Die Lautheit von 1 sone entspricht einer Lautstärke von 40 phon. Der doppelt so laut empfundene Schall hat die Lautheit 2 sone, der vierfach so laut empfundene 4 sone usw. Oberhalb von 40 phon entspricht jeder Lautheitsverdopplung ein Lautstärkezuwachs von etwa 10 phon. Damit ergibt sich die Umrechnungsbeziehung zwischen der Lautheit N in sone und der Lautstärke, bzw. dem Lautstärkepegel L_N in phon:

$$L_N - 40 = 10 \,\text{ld}\, N \approx 33 \lg N\,.$$

Bild 9.6. zeigt diesen Vorgang grafisch.

[1] Die sone-Skale stammt von **S. S. Stevens** (1936).

9.4. Mithörschwelle

Gelangt an ein Ohr während der meßtechnischen Ermittlung seiner Hörschwelle zusätzlich **Störschall,** so muß eine mehr oder weniger große Anzahl von **Prüftönen** mit höherem Schalldruckpegel als sonst (ohne Störschall) angeboten werden, um neben dem störenden Schall gerade noch wahrgenommen, d. h. **mitgehört** zu werden. Die auf diese Weise erhaltene Hörschwelle nennt man **Mithörschwelle**. Je nach dem ob es sich bei dem Störschall z. B. um **weißes Rauschen**, um **Schmal-**

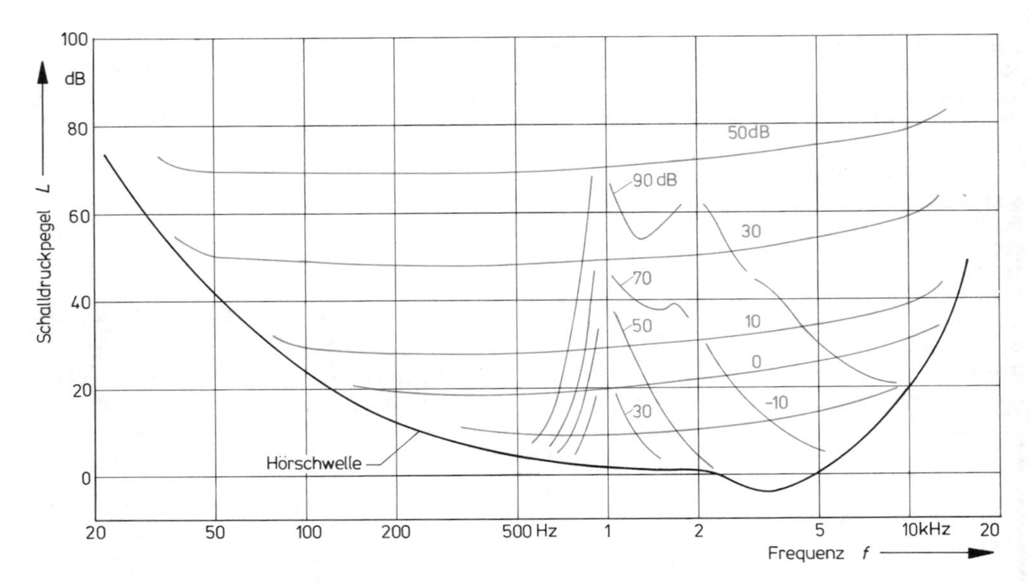

Bild 9.7. Mithörschwellen eines Tones bei Verdeckung durch weißes Rauschen, bzw. durch einen 1 kHz-Ton unterschiedlichen (Störschall-)Pegels

bandrauschen oder auch um einen einzigen **Ton** handelt, erhält man Mithörschwellen von unterschiedlichem Verlauf, siehe Bild 9.7. Besteht der Störschall aus einem Ton, so wird bei der Aufnahme der Mithörschwellenkurve eine **Schwebung** hörbar, sobald die Prüftonfrequenz annähernd mit der Störtonfrequenz übereinstimmt. Schwebungen treten auch in der Nähe der doppelten und dreifachen Störtonfrequenz auf. Im Bild 9.7. sind die entsprechenden Mithörschwellen an diesen Stellen unterbrochen dargestellt.

Bietet man einem Ohr gleichzeitig zwei verschieden laute Schallereignisse an, so nimmt es – unter bestimmten Voraussetzungen – **nur** den lauteren Schall wahr; der leisere Schall wird dabei durch den lauteren **verdeckt** oder **maskiert**. –

9.5. Knochenschall

Unter **Knochenschall** versteht man (Körper-) Schall, der über den **Schädelknochen** an unser Innenohr gelangt. – Die von einer Schallquelle abgestrahlte Energie kann das Gehör auf zwei verschiedenen Wegen erreichen, nämlich auf dem Wege der **Luftschalleitung** und/oder auf dem Wege der **Knochenschalleitung**. Im Falle der Luftleitung gelangt der Schall durch den äußeren Gehörgang ans Trommelfell und von dort aus über die Gehörknöchelchen weiter bis zum Innenohr. Bei der (reinen) Knochenleitung dagegen umgeht der Schall das Mittelohr und erreicht auf direktem Wege das Innenohr. Von praktischem Nutzen kann die Knochenschalleitung z.B. für einen bestimmten Kreis von **Hörbehinderten** sein, bei dem nämlich die Schallübertragung im Mittelohr gestört ist.

Eine große Bedeutung kommt der Knochenschallleitung in der **Audiometrie** zu, siehe Abschnitt 9.6. Aus dem Vergleich der Hörschwellen bei Luft- und Knochenleitung lassen sich Rückschlüsse auf die Art und den lokalen Sitz von Gehörleiden ziehen. – Im Jahre 1932 veröffentlichte **G. v. Békésy** die erste seiner zahlreichen Arbeiten über die Knochenleitung, worin er grundlegend nachwies, daß trotz der unterschiedlichen Wege, die der Luftschall und der Knochenschall von der Schallaufnahme bis hin zur Innenohr-Schnecke zurücklegen, die Erregung der Schneckenendorgane in beiden Fällen letztlich die gleiche ist.

9.6. Die Audiometrie

Audiometrische Gehörprüfungen gehören heute zu den HNO-ärztlichen Routineuntersuchungen, sei es, daß Personen aus bestimmten Berufsgruppen auf etwaige lärmbedingte Gehörschäden hin untersucht werden oder aber, daß Schwerhörigen Hörgeräte anzupassen sind, usw. Bei der Anpassung von Hörgeräten ist es keineswegs belanglos, ob bei dem betreffenden Hörgeschädigten eine **Schallleitungsschwerhörigkeit** oder eine **Innenohrschwerhörigkeit** vorliegt. – Die audiometrische Prüfung des Gehörs gibt in jedem Falle Auskunft darüber, ob zunächst überhaupt eine Hörstörung vorhanden ist und wenn ja, von welcher Art dieselbe ist. – Die Audiometrie gliedert sich in die **Tonaudiometrie** und in die **Sprachaudiometrie**.

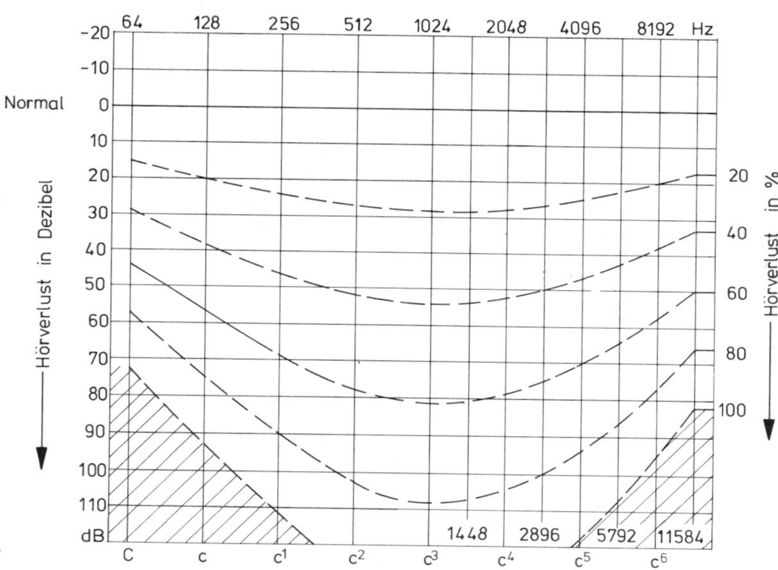

Bild 9.8.
Beispiel für ein vorgedrucktes Audiogramm-Formular

9.6.1. Tonaudiometrie

Bei Hörgeschädigten ist die Hörschwelle gegenüber der Hörschwelle normalhörender Personen angehoben. Den Pegelunterschied zwischen diesen beiden Hörschwellen bezeichnet man als **Hörverlust**. Mit Hilfe der Tonaudiometrie läßt sich die Höhe des Hörverlustes bei den einzelnen Meßfrequenzen feststellen. Der Hörverlust wird in dB angegeben. Die grafische Darstellung des Hörverlustes als Funktion der Meßfrequenzen bezeichnet man als **Tonaudiogramm** oder **Hörschwellenaudiogramm**. –

Ein **Tonaudiometer** besteht im Prinzip aus einem Tonfrequenzgenerator, dessen (sinusförmige) Ausgangsspannung über zwischengeschaltete Dämpfungsglieder an einen kalibrierten (Luftleitungs-) Kopfhörer gelangt. Die Meßfrequenzen sind über nahezu den gesamten Hörbereich verteilt und in Oktav-, bzw. Halboktavabständen einstellbar.

Für die Aufnahme eines Audiogramms gibt es zu den verschiedenen Audiometern vorgedruckte **Audiogramm-Formulare**, siehe Bild 9.8. Die Hörschwelle ist darin i.a. als Gerade dargestellt. –

Die Aufnahme eines Tonaudiogramms erfolgt jeweils einohrig. Vor dem Aufsetzen des Kopfhörers wird dem Prüfling zunächst der Untersuchungsvorgang erklärt. Sobald er den dargebotenen Ton im Kopfhörer zu hören beginnt, gibt er ein vorher vereinbartes Zeichen. Man beginnt mit der Messung zweckmäßigerweise im mittleren Frequenzbereich. Der Pegelsteller wird zunächst langsam in Richtung zunehmender Pegel bewegt, bis der Prüfling das vereinbarte Zeichen für den Hörbeginn gibt. Anschließend wird der Pegelsteller umgekehrt in Richtung abnehmender Pegel betätigt, bis der Prüfling wiederum sein Zeichen gibt, dieses mal jedoch mit der Bedeutung, daß er soeben aufgehört hat etwas wahrzunehmen. Auf diese Weise nähert man sich der tatsächlichen Hörschwelle von 2 Seiten und erhält damit einen relativ genauen Wert. Zum Schluß werden sämtliche Meßpunkte zu einem Kurvenzug miteinander verbunden.

Im Anschluß an die Messung der **Luftleitungshörschwelle** erfolgt die Messung der **Knochenleitungshörschwelle**, und zwar mit einem **Knochenleitungshörer**. Hierbei wird das jeweils nicht gemessene Ohr **vertäubt**, und zwar mit Rauschen. Der Knochenleitungshörer wird unter leichtem Druck auf den Warzenfortsatz aufgesetzt. Der Meßvorgang selbst ist analog der gleiche wie bei der Luftleitungsmessung. – Bei gesundem und normalem Gehör fallen Luft- und Knochenleitungskurve – abgesehen von geringfügigen Abweichungen – mit der **Null-Linie** des Audiogramm-Vordrucks zusammen.

9.6.2. Sprachaudiometrie

Die Aufnahme eines Hörschwellenaudiogramms allein ist beispielsweise für die **Anpassung eines Hörgerätes** i.a. unzulänglich, da man aus ihm nicht unbedingt das **Hörvermögen für Sprache** ablesen kann. Früher erfolgte die Prüfung des „Sprachhörvermögens“ durch den Untersucher selbst, und zwar dadurch, daß er die **Hörweite** für **Flüster-** und **Umgangssprache** ermittelte. Einer solchen Methode haften verständlicherweise eine Reihe von Nachteilen an (unterschiedliche Sprecher, verschiedenes Testmaterial, uneinheitliche Raumakustik, usw.). Untersuchungsergebnisse, die von verschiedenen Untersuchern gewonnen wurden, ließen sich nicht unbedingt miteinander vergleichen. – Erst die **moderne Sprachaudiometrie**, wie sie vor allen Dingen auf **K. Schubert** (1952) und **K.-H. Hahlbrock** (1953) zurückgeht, versetzt uns in die Lage, beispielsweise aus der Vielzahl von angebotenen Hörgeräten das richtige schnell, leicht und sicher zu finden. Als Testmaterial verwendet man heute genormte, phonetisch ausgeglichene **Testzahlen** und **Testwörter**, die von **einem Sprecher** auf eine Tonkonserve gesprochen vorliegen und beliebig oft vervielfältigt werden können. Die so gewonnenen Untersuchungsergebnisse sind vom jeweiligen Untersucher und den übrigen erwähnten Parametern unabhängig und daher auch miteinander vergleichbar. – Nachfolgend soll die Sprachaudiometrie am Beispiel des sogenannten **Freiburger Tests (Hahlbrock)** erläutert werden.

Die sprachaudiometrische Untersuchung erfolgt zunächst genauso über einen Kopfhörer wie die stets vorauszuschickende (ein-)tonaudiometrische Untersuchung. Das benutzte Testmaterial besteht erstens aus einem **Zahlentest** (10 Gruppen zu je 10 zweistelligen Zahlen, d.h. **mehrsilbigen Wörtern** zur Ermittlung des **Hörverlustes für Sprache**) und zweitens aus einem **Wörter-** oder **Sprachverständlichkeitstest** (10 Gruppen zu je 20 **einsilbigen** – schwerer verständlichen – **Wörtern** zur Ermittlung des **Diskriminationsverlustes**), siehe Bild 9.9.

Zahlen sind i.a. bekannt und daher auch leicht zu erraten, sofern nur die Vokale richtig verstanden werden. Sie eignen sich infolgedessen besonders gut für eine grobe Orientierung über den Hörverlust schwerhöriger Personen. Man ermittelt damit die sogenannte **Sprachhörschwelle**, d.h. denjenigen **Sprachschallpegel**, bei dem der Prüfling die Hälfte der dargebotenen Zahlen versteht oder errät. Als Bezugswert benutzt man vereinbarungsgemäß denjenigen Schalldruckpegel, bei dem normalhörende Personen eine **Verständlichkeit** von 50% erzielen. Zur Erreichung der gleichen Verständlichkeit durch einen Schwerhörigen muß der Sprachpegel entsprechend erhöht werden. Diese Pegelerhöhung – ausgedrückt in dB – ist ein Maß für den **Hörverlust für mehrsilbige Wörter** (Zahlen). –

Die Ermittlung des Diskriminationsverlustes – er entspricht dem **Kehrwert der Sprachverständlichkeit** – erlaubt uns das Unterscheidungsvermögen unseres Gehörs zu beurteilen. Der Diskriminationsverlust kann mit einsilbigen Hauptwörtern verhältnismäßig einfach gemessen werden. Jede der 10 Wortgruppen (zu je 20 Wörtern) repräsentiert die **Lautverteilung der deutschen Sprache**. Es muß daher bei jedem Test die vollständige Gruppe verwendet werden. Der bei optimalem Sprachschallpegel falsch oder überhaupt nicht nachgesprochene Prozentsatz von Wörtern ergibt den Diskriminationsverlust.

Die gemessene Verständlichkeit (in %) wird in Abhängigkeit vom verwendeten Sprachschallpegel (in dB) grafisch dargestellt. Auch hierfür gibt es vorgedruckte Formulare, siehe Bild 9.10. Die beiden darin eingetragenen charakteristischen (Mittelwert-)Kurven für normalhörende Personen gelten a) für mehrsilbige Wörter (Zahlen) und b) für einsilbige Wörter. Danach benötigt man bei normalem Gehör zur Erzielung einer 50%-igen Verständlichkeit einen **Sprachschallpegel** von **15 dB für den Zahlentest** und **38 dB für den Wörtertest**. Der Sprachschallpegel von 15 dB wurde als **Nullpunkt der Hörverlustskale**

Bild 9.9.
Testmaterial für die Sprachaudiometrie (nach DIN 45621)

mehrsilbige Wörter (Zahlen) nach DIN 45 621

1.	98	22	54	19	86	71	35	47	80	63
2.	53	14	39	68	57	90	85	33	72	46
3.	51	36	43	17	99	45	82	24	60	48
4.	67	81	55	13	28	92	34	70	49	76
5.	62	58	23	16	41	37	89	30	95	74
6.	32	65	83	50	91	27	18	44	79	56
7.	59	77	61	40	96	73	19	84	38	25
8.	93	78	13	66	57	39	80	75	62	24
9.	88	42	65	21	76	15	94	87	29	60
10.	31	18	64	52	97	45	30	69	26	78

einsilbige Wörter nach DIN 45 621

1.	Ring Spott Farm Hang Geist Zahl Hund Bach Floh Lärm Durst Teig Prinz Aas Schreck Nuß Wolf Braut Kern Stich
2.	Holz Ruß Mark Stein Glied Fleck Busch Schloß Bart Ei Werk Dach Knie Traum Paß Kunst Mönch Los Schrift Fall
3.	Blatt Stift Hohn Zweck Aal Furcht Leim Dorf Tat Kerl Schutz Wind Maus Reif Bank Klee Stock Wuchs Mist Gras
4.	Schnee Wurst Zahn Pest Griff Laub Mund Grab Heft Kopf Reiz Frist Drang Fuß Öl Schleim Takt Kinn Stoß Ball
5.	Punkt Ziel Fest Darm Schein Torf Lamm Wehr Glas Huf Spind Pfau Block Arm Neid Stroh Wurf Rest Blick Schlag
6.	Seil Pfand Netz Flur Schild Ochs Draht Hemd Schmutz Rat Tau Milch Rost Kahn Tier Brot Dunst Haar Feld Schwein
7.	Spiel Moos Lachs Glut Erz Baum Sand Reich Kuh Schiff Wort Hecht Mann Bruch Schopf Fels Kranz Teich Dienst Star
8.	Luft Band Kost Ski Feind Herr Pflug Tal Gift Raum Ernst Zeug Fach Groll Speck Sitz Moor Last Krach Schwung
9.	Schmerz Thron Eis Funk Baß Rind Lehm Grog Blei Markt Schilf Hut Zank Korb Lauf Dank Sarg Kies Schnur Pech
10.	Horn Pfeil Kamm Turm Spieß Laus Recht Zopf Schall Mais Fell Gramm Ohr Sieb Pracht Lump Gips Bad Sprung Dreck

festgelegt. – Bei Hörbehinderten erhält man Audiogrammkurven, die mehr oder weniger weit entfernt rechts von den beiden **charakteristischen Schwellenkurven** liegen.

Nach der Anfertigung eines solchen Sprachaudiogramms (über Kopfhörer), aus dem der prozentuale Hör- und Diskriminationsverlust ersichtlich ist, sieht man bereits, ob ein **Hörgerät überhaupt** in Frage kommt, und falls ja, für welches Ohr. – Nach der **einohrigen Prüfung** mit einem **Kopfhörer** folgt jetzt als 2. Schritt eine Untersuchung mit Hilfe eines **Lautsprechers**. Hierbei ist festzustellen, ob normale Sprache mit einem Hörgerät in 1,5...2 m Entfernung zufriedenstellend verstanden wird. Im Prinzip wird der gleiche Meßvorgang wiederholt.

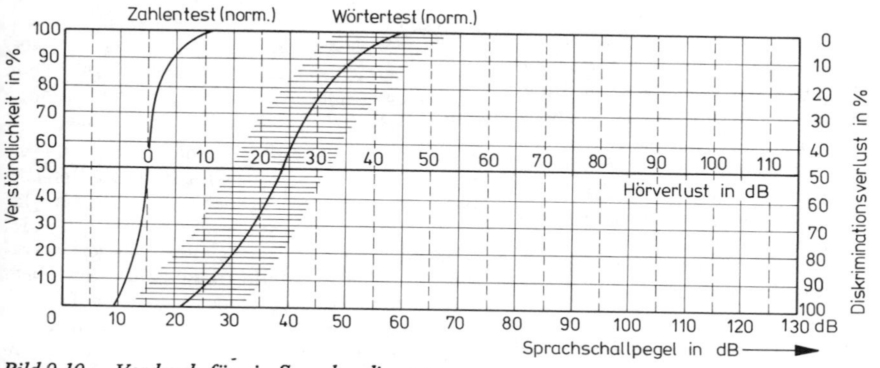

Bild 9.10. Vordruck für ein Sprachaudiogramm

9.7. Hörgeräte

Hörgeräte sind **Schallverstärker**. Ihre Aufgabe besteht im wesentlichen darin, den Schalldruckpegel von Sprache oder anderen Informationen, die für einen Hörbehinderten bestimmt sind, akustisch zu verstärken, d.h. auf einen Pegel anzuheben, bei dem der Schwerhörende die Informationen trotz seines Gehörleidens wieder wahrnehmen und vor allen Dingen verstehen kann.

Die ersten „apparativen“ **Hörhilfen** für Hörbehinderte waren **Hörfächer, Hörschläuche** und **Hörrohre**; ihre Formen und Ausführungen waren z.T. sehr unterschiedlich[1], – **Moderne Hörgeräte** arbeiten **elektrisch**. Ihre Hauptbestandteile sind **zwei elektroakustische Wandler (Mikrofon** und **Hörer)**, ein **elektrischer Verstärker** und eine **Stromquelle**. Man unterscheidet dabei grundsätzlich zwei Ausführungsformen:

1. Taschen-Hörgeräte

2. Am Kopf zu tragende Hörgeräte

Die Taschengeräte bestehen aus einem **Gerätekästchen** – es enthält das Mikrofon, den Verstärker und die Stromquelle – und einem **separaten Hörer**. Beide sind elektrisch durch eine flexible Leitung miteinander verbunden. Der Hörer wird mit einem individuell angefertigten **Ohrpaßstück** versehen und in der Ohrmulde getragen; man bezeichnet ihn daher auch als **Einsteckhörer**. Wie es der Name schon sagt, werden Taschen-Hörgeräte in Taschen von Kleidungsstücken (verborgen) getragen. Lediglich der Einsteckhörer und ein kurzes Stück der Hörerleitung bleiben am Ohr sichtbar.

Bei den am Kopf zu tragenden Geräten befinden sich sämtliche Bauteile, d.h. auch der Hörer, innerhalb des Gerätegehäuses. Die akustische Verbindung vom Gerät zum Ohr besorgt ein flexibler **Schalleitungsschlauch**, der am ohrseitigen Ende ein nach außen hin schalldicht abschließendes Ohrpaßstück besitzt. – Bei den Kopfgeräten unterscheidet man drei verschiedene Gerätetypen, nämlich **a) Hörbrillen** – hier ist das gesamte Hörgerät im Bügel einer optischen Brille eingebaut, **b) Hinter dem-Ohr (HdO) zu tragende Hörhilfen** und **c) In-dem-Ohr (IdO) zu tragende Geräte**. Im-Ohr-Geräte werden in der Ohrmulde vor dem äußeren Gehörgang untergebracht.

[1] **Ludwig van Beethoven** ließ sich in den Jahren 1812 bis 1814 von **J.N. Mälzel** – dem Erfinder des **Metronoms** – eine Reihe von verschieden geformten Hörrohren anfertigen.

Die am Kopf zu tragenden Geräte sind in ihren Abmessungen mittlerweile so klein und formgünstig geworden, daß sie von vorn kaum noch zu erkennen sind. Gegenüber den Taschengeräten besitzen Kopfgeräte den Vorteil, daß sie den Schall unmittelbar am Ohr aufnehmen. Diese Tatsache ermöglicht eine echte beidohrige Versorgung eines Hörbehinderten. In diesem Falle wird jedem Ohr ein Hörgerät zugeordnet. – Bild 9.11. zeigt ein HdO-Gerät in Seitenansicht.

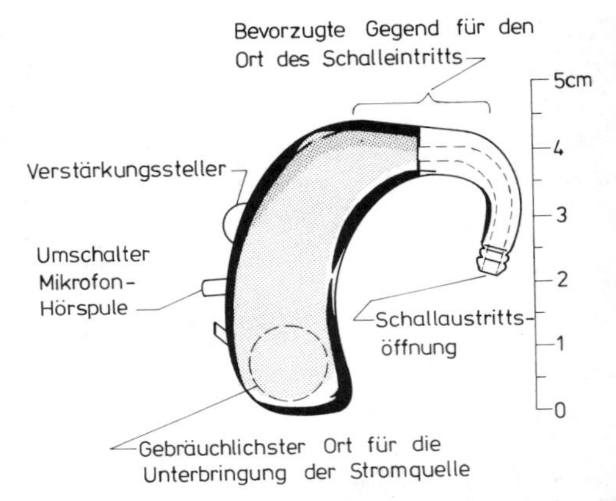

Bild 9.11. Seitenansicht eines HdO-Gerätes mit Vergleichsmaßstab

Die **akustischen Übertragungseigenschaften** von Hörgeräten werden im wesentlichen von den verwendeten Schallwandlern und den dazugehörigen Schalleitungen bestimmt. – Elektrische Hörhilfen sind ausnahmslos mit **elektromagnetischen Hörern** ausgestattet. Für die Schallaufnahme benutzt man sowohl **elektromagnetische** als auch **(piezo-) keramische Mikrofone**. In neuerer Zeit finden auch **Elektretmikrofone** zunehmend Verwendung in Hörgeräten, siehe hierzu Abschnitt 7.4.

Außer mit einem Mikrofon sind die meisten Hörgeräte auch noch mit einer sogenannten **Hörspule** ausgerüstet. Es handelt sich dabei um eine Induktionsspule, die man wahlweise an Stelle des Mikrofons an den Eingang des Hörgeräte-Verstärkers schalten kann. Diese Spule ermöglicht den Empfang von Tonfrequenzsignalen auf induktivem Wege, z.B. über das magnetische Wechselfeld einer im Raume installierten und von einem Rundfunkgerät oder einer Verstärkeranlage gespeisten **Induktionsschleife**. Solche Induktionsschleifen findet man heute bereits in zahlreichen Kirchen, Kinos, Konzertsälen usw. Der Vorteil des induktiven Hörens liegt darin, daß die übertragenen Informationen frei von akustischen Störgeräuschen der Umgebung sind.

Elektrische Hörgeräte arbeiten in der Regel mit einer Betriebsspannung von etwa 1,2 bis 1,5 V. Die Verstärker sind schaltungsmäßig so ausgelegt, daß sie bis zu 1,1 V herab noch einwandfrei funktionieren. – Die Skale der verwendeten Verstärkerschaltungen reicht von einfachen Ausführungen bis zu aufwendigen Spezialschaltungen (z. B.: **Automatische Verstärkungsregelung**, leistungsfähige **Gegentakt-Endstufe**, usw.). –

Ein besonderes Problem stellt beim Aufbau von Hörhilfen, insbesondere von am Kopf zu tragenden Geräten, die Beherrschung ungewollter **Rückkopplungen** dar. Man versteht darunter einen Vorgang, bei dem ein gewisser Teil der Energie des Ausgangssignals an den Eingang des verstärkenden Systems zurückgelangt, d. h. **zurückgekoppelt** wird. Im Prinzip ist es dabei völlig gleichgültig, ob das ein elektrischer Verstärker oder ein Schallverstärker – z. B. ein **Hörgerät** – ist. Je nach der Größe des Phasenunterschiedes zwischen dem Ausgangs- und dem Eingangssignal kann es zu einer **Mit-** oder einer **Gegenkopplung** kommen. Mitkopplungen sind stets unerwünscht, da sie bei genügend großer Verstärkung, bzw. bei hinreichend großer Rückkopplung zur **selbsttätigen Erzeugung von Schwingungen** führen, die sowohl niederfrequenter als auch hochfrequenter Natur sein können. Akustisch niederfrequente, d. h. im hörbaren Bereich liegende Schwingungen äußern sich bei Hörgeräten durch ein typisches **Rückkopplungs-Pfeifen**. – Neben **Luft-** und **Körperschall-Kopplungen** können bei Hörgeräten auch noch **elektrische** und **induktive Kopplungen** auftreten; die beiden zuletzt genannten Kopplungsarten treten vornehmlich innerhalb des Hörgeräte-Verstärkers selbst, bzw. zwischen dem Hörer und der Hörspule auf. Zur Vermeidung, bzw. zur Beseitigung solcher Rückkopplungen gibt es eine Reihe sehr wirksamer Maßnahmen, die sich insbesondere auf die *akustisch dichte* Ausführung sämtlicher Schalleitungen – das gilt vor allen Dingen auch für das Ohrpaßstück – und auf die optimale **Lagerung** der beiden Schallwandler innerhalb des Hörgeräte-Gehäuses konzentrieren. –

An Stelle des normalerweise üblichen Luftleitungshörers verwendet man in speziellen Fällen auch **Knochenleitungshörer**. –

Den an den **Hörgeräte-Eingang**, d. h. an das Mikrofon gelangenden Schalldruckpegel L_E nennt man **Eingangsschalldruckpegel**. Analog dazu bezeichnet man den Schalldruckpegel, den das Hörgerät *ausgangsseitig* mit seinem Hörer z. B. im Ohr oder in einer physikalischen Meßvorrichtung – das ist in der Praxis i. a. eine genormte Druckkammer mit einem Volumen von 2 cm^3 – erzeugt, als **Ausgangsschalldruckpegel** L_A. Die Differenz zwischen diesen beiden Pegeln ergibt die **akustische Verstärkung** des Hörgerätes in dB.

Beispiel: Sind $L_A = 112$ dB und $L_E = 60$ dB, so beträgt die akustische Verstärkung $L_A - L_E =$ 52 dB.

Jedes Hörgerät besitzt einen **Verstärkungssteller**, mit dem die gewünschte akustische Verstärkung eingestellt werden kann. – Die **Verstärkung** eines Hörgerätes ist **frequenzabhängig**.

Die akustischen Eigenschaften eines Hörgerätes können durch zwei verschiedene Diagramme beschrieben werden:

1. Ausgangs-Eingangsschalldruckpegel-Diagramm

2. Ausgangsschalldruckpegel-Frequenz-Diagramm (akustische Wiedergabekurve)

Im **Ausgangs-Eingangsschalldruckpegel-Diagramm** ist der Ausgangspegel L_A in Abhängigkeit vom Eingangspegel L_E aufgetragen, und zwar für eine ganz bestimmte Frequenz. Sind beide Koordinatenachsen in gleichem Maßstab geteilt, so ergibt das eine Gerade, die unter 45° geneigt ist. Eine Änderung des Eingangsschalldruckpegels ergibt eine gleichgroße Änderung des Ausgangsschalldruckpegels; die **Wiedergabedynamik** entspricht der **Aufnahmedynamik.** Die Übertragung erfolgt linear, d. h. ohne Dynamikverzerrung. Man bezeichnet diesen Übertragungsbereich auch als **Dynamikbereich.** Der Dynamikbereich ist sowohl nach sehr kleinen als auch nach sehr großen Schalldruckpegeln hin begrenzt. Nach kleinen Pegeln hin erfolgt die Begrenzung durch den **Eigenstörschalldruckpegel** (in der Hauptsache durch das Rauschen der elektrischen Bauelemente im Verstärker hergerufen) und nach großen Pegeln hin durch den **größten erreichbaren Ausgangsschalldruckpegel** $L_{A\,max}$; er stellt die **Leistungsgrenze** des Gerätes dar, eine weitere Erhöhung des Eingangspegels bringt außer zunehmenden **nichtlinearen Verzerrungen** keinen Ausgangspegelanstieg mehr. – Bei der Anpassung von Hörgeräten ist auf den Wert des größten erreichbaren Ausgangsschalldruckpegels $L_{A\,max}$ des zu verordnenden Gerätes zu achten, er sollte der individuellen Schmerzschwelle des Hörbehinderten entsprechen.

Im allgemeinen liegen die $L_{A\,max}$-Werte (gemessen bei 1 kHz) von am Kopf zu tragenden Hörgeräten zwischen etwa 110 und 128 dB, bei Gegentakt-Geräten sogar bei 135 dB. Mittlere Taschengeräte erreichen 120...135 dB. Leistungsstarke Taschen-Hörgeräte mit einer Gegentakt-Endstufe kommen sogar auf Werte bis zu 140 dB und mehr.– Die akustischen Übertragungseigenschaften eines Hörgerätes, und zwar über den gesamten übertragenen Frequenzbereich, können dem **Ausgangsschalldruckpegel-Frequenz-Diagramm** entnommen werden. Darin ist der Ausgangsschalldruckpegel L_A in Abhängigkeit von der Frequenz dargestellt; der Eingangsschalldruckpegel L_E wird als Parameter über den gesamten Frequenzbereich konstant gehalten. Die sich ergebende Kurve bezeichnet man als **akustische Wiedergabekurve** des Hörgerätes. Stellt man die Verstärkung eines Hörgerätes bei 1 kHz auf 40 dB ein, so erhält man bei einem konstant gehaltenen Eingangsschalldruckpegel von 60 dB die sogenannte **normale akustische Wiedergabekurve** des Gerätes.

Am Kopf zu tragende Hörhilfen erreichen bei 1 kHz akustische Verstärkungen von etwa 30...60 dB. Bei Taschen-Hörgeräten lassen sich wegen der geringeren Rückkopplungsschwierigkeiten höhere Verstärkungswerte verwirklichen; sie liegen zwischen etwa 60 und 80 dB.

9.8. Stereofonie

Bei einer Schallübertragung über eine noch so hochwertige **einkanalige elektroakustische Übertragungsanlage** wird ein normalhörender Zuhörer stets den Eindruck haben, daß er nicht das Original hört, sondern lediglich eine elektroakustische Wiedergabe davon. Der einkanaligen Übertragung fehlt die **Hörperspektive,** wie sie ein Zuhörer im Raume der Originaldarbietung hat. Um einen räumlichen Schalleindruck zu vermitteln, bedarf es einer **stereofonen Übertragung.** Sie erweckt in dem Zuhörer die Illusion sich am Ort des akustischen Geschehens zu befinden. Die Erklärung hierfür liegt in der Fähigkeit unseres Gehörs **gerichtet** zu hören.

Durch das **beidohrige Hören** sind wir in der Lage, Schallquellen zu lokalisieren. Das **Ortungsvermögen unseres Gehörs** erlaubt uns sehr kleine Richtungsunterschiede von Schallquellen aufzulösen. Die größte Ortungsgenauigkeit besitzen wir in Richtung der **Medianebene unseres Kopfes,** und zwar nach vorne gerichtet. Ändert sich die Richtung einer Schallquelle gegenüber der Medianebene um nur 3°, so wird diese Richtungsänderung bereits wahrgenommen. Der Schall gelangt dabei an unsere beiden Ohren mit einer Zeitdifferenz von nur 30 μs. – Fällt der Schall von einer genau seitlich gelegenen Schallquelle ein, so erreicht die **interaurale Zeitdifferenz** ihren größten Wert, nämlich 630 μs. Der Mensch hat es im Laufe seiner Entwicklung gelernt, die Schalleinfallsrichtung aus der Größe der interauralen Zeitdifferenz zu erkennen.

Neben dem interauralen Zeitunterschied spielt beim Richtungshören auch noch die **interaurale Intensitätsdifferenz** eine Rolle, mit der seitlich einfallender Schall an unsere beiden Ohren gelangt; ihr Einfluß ist allerdings stark frequenzabhängig. Da mit wachsender Frequenz die **Abschattung** des dem Schalleinfall abgewandten Ohres zunimmt, machen sich Intensitätsunterschiede vornehmlich nur bei höheren Frequenzen bemerkbar. –

Eine sehr einfache und gleichermaßen naheliegende Möglichkeit den Höreindruck des beidohrigen Hörens elektroakustisch zu übertragen, bietet die **kopfbezogene Stereofonie.** Auf der Aufnahmeseite werden dabei an einem **künstlichen Kopf** an Stelle der Ohren zwei Mikrofone angebracht. Der Schall, der von diesen Mikrofonen aufgenommen wird, gelangt über zwei getrennte Kanäle und ein **Kopfhörerpaar seitenrichtig** an die Ohren eines Zuhörers, siehe Bild 9.12. Jedes Ohr erhält die ihm zugeordnete Information. Mit Hilfe dieses Verfahrens läßt sich eine sehr gute räumliche Schallwiedergabe erzielen. Die stereofone Kopfhörer-Übertragung hat dennoch – abgesehen von einigen Ausnahmen – keine überaus große praktische Bedeutung erlangt. In der Praxis bevorzugt man die Schallwiedergabe über Lautsprecher.

Bei der **stereofonen Schallwiedergabe** über **Lautsprecher** erhält nicht mehr jedes Ohr streng getrennt nur die ihm zugedachte Schallinformation. Die Lautsprecher sind meist in einem Abstand von einigen Metern nebeneinander aufgestellt. Der stereofone Höreindruck ist erfahrungsgemäß dennoch zufriedenstellend. – Aufnahmeseitig bevorzugt man Mikrofonanordnungen, die die **Richtungsinformation** in Form von **Intensitätsunterschieden** aufnehmen **(Intensitäts-Stereofonie).** In aller Regel bestehen **Stereo-Mikrofone** aus zwei

Einzelmikrofonen, die möglichst eng beieinander am gleichen Ort – i.a. meist übereinander – angeordnet sind. Der aufzunehmende Originalschall trifft infolgedessen beide Mikrofone gleichzeitig, d.h. **ohne Zeitunterschied**. Zur Erzielung **richtungsabhängiger Intensitätsunterschiede** haben sich in der Praxis die folgenden beiden Verfahren bewährt: Man verwendet entweder zwei **Mikrofone**

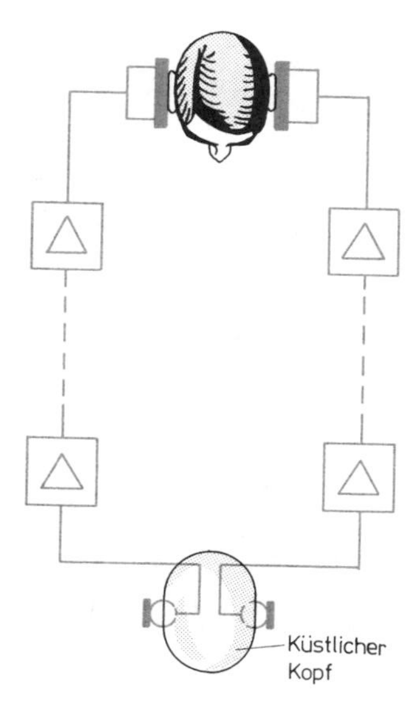

Bild 9.12. Stereofone Schallübertragung mit Hilfe eines künstlichen Kopfes und eines Kopfhörerpaares

mit gleichen Richtdiagrammen und gibt ihren **Hauptachsen** (= Hauptempfangsrichtungen) verschiedene Richtungen, oder aber man verwendet zwei Mikrofone mit **voneinander verschiedenen Richtdiagrammen.** Im ersten Falle erhält man ein **Links-Rechts-** (oder *LR*-, bzw. *XY*-) **orientiertes Stereomikrofon,** im zweiten Falle ein **Mitte-Seite-** (oder *MS*-) **orientiertes Stereomikrofon,** siehe z.B. Bild 9.13.

Die *XY*-**Anordnung** kann z.B. aus zwei **Nierenmikrofonen** bestehen, deren Hauptachsen nach links und nach rechts gerichtet sind (Bild 9.13.a). Die von beiden Mikrofonen kommenden Signalspannungen können direkt zur Speisung einer zweikanaligen stereofonen (Lautsprecher-) Übertragungsanlage benutzt werden.

Die *MS*-**Anordnung** kann z.B. aus einem Mikrofon mit **kreisförmigem Richtdiagramm** und aus einem Mikrofon mit **achtförmigem Richtdiagramm (Achtermikrofon)** bestehen (Bild 9.13.b). Befindet sich die Schallquelle auf der einen Seite (bezogen auf die Mittenrichtung), so ist die vom Achtermikrofon abgegebene Signalspannung phasengleich mit der Signalspannung des ungerichteten

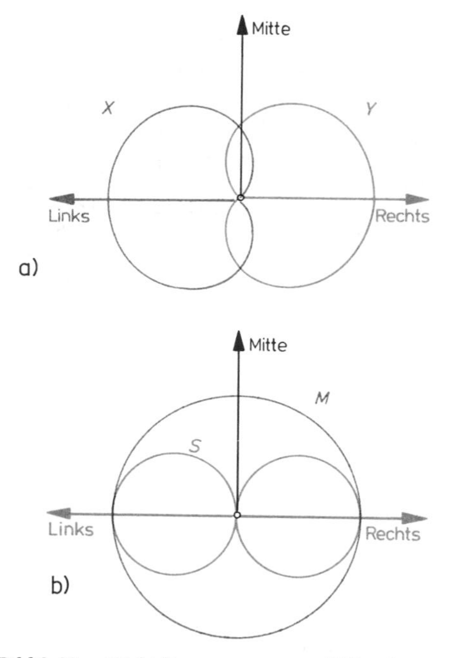

Bild 9.13. Richtdiagramme von Mikrofonanordnungen zur stereofonen Schallaufnahme
a) Zwei Nierenmikrofone,
b) Ein Mikrofon mit kreisförmigem Ri:htdiagramm und ein Mikrofon mit Achterdiagramm

Mikrofons; kommt der Schall von der anderen Seite, so sind beide Signalspannungen gegenphasig. Mit Hilfe einer besonderen Schaltungsanordnung (siehe Bild 9.14.) lassen sich beide Mikrofonspannungen vektoriell addieren, bzw. subtrahieren, und man bekommt zwei Signalspannungen, die wiederum zur Speisung einer zweikanaligen stereofonen Schallübertragungsanlage geeignet sind.

Die **vektorielle Summe**, bzw. **Differenz** von einem **kreisförmigen** und einem **achtförmigen Richtdiagramm** ergibt ein nach der einen Seite, bzw. ein nach der anderen Seite gerichtetes **Nieren-Diagramm.** – Umgekehrt ergibt die **vektorielle Summe**, bzw. **Differenz** aus beiden **Nieren** einen **Kreis**, bzw. eine **Acht.**

$$M + S \triangleq X, \quad \text{bzw.} \quad M - S \triangleq Y$$

und

$$X + Y \triangleq M, \quad \text{bzw.} \quad X - Y \triangleq S$$

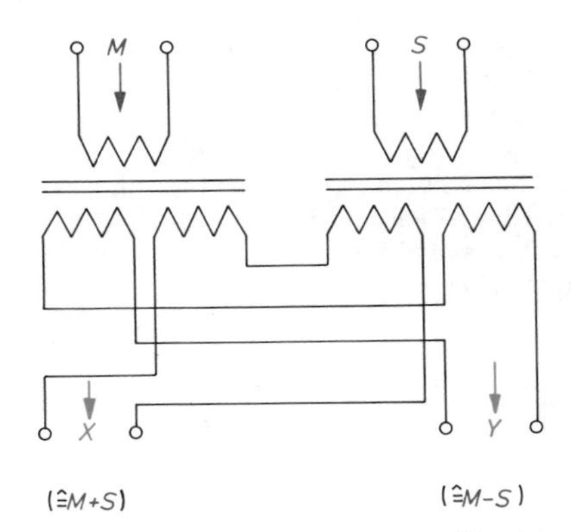

Bild 9.14. Schaltungsanordnung zur Überführung einer MS-Information in die entsprechende XY-Information

Beide Aufnahme-Verfahren lassen sich somit hinsichtlich ihrer Eigenschaften durch Summen- und Differenzbildung ineinander **überführen**; sie sind physikalisch gleichwertig. Die Signale X und Y enthalten die **Links-** und **Rechtsinformation**. Die Signale M und S enthalten die **Ton-** und **Richtungsinformation**. In beiden Fällen erhält man eine **vollständige Stereoinformation.** Im Hinblick auf vorhandene **monofone** Übertragungsanlagen ist eine vollständige **Kompatibilität** gewährleistet; das M-Signal entspricht dem Signal einer normalen einkanaligen Übertragung.

10. Schallaufzeichnung

Die Erfindung der verschiedenen **Schallaufzeichnungsverfahren** ermöglicht es uns, einmal stattgefundene Schallereignisse als *Schallkonserve* aufzuzeichnen und jederzeit, an jedem beliebigen Ort und nahezu beliebig oft zu wiederholen.

Die Aufzeichnung eines Schallvorganges kann **mechanisch (Nadelton)**, **optisch (Lichtton)** oder **magnetisch (Magnetton)** erfolgen. Alle drei Verfahren arbeiten mit einem bewegten Schallträger **(Schallplatte, Tonfilm, Tonband)**.

10.1. Nadelton-Verfahren

Der Schallträger des Nadelton-Verfahrens ist die **Schallplatte**. Auf ihr wird der Schalldruckverlauf des aufzuzeichnenden Schallvorganges durch eine entsprechende Verformung einer **spiralförmigen Rille** abgebildet. Entsprechend der Art der Rillenverformung unterscheidet man die verschiedenen **Modulations-** oder **Schriftarten**, siehe Bild 10.1. Bei der von **T. A. Edison** (1847–1931) erfundenen **Tiefenschrift** wird die **Rillentiefe** durch die Modulation geändert; diese Schriftart ist nicht mehr gebräuchlich. – Für einkanalige, d.h. monofone Schallplatten verwendet man heute ausschließlich die **Seitenschrift**. Bei dieser von **E. Berliner** entwickelten Schriftart wird die Rille **quer zur Rillenlaufrichtung** ausgelenkt. – Stereofone Schallplatten werden in **45/45-Grad-Flankenschrift** hergestellt. Hierbei wird jedem der beiden Stereo-Kanäle eine Rillenflanke zugeordnet. Beim Schneiden wie auch beim Abspielen einer Stereoplatte führt der **Schneidstichel**, bzw. die **Abtastnadel** zwei voneinander unabhängige Bewegungen aus, die senkrecht zueinander (= 90°) und unter Winkeln von je 45° bezogen auf die Plattenoberfläche erfolgen, siehe Bild 10.1. c). In der äußeren Rillenflanke befindet sich die Aufzeichnung des rechten Kanals, in der inneren Rillenflanke diejenige des linken Kanals. –

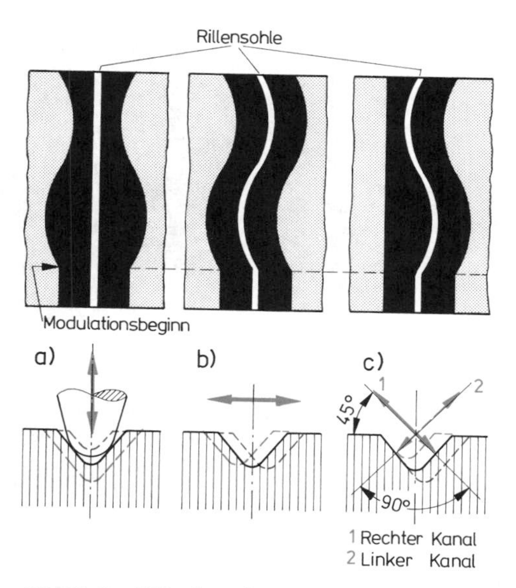

Bild 10.1. Rillenform bei
a) Tiefenschrift,
b) Seitenschrift – und
c) 45°-Flankenschrift (bei nur einem modulierten Kanal)
Oben: Aufsicht auf die Rille
Unten: Schnitt durch die Rille mit Bewegungsrichtung der Nadel

Die bei **Mono-** (M 45 und M 33) und **Stereoplatten** (ST 45 und ST 33) üblichen Umdrehungsgeschwindigkeiten betragen 45,11 und $33^1/_3$ U/min. Der Abrundungsradius des **Rillengrundes** (auch **Rillensohle** genannt) ist heute bei allen Schallplatten $\leqq 4$ µm. Die Rillenbreite von Monoplatten ist $\geqq 55$ µm und von Stereoplatten $\geqq 40$ µm. –

Bei der Aufzeichnung einer Schallplatte wird die Rillenverformung primär nicht nach ihrer Auslenkung (x) sondern nach der aufgezeichneten **Schnelle** (v) beurteilt. Die von den meisten **Tonabnehmern** abgegebene elektrische Spannung ist der Schnelle ihrer Nadelbewegung proportional. Außerdem gibt es ein sehr einfaches optisches Verfahren zur Messung der aufgezeichneten Schnelle. –

Würde man beim Aufzeichnungsvorgang die Schnelle der Stichelbewegung frequenzunabhängig und proportional dem Schalldruckverlauf des aufzuzeichnenden Schallereignisses machen, so würde die Auslenkung ($x = v/\omega$) des Schneidstichels nach tiefen Frequenzen hin sehr groß werden. Um zu verhindern, daß dabei der **Steg**, der zwei benachbarte Rillen trennt, durchbrochen wird, müßte man z.B. die Stegbreite vergrößern. Dadurch würde aber zwangsläufig die erreichbare Spieldauer der Schallplatte verkürzt werden. – Bei sehr hohen Frequenzen dagegen würden die Stichelauslenkungen immer kleiner werden und schließlich in die natürliche Rillenrauhigkeit übergehen. – Schallplatten werden infolgedessen nicht mit einer frequenzunabhängigen Schnelle geschnitten, sondern mit einer Schnelle, der ein ganz bestimmter Frequenzgang zugrunde liegt. Die tiefen Frequenzen werden dabei herabgesetzt, die hohen angehoben. Der genaue Frequenzverlauf der Schnelle wird durch eine **genormte Schneidkennlinie** vorgeschrieben, siehe Bild 10.2. Zur Erzielung dieses Frequenzganges ist der Schneidverstärker mit einer Reihe von entsprechenden, frequenzabhängigen Netzwerken ausgerüstet. –

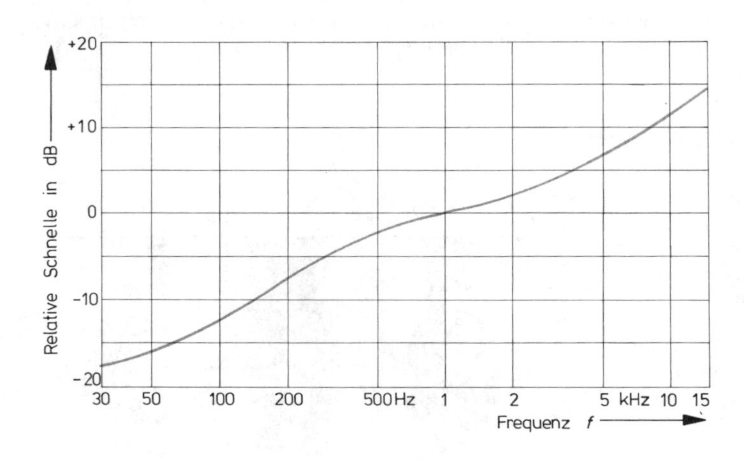

Bild 10.2. Genormte Schallplatten-Schneidkennlinie, bezogen auf die Schnelle bei 1000 Hz. Der Schalldruck ist dabei über den gesamten Frequenzbereich hinweg konstant

Bei der Schallplatten-Wiedergabe tastet ein **Tonabnehmer** mit seiner **Abtastnadel (Saphir- oder Diamantspitze)** die Rillenführung der rotierenden Platte ab. Außer der Tastspitze enthält jeder (Stereo-)Tonabnehmer **zwei elektromechanische Wandler** zur Umwandlung der mechanischen Nadelbewegungen in ihnen proportionale elektrische Spannungen. Beide Wandlersysteme sind über den gemeinsamen Antrieb, nämlich über die Tastspitze, mechanisch miteinander verkoppelt. Obgleich jeder Wandler für sich nur auf Bewegungen reagiert, die in einer ganz bestimmten Richtung erfolgen – entsprechend der bei Stereoplatten üblichen 45/45-Grad-Flankenschrift sind diese beiden Bewegungen senkrecht zueinander gerichtet – ist ein gewisses **Übersprechen** von einem Wandler auf den anderen, d.h. von einem **Stereo-Kanal** auf den anderen nicht ganz zu vermeiden. Die **Übersprechdämpfung** sollte dabei in jedem Falle $\geqq$ 20 dB sein.

Die Wandlersysteme von Tonabnehmern arbeiten entweder nach dem **piezoelektrischen,** dem **elektromagnetischen** oder dem **elektrodynamischen Prinzip.** – Bei der Wiedergabe von Schallplatten ist der Frequenzgang der Schneidkennlinie zu berücksichtigen. Das kann entweder durch den Frequenzgang des Tonabnehmers selbst oder mit Hilfe einer besonderen **Entzerrerschaltung** am Eingang des nachfolgenden Verstärkers geschehen. Das erstere ist i.a. bei piezoelektrischen Wandlern der Fall. Elektromagnetische und elektrodynamische Wandler dagegen werden stets mit entzerrenden Verstärkern betrieben.

10.2. Lichtton-Verfahren

Das bekannteste Anwendungsgebiet der **optischen** oder **lichtelektrischen** Schallaufzeichnung ist der **Tonfilm**. Der Schallträger besteht aus einem ursprünglich lichtempfindlichen **Filmstreifen**, der mit gleichbleibender Geschwindigkeit bewegt wird. Auf ihm wird der Schalldruckverlauf des aufzuzeichnenden Schallvorganges durch entsprechende **Helligkeitsschwankungen** abgebildet. Das geschieht grundsätzlich durch eine im Rhythmus der Schalldruckschwankungen sich ändernde Filmbelichtung. Anschließend wird der Film entwickelt, fixiert und erforderlichenfalls mit Hilfe einer besonderen Kopiermaschine vervielfältigt. – Beim Tonfilm befindet sich die Schallaufzeichnung auf einer sogenannten **Tonspur** am Rande des Films.

Bei der Schallwiedergabe wird der Schallträger mit der gleichen Geschwindigkeit wie bei der Aufnahme bewegt und dabei mit Gleichlicht (z. B.: Licht einer elektrischen Lichtquelle, die mit Gleichstrom betrieben wird) durchleuchtet. Die von der Tonspur hindurchgelassenen Lichtschwankungen gelangen über eine Optik auf eine Fotozelle. Diese wiederum steuert über einen nachgeschalteten Verstärker den Strom durch einen oder mehrere Lautsprecher. –

Ähnlich wie beim Nadelton unterscheidet man auch beim Lichtton verschiedene **Modulations-** oder **Schriftarten**. Es sind zunächst die beiden Gruppen der sogenannten **Intensitäts-** oder **Sprossenschrift** und der **Amplituden-** oder **Zackenschrift**.

Bei der **Sprossenschrift** erfolgt eine Änderung der Lichtdurchlässigkeit über die gesamte Breite der Tonspur. Es entsteht dabei in Filmrichtung eine Folge von mehr oder weniger lichtdurchlässigen „Sprossen", siehe Bild 10.3. a). Bei der Aufzeichnung wird entweder die **Breite** des **Lichtspaltes**, an dem die Tonspur während der Aufnahme vorbeiläuft, proportional dem Schalldruckverlauf variiert, oder aber man moduliert unmittelbar die **Lichtstärke**, die die hinter dem Lichtspalt befindliche Lichtquelle aussendet.

Ändert man die **Höhe** des **Lichtspaltes** in Abhängigkeit vom zeitlichen Verlauf des Schallereignisses, so bekommt man eine Tonaufzeichnung in **Zackenschrift**. Die Modulation der Lichtspalthöhe kann unter Zuhilfenahme eines sogenannten **Lichthahnes** erfolgen. Darunter versteht man eine Anordnung, bei der das Licht, das die Tonspur belichten soll, den **Schattenriß** einer – beispielsweise dreieckigen – (Schräg-)**Blende** über einen **beweglichen Spiegel** auf den Spalt projiziert. Der Spiegel wird von einem elektromagnetischen oder einem elektrodynamischen Antriebssystem (= Lichthahn) im Rhythmus der Schallschwingungen bewegt. Im gleichen Rhythmus wandert der Schatten der Schrägblende über den Spalt und verursacht damit entsprechende Änderungen der Lichtspalthöhe, siehe Bild 10.3. b). Auf diese Weise bekommt

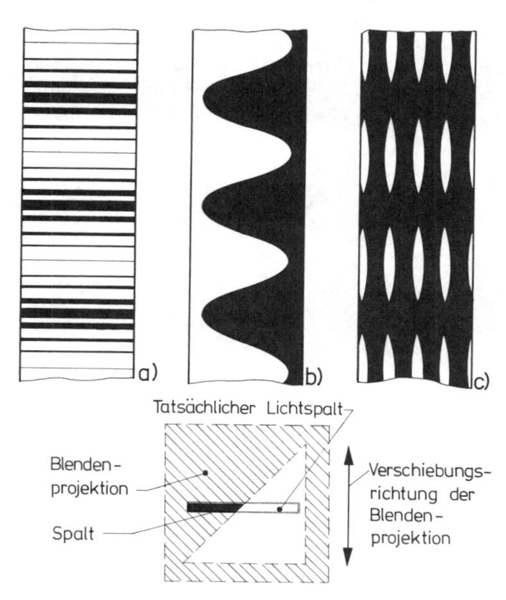

Bild 10.3. Beispiele für verschiedene Lichttonschriften bei der Aufzeichnung eines sinusförmigen Signals

a) Sprossenschrift,

b) Einzackenschrift (mit schematischer Darstellung der Lichtspalthöhen-Modulation durch einen Lichthahn),

c) Vielzackenschrift

man Lichttonaufzeichnungen in sogenannter **Einzackenschrift**. – Besteht die benutzte Blende nicht nur aus *einem* schrägen Dreieck (= **Zacke**), sondern aus *mehreren* **Zacken**, so erhält man analog zur Einzackenschrift die sogenannte **Vielzackenschrift**. – Durch Abwandlung der Blendenform bekommt man eine Reihe weiterer Tonschriften, wie z. B. die **Doppel-Zackenschrift**, die **Gegentakt-Zackenschrift**, usw.

Bei sämtlichen Zackenschriften wird von der gesamten verfügbaren Spurbreite (= Spalthöhe) nur ein bestimmter variabler Teil geschwärzt, und zwar total. Das Anfertigen von Kopien, d.h. von Vervielfältigungen, ist infolgedessen unproblematisch. Bei der Sprossen- oder Intensitätsschrift dagegen muß – allein schon im Hinblick auf spätere Vervielfältigungen – zwischen der Filmschwärzung und der Belichtung eine strenge Proportionalität, bestehen. –

Die **höchste** noch einwandfrei aufzeichenbare und abtastbare **Tonfrequenz** hängt von der **Spaltbreite** s (in Laufrichtung) und der **Bewegungsgeschwindigkeit** c der Tonspur (= Filmgeschwindigkeit[1]) ab. Die **obere Grenzfrequenz** liegt um so

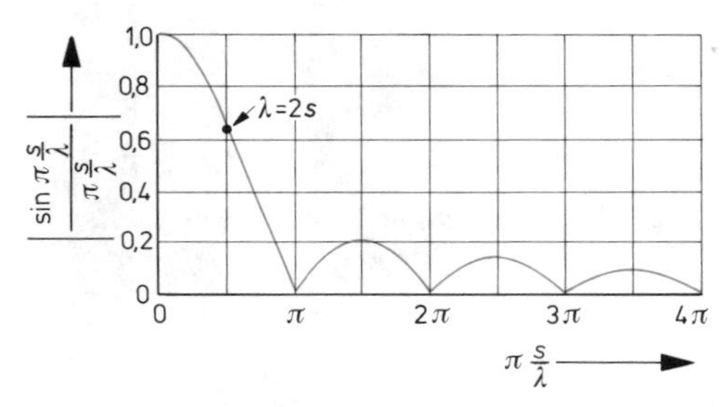

Bild 10.4. Spaltfunktion

höher, je schmaler der Spalt und je größer die Filmgeschwindigkeit ist. Nähert sich die Wellenlänge λ der aufzuzeichnenden, bzw. der abzutastenden Schallschwingung der Spaltbreite s, so kann die Schwingung nicht mehr mit ihrer vollen Amplitude aufgezeichnet, bzw. abgetastet werden. Der nach hohen Frequenzen hin zunehmende Amplitudenabfall gehorcht mathematisch der **Spaltfunktion:**

$$\left| \frac{\sin \pi \cdot \frac{s}{\lambda}}{\pi \cdot \frac{s}{\lambda}} \right|$$

Sie kann je nach der Größe des Verhältnisses s/λ Werte zwischen 0 und 1 annehmen, siehe Bild 10.4. Ist die Wellenlänge $\lambda \gg s$, so hat die Spaltfunktion nahezu den Wert 1. Bei $s = n \cdot \lambda$ ($n = 1, 2, 3, \ldots$) treten **Nullstellen** auf. Für die Tonaufzeichnung ist nur die erste Nullstelle von Bedeutung. Sie besagt, daß bei Gleichheit von Wellenlänge und Spaltbreite die beiden Halbwellen der Schwingung sich in ihrer Wirkung gegenseitig aufheben. Bei dieser Wellenlänge erfolgt keine Aufzeichnung, bzw. keine Abtastung mehr. –

Zwischen der **Belichtung** (oder auch: **Exposition)** H_v in Luxsekunden (Einheitenzeichen: lxs) und der **Schwärzung**[2] S eines Filmes besteht über den gesamten geradlinigen Teil der sogenannten **Schwärzungskurve** hinweg ein direkter Zusammenhang. – Die Filmexposition ist definiert als das Produkt aus der **Beleuchtungsstärke** E_v in Lux (Einheitenzeichen: lx) und der **Belichtungszeit** in Sekunden:

$$H_v = \int_{t_1}^{t_2} E_v \, dt$$

Bei einer Lichttonaufzeichnung, und zwar mit **sinusförmiger Intensitätsschrift,** ist die **Exposition** gegeben durch die Gleichung:

$$H_v = \frac{E_{v\,max}}{2 \cdot c} \cdot s \cdot \left(1 + r \cdot \frac{\sin \pi \cdot \frac{s}{\lambda}}{\pi \cdot \frac{s}{\lambda}} \cdot \cos 2\pi \cdot \frac{x}{\lambda} \right)$$

$E_{v\,max}$ = Größte Beleuchtungsstärke

$r = \frac{E_v}{E_{v\,max}}$ = **Aussteuerungs-** oder **Modulationsfaktor**

x = Längenkoordinate des Films

Die lichtelektrische Schallaufzeichnung beim Tonfilm hat unbestritten den herstellungstechnischen Vorzug, daß Bild und Ton in einem gemeinsamen Arbeitsgang aufgezeichnet werden können. Das gleiche gilt auch für die Anfertigung von Kopien. Eine Synchronisation zwischen Bild und Ton ist unnötig.

[1] Beim 35 mm-Lichtton-Normalfilm beträgt die Filmgeschwindigkeit $c = 45{,}6$ cm/s.

[2] Die Schwärzung S ist definiert durch die Beziehung $S = \lg E_{v0}/E_v$, wobei E_{v0} die Beleuchtungsstärke des auffallenden und E_v die Beleuchtungsstärke des hindurchgelassenen Lichtes sind.

10.3. Magnetton-Verfahren

Nicht zuletzt seiner relativ unkomplizierten Handhabung wegen ist der **Magnetton** das heute wichtigste Verfahren zur Schallaufzeichnung. Der Schallträger besteht aus einem **magnetisierbaren Band (Tonband)**, das mit gleichbleibender Geschwindigkeit bewegt wird. Auf ihm wird der Schalldruckverlauf des aufzuzeichnenden Schallereignisses in Form einer örtlich entsprechend verteilten **remanenten Magnetisierung** abgebildet. Der entscheidende Vorteil des Magnetton-Verfahrens liegt darin, daß man ein und dasselbe Tonband für – praktisch – beliebig viele Aufzeichnungen verwenden kann; die jeweils vorangegangene Schallaufzeichnung wird dabei gelöscht. Weitere Vorteile sind die sofortige Wiedergabebereitschaft und die Möglichkeit zu schneiden.

Die magnetische Schallaufzeichnung ist im Jahre 1898 von **V. Poulsen** erfunden worden. Der von ihm benutzte Tonträger war zunächst noch Stahldraht. In der Folgezeit wurden auch Stahlbänder verwendet. Im Jahre 1928 erfand **F. Pfleumer** das mit fein verteiltem **Eisenpulver** beschichtete **Magnetband**, das von der Industrie, insbesondere von der AEG, in den Jahren 1935 bis 36 weiterentwickelt und als sogenanntes „Magnetophon-Band" für den Rundfunk gefertigt wurde. Das Eisenpulver war dabei auf schwer entflammbaren Filmstreifen aufgetragen. Im Jahre 1941 erfolgte eine weitere und sehr bedeutsame Qualitätsverbesserung der magnetischen Schallaufzeichnung durch **H. J. v. Braunmühl** und **W. Weber**; sie bestand in der Einführung des **hochfrequenten Löschens** und der **Hochfrequenzvormagnetisierung** bei der Aufsprache. –

Beim Magnetton-Verfahren sind ebenfalls verschiedene **Schriftarten** möglich. So wurden z. B. die Tonträger der ersten *Magnetofone* noch **quermagnetisiert**. Davon ist man im Laufe der Zeit jedoch wieder abgekommen. Bei der heute üblichen magnetischen Tonaufzeichnung wird der Schallträger in **Längsrichtung magnetisiert**. –

Unsere heutigen Tonbänder bestehen aus einem (beispielsweise etwa 16 μm dicken) **Kunststoffband**, das mit einer dünnen Schicht von sehr feinen und gleichmäßig verteilten **Eisenoxidteilchen** belegt ist. Die einzelnen Teilchen sind voneinander magnetisch isoliert, was der Aufzeichnung hoher Frequenzen besonders entgegenkommt.

Zur **Löschung**, zur **Aufnahme** und zur **Wiedergabe** besitzt jedes **Tonbandgerät** einen **Löschkopf**, einen **Sprechkopf** und einen **Hörkopf**. Aus Gründen der Sparsamkeit werden Hör- und Sprechkopf häufig zu einem **kombinierten Tonkopf (Kombikopf)** vereint. Die Grundbestandteile eines jeden **Magnetkopfes** sind ein **Ringkern** aus hochpermabelem weichmagnetischen Material mit einem sehr schmalen **Spalt** und eine auf dem Ringkern befindliche **Wicklung**.

10.3.1. Prinzipielle Funktionsweise

Die **prinzipielle Funktionsweise** der **magnetischen Schallaufzeichnung** und **-wiedergabe** ist folgende (siehe dazu auch Bild 10.5.): Bei der Schallaufzeichnung wird das Tonband mit gleichbleibender Geschwindigkeit am Sprechkopf vorbeigeführt. Der vom Aufnahmemikrofon und dessen nachfolgendem **Aufsprech-Verstärker** herrührende tonfrequente Signalstrom durchfließt die Sprechkopf-Wicklung und erzeugt dabei innerhalb des Ringkernes einen magnetischen Wechselfluß, der an der Stelle des Kern-Spaltes magnetische Feldlinien austreten läßt. Diese Feldlinien durchströmen die magnetisierbare Schicht des vorbeigezogenen Tonbandes und hinterlassen darin einen **remanenten Magnetismus**, der dem aufzuzeichnenden Schalldruckverlauf proportional ist. Es entsteht auf dem Band eine Reihe von kleinen permanenten „Stabmagneten" wechselnder Polarität. Bevor das Band an den Sprechkopf gelangt, läuft es zuerst noch am Löschkopf vorbei. Hierbei werden sämtliche vorangegangenen magnetischen Aufzeichnungen restlos gelöscht. – Beim Wiedergabevorgang wird das Tonband mit der gleichen Geschwindigkeit wie zuvor bei der Aufnahme am Kern-Spalt des Hörkopfes vorbeigezogen. Die aus dem magnetisierten Band austretenden Feldlinien erzeugen dabei im Hörkopf-Ringkern einen magnetischen Wechselfluß, der der Bandmagnetisierung proportional ist. Dieser Wechselfluß induziert in der Hörkopf-Wicklung eine Wechselspannung, die vom nachfolgenden **Wiedergabe-Verstärker** verstärkt und schließlich einem Lautsprecher zugeführt wird. –

Das Vorbeiziehen des Tonbandes an den Magnetköpfen besorgt eine sogenannte **Tonwelle** zusammen mit einer gummibelegten **Andruckrolle**. Beide befinden sich – bezogen auf die Laufrichtung des Bandes – hinter dem Hörkopf. Die Tonwelle dreht sich mit konstanter Drehzahl. Das Tonband wird von der Andruckrolle gegen die Tonwelle gepreßt

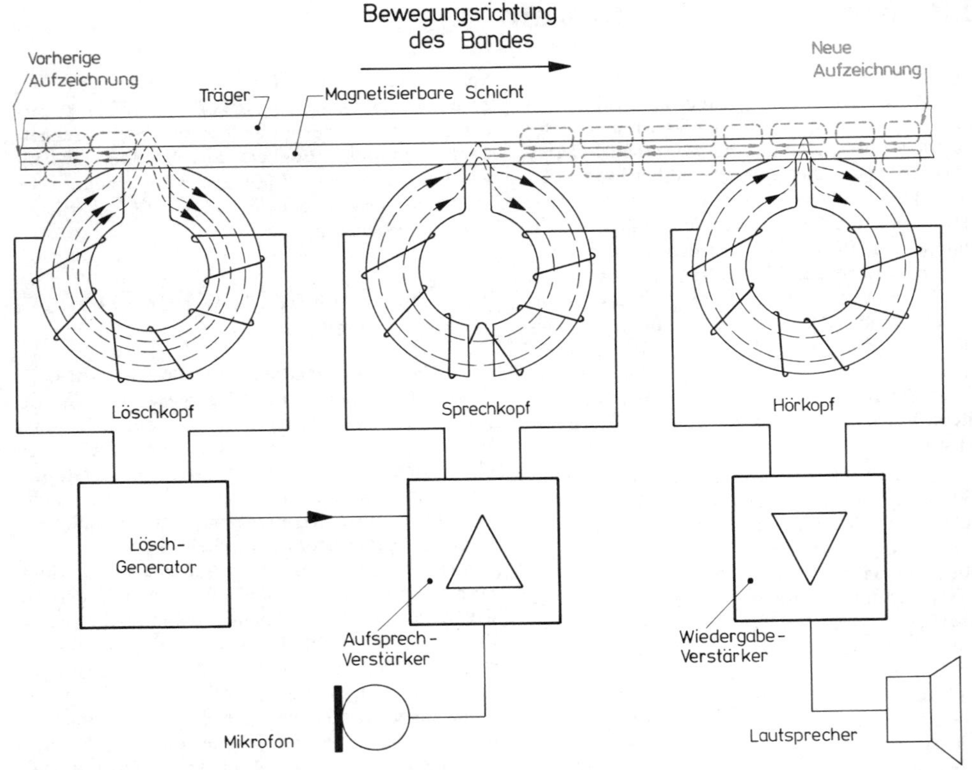

Bild 10.5. Grundprinzip der magnetischen Schallaufzeichnung und -wiedergabe

und von dieser mit gleichförmiger Geschwindigkeit *mitgenommen.* Die in der Praxis üblichen **Tonbandgeschwindigkeiten** betragen je nach Verwendungszweck (**Studio-Gerät** oder **Heimtonband-Gerät**) 76,2 cm/s, 38,1 cm/s, 19,05 cm/s, 9,53 cm/s und 4,75 cm/s. –

10.3.2. Löschung

Zur **Löschung** einer Aufzeichnung kann man sowohl ein **magnetisches Gleichfeld** als auch ein **hochfrequentes Magnetfeld** benutzen. Unsere heutigen Tonbandgeräte löschen nahezu ausnahmslos hochfrequent. Bei der **Hochfrequenzlöschung** wird das am Löschkopf vorbeilaufende Tonband einem hochfrequenten Magnetfeld ausgesetzt. Das Band wird dabei in beiden Polarisationsrichtungen bis zum Erreichen der Sättigung magnetisiert. Die wirksame Spaltbreite *s* des Löschkopfes ist hierbei als groß gegenüber der Wellenlänge der Hochfrequenz anzusehen. Da das Tonband mit gleichbleibender Geschwindigkeit am Löschkopf vorbeiläuft und die Feldverteilung über dem Spalt nahezu die Form einer *Glockenkurve* hat, nimmt die auf jede Bandstelle einwirkende magnetische Wechselfeldstärke mit größer werdender Entfernung vom Löschkopf kontinuierlich ab. Auf diese Weise erzielt man eine **vollständige Entmagnetisierung**. Im Gegensatz zur **Gleichfeldlöschung** verbleiben nach einer **HF-Löschung** keinerlei magnetische Potentiale innerhalb des Bandes. Ein hochfrequent gelöschtes, unmoduliertes Tonband erzeugt infolgedessen im Hörkopf eine wesentlich niedrigere **Rauschspannung (Bandrauschen)** als ein gleichfeldgelöschtes Band. –

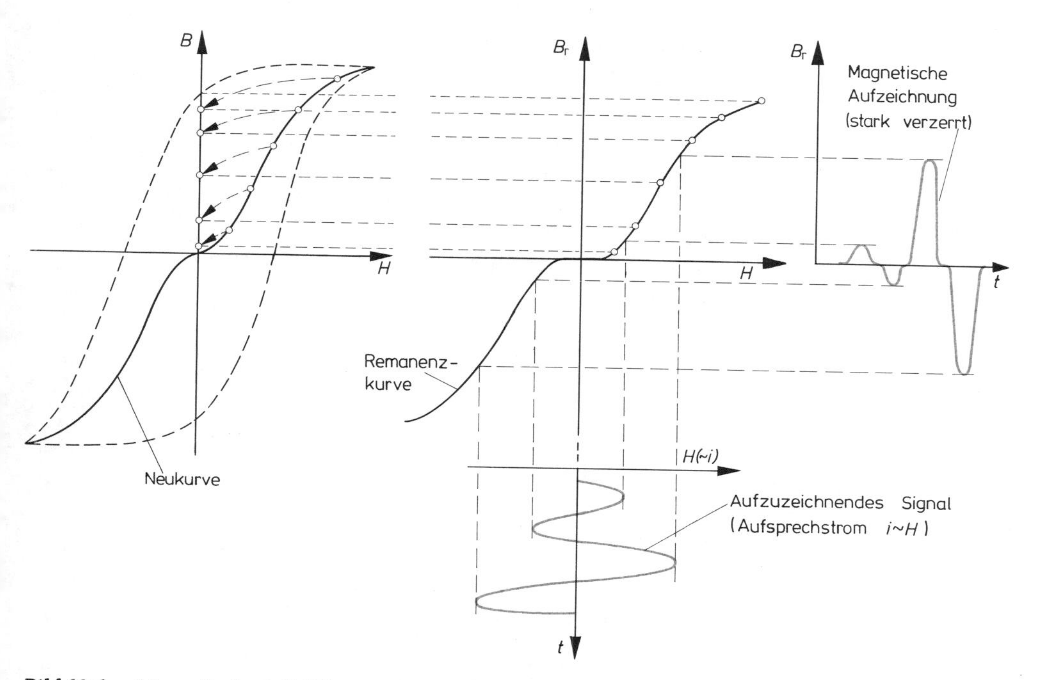

Bild 10.6. Magnetische Aufzeichnung eines niederfrequenten Signals ohne Vormagnetisierung

10.3.3. Aufnahme mit HF-Vormagnetisierung

Eine gewisse Schwierigkeit bereitet bei der magnetischen Schallaufzeichnung der **nichtlineare Zusammenhang** zwischen der **magnetischen Feldstärke** *H* und der im Tonträger **zurückbleibenden magnetischen Induktion** B_r (= **Remanenz**); siehe dazu die sogenannte **Remanenzkurve** im Bild 10.6. Würde man bei einer Tonaufnahme keinerlei Vorkehrungen treffen, die diese Nichtlinearität unwirksam machen, so wäre die erhaltene magnetische Aufzeichnung, wie das ebenfalls aus Bild 10.6. zu ersehen ist, mit starken **nichtlinearen Verzerrungen** behaftet. Um solche Verzerrungen zu vermeiden, wird der Tonträger während des Aufnahmevorganges **vormagnetisiert**. Das kann entweder mit Hilfe eines **Gleichstromes** oder eines (sinusförmigen) **Hochfrequenzstromes** geschehen, den man dem tonfrequenten Signalstrom linear überlagert. Unsere heutigen Tonbandgeräte arbeiten nahezu ausnahmslos mit einer **Hochfrequenz-Vormagnetisierung**. Der dafür benötigte Hochfrequenzstrom wird demselben Generator entnommen, von dem auch der Löschkopf betrieben wird. Die Frequenz liegt zwischen etwa 40 und 100 kHz.

Die linearisierende Wirkung der Hochfrequenz-Vormagnetisierung bei der magnetischen Aufzeichnung von Tonfrequenzen läßt sich besonders gut an Hand der sogenannten **Arbeitskennlinie** veranschaulichen, die man aus der Remanenzkurve des Tonträgers konstruieren kann, siehe Bild 10.7. Die für die Vormagnetisierung bestimmte Hochfrequenz wird dem aufzuzeichnenden niederfrequenten Signal überlagert. Auf die magnetisierbare Schicht des Tonbandes kommt dabei ein hochfrequentes Magnetfeld zur Wirkung, das sich im Rhythmus der Tonfrequenz ändert. In der Diagrammdarstellung des Bildes 10.7. spielen sich diese Magnetfeldänderungen zu beiden Seiten entlang der Remanenzkurve ab, wobei der Bereich der dabei *möglichen* magnetischen Feldstärkewerte durch zwei punktiert gezeichnete *Hüllkurven* begrenzt ist. Die Hüllkurven stellen Parallelverschiebungen der Remanenzkurve dar. Die am Tonträger letztlich verbleibende remanente In-

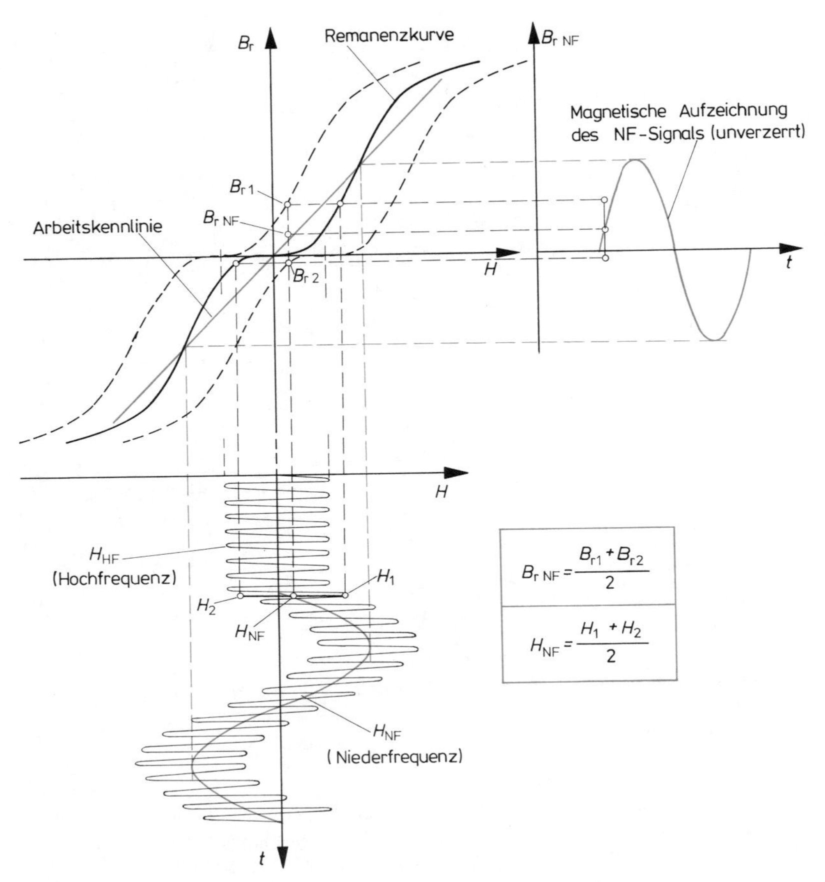

Bild 10.7. Magnetische Aufzeichnung eines niederfrequenten Signals mit HF-Vormagnetisierung

duktion $B_{r\,NF}$ des niederfrequenten Signals ergibt sich als **Mittelwert** $(B_{r1} + B_{r2})/2$ aus den beiden Remanenzwerten B_{r1} und B_{r2}, die durch die Momentanwerte der magnetischen Feldstärke ($H_{NF} \pm \hat{H}_{HF}$) gegeben sind. Bildet man auf die gleiche Art und Weise die Mittelwerte zwischen den durch die beiden Hüllkurven definierten remanenten Induktionen, so erhält man die Arbeitskennlinie. Bei geeigneter Wahl der Hochfrequenzamplitude bekommt man eine **Arbeitskennlinie**, die über den gesamten interessierenden Induktionsbereich, insbesondere aber in der Nähe des Koordinaten-Nullpunktes, praktisch **linear** verläuft. In diesem Falle verbleibt nach einer Aufnahme auf dem Tonträger eine niederfrequente Magnetaufzeichnung, die weitgehend frei von nichtlinearen Verzerrungen ist.

Setzt man genau wie beim Löschvorgang voraus, daß die wirksame Spaltbreite des Sprechkopfes groß gegenüber der Wellenlänge der Hochfrequenz ist, so wird der HF-Anteil nicht mit aufgezeichnet. Er verschwindet während des Entfernens des Bandes vom Sprechkopf; die von den ferromagnetischen Partikeln durchlaufenen Hystereseschleifen werden mit abnehmender Feldstärke immer kleiner und münden schließlich im Nullpunkt. – Durch die entmagnetisierende Wirkung der Hochfrequenz-Magnetaufzeichnung (HF-Löschung und -Vormagnetisierung) läßt sich ein sehr großer **Störabstand** ($\geqq$ 60 dB) erzielen. –

10.3.4. Wiedergabe

Bei der **Wiedergabe** läuft die magnetisierte Schicht des Tonbandes am Spalt des Hörkopfes vorbei. Dabei schließen sich die aus dem Band austretenden Feldlinien über den Ringkern des Hörkopfes. In der Hörkopf-Wicklung wird hierbei eine elektrische Spannung induziert.

Würde man die Aufzeichnung mit einem von der Frequenz unabhängigen konstanten Sprechstrom vornehmen und lägen keine weiteren Einflüsse vor, so würde bei der Wiedergabe die Hörkopf-Spannung gemäß dem **Induktionsgesetz** linear mit der abgetasteten Frequenz ansteigen, d.h. mit 6 dB/Oktave (**ω-Gang**). Der ω-Gang ist tatsächlich jedoch nur im Bereiche niedriger und mittlerer Tonfrequenzen vorhanden. Bei der Aufzeichnung höherer Tonfrequenzen ist die im Bande verbleibende remanente Induktion nicht mehr proportional dem Sprechstrom. Das liegt im wesentlichen daran, daß mit zunehmender Höhe der aufzuzeichnenden Tonfrequenz die wirksame Breite des Sprechkopf-Spaltes nicht mehr vernachlässigbar klein gegenüber der Wellenlänge ist. Die aufgezeichnete Amplitude erfährt somit einen Abfall entsprechend der **Spaltfunktion.** – Bei der Wiedergabe kommt nochmals der Einfluß der Spaltfunktion hinzu. –

Die im Hörkopf induzierte elektrische Spannung u gehorcht der nachfolgenden Beziehung:

$$u = \text{const.} \cdot f \cdot e^{-\frac{\lambda_1}{\lambda}} \cdot \frac{\sin \pi \cdot \frac{s}{\lambda}}{\pi \cdot \frac{s}{\lambda}}$$

f = Tonfrequenz (= c/λ)
λ = Wellenlänge der Tonfrequenz
λ_1 = **Charakteristische Wellenlänge;** bei $\lambda = \lambda_1$ ist die Hörkopf-Spannung auf 1/e abgefallen
s = Wirksame Spaltbreite

In der Konstanten ist die **Bandgeschwindigkeit** c enthalten.

10.3.5. Entzerrung des Frequenzganges

Die Frequenzabhängigkeit der im Tonträger verbleibenden remanenten Induktion einerseits (bei der **Aufnahme**) und der in der Hörkopf-Wicklung induzierten elektrischen Spannung andererseits (bei der **Wiedergabe**) machen eine **Entzerrung des Frequenzganges** erforderlich. Es erfolgt dabei eine **Anhebung** der **tiefen** und der **hohen Frequenzen.** Die Entzerrung wird z.T. im **Aufsprech-Verstärker** und z.T. im **Wiedergabe-Verstärker** vorgenommen. Im Interesse der Austauschbarkeit von Bandaufnahmen ist die Entzerrung genormt.

11. Lärmbekämpfung und Schallschutz

11.1. Lärm und Lärmbekämpfung

Unter **Lärm** versteht man jede Art von **Geräuschen,** die **ungewollt** und **störend** auf einen Menschen einwirken. Die ständige Einwirkung von Lärm löst je nach **Schallintensität, Frequenzzusammensetzung** und **Dauer,** bzw. **Regelmäßigkeit** der Einwirkung sehr unterschiedliche **physische** und **psychische Reaktionen** aus.

Die Spanne der **Lärmreaktionen** reicht von der **Lästigkeitsempfindung** bis zur echten **Gesundheitsschädigung.** Nach **G. Lehmann** unterscheidet man folgende 4 Gruppen von Lärmreaktionen:

1. Psychische Reaktionen (oberhalb etwa 30 dB (A)). Je nach der individuellen physischen und psychischen Verfassung kann Lärm bereits in diesem Pegelbereich negative Auswirkungen auf das psychische Befinden haben. Das kann sich z. B. in der **Lästigkeit von Geräuschen** äußern, vor allen Dingen wenn ein anderer den Lärm verursacht. Besonders bei Übermüdung, Ärger oder Krankheit steigert sich die Empfindlichkeit gegenüber Lärm von dieser Größenordnung. Die Folgen können Kopfschmerzen, Benommenheit und Überreizung sein. Innerhalb dieses Pegelbereichs kann bereits Rundfunkmusik aus der Nachbarwohnung oder das morgendliche Warmlaufen von Automotoren auf der Straße als störend oder „auf die Nerven gehend" empfunden werden.

2. Vegetative Reaktionen (oberhalb etwa 65 dB (A)). Die hierbei auftretenden Lärmreaktionen entstehen durch Einwirkung des Schallreizes auf das **vegetative** und somit nicht dem Willen unterworfene **Nervensystem.** Nicht alle vegetativen Reaktionen müssen zwangsläufig zu einer Schädigung führen. Es kann aber durchaus zu einem echten **nervösen und organischen Schaden** kommen, wenn die Lärmeinwirkung langanhaltend und intensiv ist. Die Höhe der Schädigungsgefahr wird im wesentlichen durch die individuelle Anfälligkeit und durch den individuellen Gesundheitszustand bestimmt. Wer mehrere Jahre hindurch täglich mehr als 6 Stunden einem Lärmpegel von 65 bis 90 dB (A) ausgesetzt war, kann an **Gleichgewichtsstörungen, Herz-** und **Gefäßleiden, Störungen** im **Magen-Darm-Trakt,** sowie an **seelischen Störungen** erkranken. – Eine echte **Gewöhnung** an einen Dauerlärm von über 65 dB (A) **gibt es nicht.**

3. Lärmbedingte Hörschäden (oberhalb etwa 90 dB (A)). Ein Dauerlärm von mehr als 90 dB (A) führt zu einer zusätzlichen **lärmbedingten Schädigung des Gehörs.** Es kann dabei zu einer nicht mehr heilbaren **Innenohrschwerhörigkeit** kommen, die im Extremfall bis zur **Taubheit** fortschreiten kann. Eine beginnende Lärmschwerhörigkeit äußert sich zunächst durch eine sogenannte **c^5-Senke** (etwa bei 4000 Hz) im Tonaudiogramm; im Laufe der Jahre erfaßt sie jedoch allmählich den gesamten Hörfrequenzbereich.

4. Organische Lärmschäden (oberhalb etwa 120 dB (A)). Lärmpegel von dieser Größenordnung erzeugen eine sehr **heftige Schmerzempfindung.** Bei längerer Einwirkung können **dauerhafte Gewebeschäden** (z. B.: Reißen des Trommelfells), und somit akute **Schädigungen des Hörorgans** eintreten, die in extremen Fällen zu Lähmungen führen können. –

Die oben stehenden Lärmpegelgrenzen sind als fließend aufzufassen; sie sind in Form von **bewerteten Schalldruckpegeln** angegeben (siehe auch Abschnitt 9.3.).

Lärmtaubheit ist eine seit langem bekannte **Berufskrankheit.** Sie wurde schon in früheren Zeiten bei Kesselschmieden beobachtet. Lärm begegnet uns heute nahezu überall, sei es als Begleiterscheinung unserer modernen Verkehrsmittel **(Verkehrslärm),** sei es an der Arbeitsstätte **(Betriebslärm)** oder auch im Wohnbereich **(Wohnlärm).**

Man unterteilt den Oberbegriff **Lärm** zweckmäßigerweise in **Außenlärm** und in **Innenlärm.**

Ein typisches Beispiel für den Außenlärm ist der Verkehrslärm. Wohnlärm dagegen gehört zur Kategorie des Innenlärms. Betriebslärm kann man sowohl zum Außenlärm als auch zum Innenlärm zählen. –

In der vorindustriellen Zeit bestanden die Geräusche, denen der Mensch ausgesetzt war, hauptsächlich aus **hörbaren Vorgängen in der Natur** (Sturm, Gewitter), aus **menschlichen** (Sprechen, Singen, Schreien) und **tierischen Lauten** oder auch aus Geräuschen, die **pferdebetriebene „Verkehrsmittel"** verursachten. – Im gleichen Maße, in dem die einsetzende Industrialisierung fortschritt, wuchs auch die Zahl neuer und weitaus intensiverer Geräuschquellen. Eine heute besonders störende und nahezu überall gegenwärtige **Lärmquelle** stellen unsere **modernen Verkehrsmittel** dar.

Unter **Verkehrslärm** versteht man Lärm, der von Verkehrsmitteln zu **Lande**, in der **Luft** und auf dem **Wasser** verursacht wird. – Für **Kraftfahrzeuge** gibt es in Deutschland, wie auch in einigen anderen Ländern, gesetzlich festgelegte Lautstärkewerte, die – gemessen in einer Entfernung von 7 m – nicht überschritten werden dürfen. Neben dem Motorengeräusch gibt es bei Kraftfahrzeugen eine Reihe weiterer Geräuschquellen, wie z. B. klappernde Lkw-Beladungen, Anhänger oder akustische Warnsignalgeber (Hupen, Hörner), die ebenfalls Verkehrslärm erzeugen. Nach §55 der **Straßenverkehrs-Zulassungsordnung** dürfen **Vorrichtungen für Schallzeichen** in einer Entfernung von 7 m keine größere Lautstärke als 104 DIN-phon erzeugen. – Der von **Schienenverkehrsmitteln** erzeugte Lärm wird üblicherweise in einem seitlichen Abstand von 15 m von der Gleismitte gemessen und angegeben.

Ein besonderes Problem stellt der **Flugzeuglärm** dar. Er steht heute zweifellos an der Spitze aller übrigen Verkehrslärmquellen. Sowohl hinsichtlich der **Intensität** als auch der **Frequenzzusammensetzung** nach unterscheiden sich dabei wiederum die von **Kolbenmotor-Propellerflugzeugen** und die von **Strahltriebwerksflugzeugen** erzeugten Geräusche sehr deutlich voneinander. Das von Düsenflugzeugen herrührende Lärmspektrum liegt mit seinem Schwerpunkt (400...800 Hz) um etwa zwei Oktaven höher als der spektrale Schwerpunktsbereich von vergleichbaren Propellerflugzeugen (100...200 Hz). Ein viermotoriges Propellerflugzeug erzeugt unmittelbar nach dem Start aus einer Flughöhe von 150 m einen Schalldruckpegel (gemessen als Oktavpegel) bis zu 104 dB, und zwar im Frequenzbereich zwischen 100 und 200 Hz. Strahlgetriebene Flugzeuge dagegen erreichen unter sonst gleichen Bedingungen zwischen 400 und 800 Hz Schalldruckpegel bis zu 114 dB. – Ein erheblicher Teil des heutigen Luftverkehrs dient militärischen Zwecken. Dazu gehören u. a. die **Überschallflüge**, die in Zukunft auch in der zivilen Luftfahrt zu erwarten sind. Um gesundheitsschädigende Auswirkungen zu vermeiden, ist in Deutschland eine bestimmte Mindesthöhe für das „Durchbrechen der Schallmauer" vorgeschrieben, sie beträgt 9000 m.

Der auf dem Wasser, insbesondere auf **Wasserstraßen** und **Seen**, durch **Schiffe** und **Motorboote** verursachte Lärm **(Schiffslärm)** steht bezüglich seiner geräuschbelästigenden Wirkung zwar hinter dem Fluglärm und dem Lärm im Landverkehr zurück, dennoch verdient auch die **Lärmbekämpfung bei Wasserfahrzeugen** die ihr zustehende Beachtung. In Deutschland bestehen auf bestimmten Schiffahrtswegen gesetzliche Vorschriften, wonach die von Schiffen und Motorbooten erzeugten Geräusche eine bestimmte Lautstärke nicht überschreiten dürfen. Auf dem Rhein sind es z. B. 82 DIN-phon, gemessen in einer seitlichen Entfernung von 25 m. –

Unter **Betriebs-** oder **Arbeitslärm** versteht man Lärm, dem arbeitende Personen am Arbeitsplatz ausgesetzt sind. Zum Schutz des Personals vor Belästigung durch Arbeitslärm gibt es eine Reihe von **Richtlinien** und **Empfehlungen**[1]. – Gemäß der VDI-Richtlinie 2058 (Beurteilung und Abwehr von Arbeitslärm) soll die Lautstärke am Arbeitsplatz folgende Grenzwerte nicht überschreiten:

50 dB(A) bei Arbeiten, die mit einer ständigen intensiven Denktätigkeit verbunden sind und die ein hohes Konzentrationsvermögen erfordern (z. B.: In Laboratorien, technischen Büros, o. a.),

70 dB(A) bei Arbeiten, bei denen eine gute Sprachverständlichkeit gewährleistet sein muß (z. B.: In Büros, o. ä.),

90 dB(A) bei Arbeiten sonstiger Art. Ein Lärmpegel von 90 dB(A) stellt die **obere Grenze der Lärmbelästigung am Arbeitsplatz dar. –**

Lärm, der innerhalb eines Wohnhauses entsteht, bezeichnet man als **Wohnlärm**. Er tritt überall dort störend in Erscheinung, wo viele Mietparteien dicht nebeneinander leben. Eine gewisse Rolle spielt hierbei auch die Einstellung der Menschen selbst: Als lärmend werden meist nur diejenigen Geräusche empfunden und bezeichnet, die *die anderen* verursachen, nicht aber die eigenen, selbst

[1] Siehe auch : TALärm (Technische Anleitung zum Schutz gegen Lärm).

dann nicht, wenn sie von erheblich größerer Lautstärke sind. – Die in Wohnhäusern auftretenden Geräusche kann man in vier Kategorien einteilen:

1. Geräusche, die unmittelbar durch den **Menschen** erzeugt werden (z.B.: Sprechen, Singen, Musizieren),

2. Geräusche, die unsere modernen technischen **Kommunikations-** und **Unterhaltungsmittel** verursachen (z.B.: Rundfunk, Schallplatte, Tonband, Fernsehen),

3. Geräusche, die von **Haushaltsmaschinen** herrühren (z.B.: Waschmaschine, Staubsauger, Nähmaschine),

4. Geräusche, die an **Installationseinrichtungen** entstehen (z.B.: WC-Druckspüler, Einlaufgeräusch in einer Badewanne). –

Maßnahmen, die zur Verringerung von Lärmeinwirkungen führen, gehören in den Arbeitsbereich der **Lärmbekämpfung**. Man unterscheidet dabei grundsätzlich zwischen der Lärmbekämpfung am **Ort der Lärmentstehung** und der Lärmbekämpfung am **Ort der Lärmeinwirkung (Lärmschutz)**. Am Ort seiner Entstehung ist der Lärm nicht in allen Fällen wirksam herabsetzbar (z.B.: Straßenlärm, Flugzeuglärm, usw.). Dafür gibt es sehr wirkungsvolle Maßnahmen zur Verminderung des Lärms am Ort seiner Einwirkung (z.B.: Lärmschutzwände, dicht schließende Fenster und Türen, usw.).

11.2. Schallschutz

Der **Schallschutz** befaßt sich mit Maßnahmen, die die **Weiterleitung** von (Stör-)**Schall verhindern**, bzw. **vermindern**. Das geschieht im wesentlichen durch **schalldämmende** (Luftschalldämmung, Körperschalldämmung, bzw. -isolation) und durch **schallabsorbierende** Maßnahmen. In der Praxis werden hierfür besondere **Schallschutzeinrichtungen** installiert, bzw. verwendet. Die Schallschutzeinrichtungen lassen sich in vier verschiedene Gruppen einteilen:

1. Schallschutzeinrichtungen, die die **Lärmerzeugung vermindern** (meist mit konstruktiven Veränderungen an den lärmerzeugenden Einrichtungen verbunden),

2. Schallschutzeinrichtungen, die die **Abstrahlung, Ausbreitung** und **Einwirkung von Lärm vermindern** (möglichst dichte und geeignete Kapselung der Schallquelle; Schallabschirmung),

3. Schallschutzeinrichtungen, die in der Nähe der Schallquelle angebracht werden, um die **Emission von Schall** (Lärm) **zu vermindern** (Schallschutzwände an Flugplätzen und Autobahnen),

4. Schallschutzeinrichtungen, die in der Nähe von oder unmittelbar an Personen angebracht werden, um diese vor **Lärmeinwirkungen zu schützen** (Schallschutzkabinen, Gehörschutzstöpsel, Gehörschutzkapseln, s. Abschnitt 11.3.).

11.3. Persönlicher Schallschutz

Überall dort, wo unter Ausnutzung aller technisch möglichen und wirtschaftlich vertretbaren Maßnahmen eine weitere Lärmminderung am Ort der Entstehung, d.h. an der Schallquelle selbst, nicht mehr möglich **ist,** schreibt der Gesetzgeber vor, daß sämtliche Unternehmen, in denen versicherte Arbeitnehmer beschäftigt sind, auf die am Arbeitsplatz Lärm mit einem **Beurteilungspegel** von mehr als **85 dB(A)** einwirkt, verpflichtet sind, Mittel für den **persönlichen Schallschutz** bereitzustellen. Erreicht der Beurteilungspegel einen Wert von **90 dB(A),** oder wird dieser Wert gar überschritten, so müssen die dort beschäftigten Arbeitnehmer die bereitgestellten Schallschutzmittel auch benutzen; nachzulesen unter § 4 der UVV „Lärm“ (UVV = Unfall-Verhütungsvorschrift).

Unter **Mitteln** für den **persönlichen Schallschutz** versteht man (gemäß VDI-Richtlinie 2560 bzw. gemäß UVV „Lärm“):

1.) Gehörschutzstöpsel
2.) Gehörschutzkapseln
3.) Schallschutzhelme
4.) Schallschutzanzüge

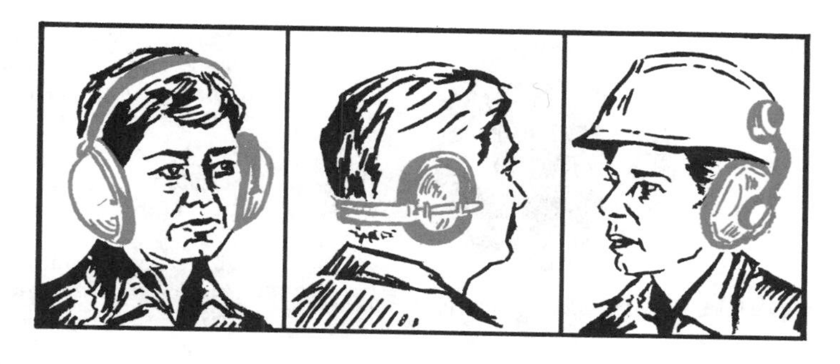

Bild 11.1. Verschiedene Ausführungen von Gehörschutzkapseln

Zu 1.): Gehörschutzstöpsel gibt es in verschiedenen Formen und Ausführungen. Sie bestehen in aller Regel aus einem *elastischen Kunststoff* oder aus *Watte* und werden im äußeren Gehörgang getragen. Man unterscheidet die folgenden Ausführungen:

a) Elastische Kunststoffstöpsel. Hierbei handelt es sich um bereits geformte Stöpsel, die teilweise mit einer Bohrung versehen sind, durch die die **Schalldämmung**[1]) bei mittleren und tiefen Frequenzen herabgesetzt wird, wodurch eine bessere Sprachverständigung erzielt wird.

b) Gehörschutz-Otoplastik. Die Otoplastiken sind individuell geformt, wodurch ein guter Gehörgangsverschluß erzielt wird, ohne dabei zu drücken. Es gibt sowohl *weiche* (angenehmes Tragen) als auch *harte Otoplastiken* (große Beständigkeit).

c) Gehörschutzwatte. Sie bestehen entweder aus langfasriger Glasdaune oder aus kürzeren Glasfasern, die durch Tränkung mit Phenolharz zusammengehalten werden.

d) Getränkte Baumwollwatte. Die Tränkung besteht aus Wachs und Vaseline.

e) Plastische Kunststoffmasse. Hierunter versteht man selbsthaftende Kunststoffmassen, die die Ohrmulde durch Paßform hermetisch verschließen und mit den Gehörgangswänden gar nicht erst in Berührung kommen.

f) Polymerer Schaum. Der Polymerschaum ist i. a. als zylindrischer Stöpsel geformt, den man zwischen den Fingern zu einer dünnen Rolle zusammendrückt und mühelos in den Gehörgang einführt, wo er sich nach wenigen Minuten wieder ausdehnt und einen dichten Abschluß bietet.

Zu 2.): Gehörschutzkapseln gibt es

a) mit Kopfbügel,

b) mit Nackenbügel und

c) mit Helmbefestigung,

s. Bild 11.1. Die Kapseln umschließen das Ohr. Der Nackenbügel ermöglicht das gleichzeitige Tragen eines Schutzhelms; er neigt allerdings zum Verrutschen, so daß i.a. größere Andruckkräfte erforderlich sind.

Gehörschutzkapseln sind i.a. mit *Dichtungsringen* versehen, die entweder mit Schaumstoff, Luft oder Flüssigkeit gefüllt sind. Die letzten beiden Füllungen gewährleisten eine gleichmäßige Druckverteilung, und man erzielt schon bei geringen Andruckkräften einen dichten Abschluß; sie werden allerdings schon durch geringste Beschädigungen unbrauchbar.

Gewicht und *Andruckkraft* sind wesentliche Charakteristika für die Bequemlichkeit beim Tragen. Für eine Kopfbreite von 140 mm sind mittlere Kräfte von etwa 5···10 N üblich. Das Gewicht liegt zwischen etwa 130···470 g.

Bild 11.2. Schallschutzhelm

Zu 3.): Schallschutzhelme bedecken nicht nur die Ohrmuscheln sondern auch noch einen wesentlichen Teil des Kopfes, s. Bild 11.2. Dadurch wird die Schallübertragung durch **Knochenschalleitung**

[1]) Die Schalldämmung von Gehörschützern wird i.a. nach der Hörschwellenmethode gemessen (DIN 45611).

Bild 11.3. Gebotsschild „Gehörschützer tragen“

(s. Abschnitt 9.5.) herabgesetzt. Die Schallaufnahme und Weiterleitung über den Schädelknochen setzt der maximal erzielbaren Schalldämmung eine natürliche Grenze. Helme können daher bei sehr starker Geräuscheinwirkung sehr nützlich sein.

Zu 4.): Schallschutzanzüge sind angezeigt bei Schalldruckpegeln oberhalb von etwa 130 dB. Sie schützen nicht nur das Gehör allein, sondern auch die inneren Organe, auf die der Schall einwirken kann und gelegentlich zu Übelkeit, Erbrechen, Gleichgewichtsstörungen und anderen Beschwerden führt. –

Lärmbereiche sollten durch ein **Gebotsschild** gekennzeichnet werden, das das Tragen von Gehörschützern anzeigt und empfiehlt, s. Bild 11.3.

12. Ultraschall

Ultraschall ist Schall, dessen Frequenz *jenseits* (= ultra) der oberen menschlichen Hörbarkeitsgrenze, d.h. oberhalb von 16, bzw. 20 kHz liegt. Der Ultraschallbereich beginnt vereinbarungsgemäß bei 20 kHz. Die modernen Hilfsmittel der Technik erlauben es, Ultraschall mit Frequenzen bis zu etwa 1 GHz zu erzeugen. Der gesamte Frequenzbereich des Ultraschalls erstreckt sich damit über etwa 16 Oktaven. Die dazugehörigen Wellenlängen sind sehr klein; sie liegen im Ausbreitungsmedium **Luft** ($c = 343$ m/s) zwischen etwa 1,7 cm ($\triangleq$ 20 kHz) und 0,34 μm ($\triangleq$ 1 GHz). Innerhalb **fester Körper** (z.B.: $c = 4000$ m/s) sind Wellenlängen zwischen etwa 20 cm und 4 μm möglich. Bedingt durch die sehr kleinen Wellenlängen treten im Ultraschallbereich Effekte in Erscheinung, die im Hörschallbereich unbekannt, bzw. nicht zu beobachten sind. Eine der wichtigsten Eigenschaften des Ultraschalls besteht darin, daß er sich ohne großen Aufwand **scharf gebündelt abstrahlen** läßt. Es können dabei extrem **hohe Schallenergiedichten** auftreten. Man kann ihn wie eine „Strahlung" auffassen, bzw. handhaben.

Von besonderem Interesse sind die **spezifischen Wirkungen**, die sich mit Hilfe des Ultraschalls erzielen lassen.

12.1. Erzeugung von Ultraschall

Ultraschall kann grundsätzlich auf die gleiche Art und Weise erzeugt werden wie Hörschall, nämlich durch **Anregung fester Körper** (Platten, Stäbe) oder **gasförmiger Säulen** (Pfeifen) zu **mechanischen Schwingungen** (s.a. Abschnitt 3.), wobei die angeregten Schwingungen auf das umgebende Medium übertragen werden. Die Schwingungsanregung kann auf **mechanischem**, auf **thermischem** oder auf **elektrischem Wege** erfolgen. Für die Praxis am bedeutungsvollsten ist heute die elektrische Anregung.

12.1.1. Mechanische Ultraschallerzeugung

Zu den bekanntesten Methoden der **Ultraschallerzeugung** auf **mechanischem Wege** gehören – um nur zwei herauszugreifen – die **Galton-Pfeife** und der **Hartmann-Generator**. Sie werden nachfolgend erläutert. – Daneben gibt es noch eine Reihe weiterer, sehr interessanter Möglichkeiten zur mechanischen Ultraschallerzeugung, wie z.B. die **Flüssigkeitspfeife** nach **W. Janovsky** und **R. Pohlmann**, den **Ultraschallgenerator** nach **M. Holtzmann** oder die verschiedenen Ausführungen von **Ultraschallsirenen**. Mit Ultraschallsirenen lassen sich relativ hohe Schalleistungen und Wirkungsgrade erzielen; die erzeugbaren Frequenzen reichen bis zu etwa 200 kHz.

12.1.1.1. Die Galton-Pfeife

Die Frequenz einer Schallschwingung, die mit einer Pfeife erzeugt wird, ist um so größer, je kleiner die Pfeifenlänge ist. Pfeifen für Ultraschall müssen daher sehr kurz sein. – Der erste Vorschlag für eine Ultraschallpfeife stammt von **F. Galton**. Man bezeichnet diese Pfeife daher auch als **Galton-Pfeife**. Mit ihr werden Frequenzen bis zu 40 kHz erzeugt. Den grundsätzlichen Aufbau einer Galton-Pfeife zeigt das Bild 12.1. Ein (Preß-)Luftstrom wird durch einen kreisförmigen Schlitz (Düse) gegen eine genauso kreisförmig ausgebildete Schneide geblasen. An der Schneide bilden sich dabei Wirbel, die das Luftvolumen der Pfeife zu Eigenschwingungen anregen. Mit Hilfe eines verschiebbaren Kolbens kann die Pfeifenlänge und mit ihr die Frequenz des erzeugten Ultraschalls verändert werden. Die Frequenz hängt außerdem noch von der Luftstromgeschwindigkeit, bzw. vom Anblasedruck und vom Abstand zwischen der Düse und der Schneide (= **Maulweite**) ab. Die Maulweite läßt sich mittels einer besonderen Vorrichtung, z.B. einer Mikrometerschraube, auf den für

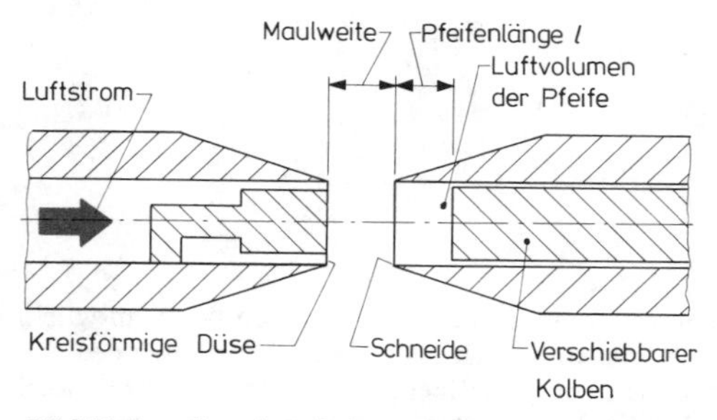

Bild 12.1. Grundsätzlicher Aufbau einer Galton-Pfeife (schematisiert)

das jeweilige Pfeifenvolumen optimalen Wert abstimmen. – Die Wellenlänge λ des mit einer Galton-Pfeife erzeugten Ultraschalls kann durch folgenden Ausdruck angegeben werden:

$$\lambda = 4 \cdot (l + k) \quad \text{in mm}$$

l = Pfeifenlänge in mm

k = Konstante, die u.a. vom Anblasedruck abhängt

Eine Verbesserung erfuhr die Galton-Pfeife durch **H.Th. Edelmann**. Er koppelte die Einstellung von Pfeifenlänge, bzw. Pfeifenvolumen und Maulweite in der Weise miteinander, daß mit der Tonhöheneinstellung gleichzeitig auch die Maulweite auf den günstigsten Wert eingestellt wurde.

Die von einer Galton-Pfeife abgegebene Schallleistung liegt je nach Ausführung und Frequenz zwischen etwa 0,1 und 10 W. Mit modernen **Hochleistungspfeifen** erreicht man sogar einige hundert Watt; der Wirkungsgrad liegt dabei zwischen 8 und 10%. – Oberhalb von 40 kHz wird die Pfeifenlänge, bzw. das schwingende Pfeifenvolumen derart klein, daß nur noch sehr geringe Schalleistungen (< 0,1 W) erzeugt werden. Wesentlich grössere Leistungen erzielt man bei hohen Frequenzen z.B. mit einem Hartmann-Generator.

12.1.1.2. Der Hartmann-Generator

Im Jahre 1931 veröffentlichte **J. Hartmann** eine Arbeit, in der er den von ihm entwickelten **Gasstromschwinggenerator** zur **Ultraschallerzeugung** beschrieb. Dieser Generator ist heute allgemein unter der Bezeichnung **Hartmann-Generator** bekannt. Seinen prinzipiellen Aufbau veranschaulicht das Bild 12.2. Ein Gasstromstrahl (i.a. ist es Luft), der mit Überschallgeschwindigkeit aus einer Düse austritt, trifft einen **Hohlraum-Resonator,** der sich im sogenannten **labilen Druckbereich** des Strahles befindet; siehe dazu auch das Druckverteilungsdiagramm im Bild 12.2. Es kommt dabei zu einer periodischen „Entleerung" des Oszillator-Hohlraumes, und damit zur Entstehung von

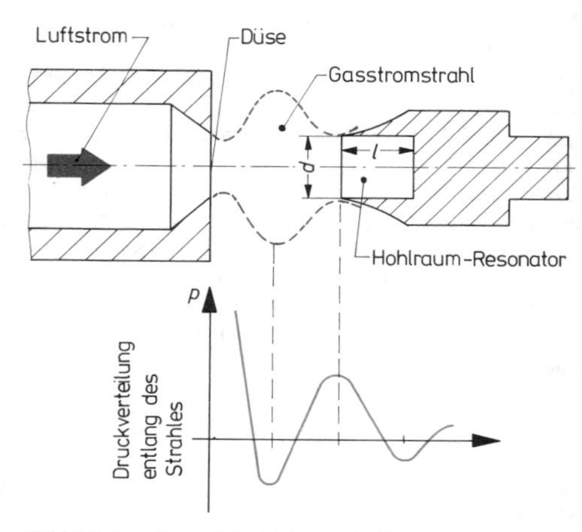

Bild 12.2. Grundsätzlicher Aufbau eines Hartmann-Generators (schematisiert). Das Diagramm zeigt die Druckverteilung entlang des Gasstromstrahlers

Kippschwingungen (= Schwingungen mit langsamem Anstieg und plötzlichem Abfall). Der zeitliche Abstand zwischen zwei aufeinanderfolgenden Entleerungen ist um so kürzer, je kleiner das Resonatorvolumen ist. Die Wellenlänge λ des mit einem Hartmann-Generator erzeugten Ultraschalls ist durch die Abmessungen des Hohlraumvolumens gegeben:

$$\lambda = 4 \cdot (l + 0{,}3 \cdot d) \quad \text{in mm}$$

l = Hohlraumlänge in mm

d = Hohlraumdurchmesser in mm

Beispiel: $l = 1$ mm, $d = 1$ mm: $\lambda = 4 \cdot 1{,}3 = 5{,}2$ mm. In Luft ($c = 343$ m/s) ergibt das eine Frequenz von $f = c/\lambda = 66$ kHz.

Die mit Hartmann-Generatoren erzielbaren Schallleistungen erreichen in Luft Werte bis zu etwa 50 W.

12.1.2. Thermische Ultraschallerzeugung

Für die Praxis haben **thermische Ultraschallsender** kaum noch Bedeutung. Sie sollen hier nur der Vollständigkeit halber mit aufgeführt werden.

Eine der ältesten Methoden zur thermischen Ultraschallerzeugung besteht aus einer **Knallfunkenstrecke,** deren Speisung ein gedämpfter Schwingkreis besorgt. Es entsteht dabei Ultraschall, der sich aus einem ganzen Frequenzgemisch zusammensetzt. Die höchsten darin vorkommenden Frequenzen reichen bis zu etwa 300 kHz. Die Amplitudenkonstanz ist gering.

Eine andere Möglichkeit zur thermischen Erzeugung von Ultraschall besteht darin, daß man einem **Gleichstromlichtbogen** einen ultraschallfrequenten **Wechselstrom überlagert.** Dadurch wird die Wärmeentwicklung innerhalb des Lichtbogens im Rhythmus des Wechselstromes periodisch geändert. Das hat zur Folge, daß sich auch das Volumen des Lichtbogens im gleichen Rhythmus ändert, und es kommt so zur Abstrahlung von Ultraschallwellen. Auf diese Weise ist bereits in den 20iger Jahren Ultraschall mit Frequenzen bis zu 2 MHz erzeugt worden.

12.1.3. Elektrische Ultraschallerzeugung

Für die **Ultraschallerzeugung** auf **elektrischem Wege** werden im wesentlichen das **elektrostatische,** das **elektrodynamische,** das **magnetostriktive** und das **piezoelektrische** Wandlerprinzip verwendet. Von den verschiedenen Ausführungen elektrostatischer Ultraschallerzeuger benutzt man heute lediglich noch den **Kondensatorlautsprecher** mit festem Dielektrikum. Damit können Ultraschallfrequenzen bis zu 50 kHz und darüber abgestrahlt werden. – Die größte praktische Bedeutung haben das magnetostriktive und das piezoelektrische Wandlerprinzip; beide werden nachfolgend erläutert.

12.1.3.1. Magnetostriktive Ultraschallerzeuger

Die magnetostriktive Ultraschallerzeugung beruht auf der Anwendung des **magnetostriktiven Effektes,** siehe dazu auch Abschnitt 7.2.3.

Die ultraschallerzeugenden **Schwinger** bestehen vorwiegend aus **Nickel** oder **Nickellegierungen.** Ihre Formen können sehr verschieden sein, siehe Bild 7.7. Sie werden meist in ihrer **mechanischen Eigenfrequenz** angeregt. Die Anregung erfolgt i.a. mit Hilfe eines Wechselstromes, der durch eine Wicklung geschickt wird, die sich auf dem magnetostriktiven Schwinger befindet.

Bringt man einen Nickelstab magnetostriktiv zum Schwingen, so strahlen die Stabenden Ultraschallwellen ab. Ist die Erregerfrequenz (= Frequenz des Erreger-Wechselstromes) gleich der mechanischen Eigenfrequenz des Stabes **(Resonanzfall),** so treten besonders große Schwingungsamplituden auf. – Die Grundfrequenz eines stabförmigen Schwingers beträgt (s. S. 41):

$$f_1 = \frac{1}{2 \cdot l} \cdot \sqrt{\frac{E}{\varrho}}$$

l = Stablänge

Mit extrem kurzen Nickelstäben, die in ihrer mechanischen Grundfrequenz angeregt werden, lassen sich magnetostriktive Schwingungen bis zu 1 MHz und darüber erzeugen.

Magnetostriktive Schwinger werden i.a. mit einer **Gleichfeldvormagnetisierung** betrieben, da sie andernfalls mit der **doppelten Erregerfrequenz** schwingen. –

Im Jahre 1928 schuf **G. W. Pierce** einen der ersten magnetostriktiven Ultraschallsender, und zwar in Verbindung mit einem **selbsterregten** (HF-) **Oszillator,** siehe Bild 12.3.: Ein stabförmiger Schwinger der zwischen zwei Schneiden fest gelagert ist, trägt sowohl die Schwingkreis- als auch die Rückkopplungswicklung des Oszillators. Die zur Selbsterregung führende Rückkopplung erfolgt über den Schwinger. Die Vormagnetisierung des Stabes geschieht hier durch den Anodengleichstrom der Oszillatorröhre.

Nicht bei allen magnetostriktiven Ultraschallerzeugern ist der Schwinger in den Selbsterregungskreis des ultraschallfrequenten Wechselstrom-Generators einbezogen. –

Magnetostriktive Ultraschallgeber eignen sich besonders für die Erzeugung von Ultraschall in Flüssigkeiten, siehe Abschnitt 7.2.3.

Mit modernen magnetostriktiven Ultraschallerzeugern erreicht man Schallintensitäten bis zu 10 W/cm^2. – Der akustisch-elektrische Wirkungsgrad magnetostriktiver Schwinger ist auch noch bei hohen Frequenzen relativ groß (z.B.: $> 5\,\%$ bei 500 kHz).

Die am Schwinger, bzw. an dessen Wicklung anzulegende elektrische Spannung ist verhältnismäßig niedrig. Bei der magnetostriktiven Ultraschallerzeugung gibt es infolgedessen keine nennenswerten Isolationsprobleme.

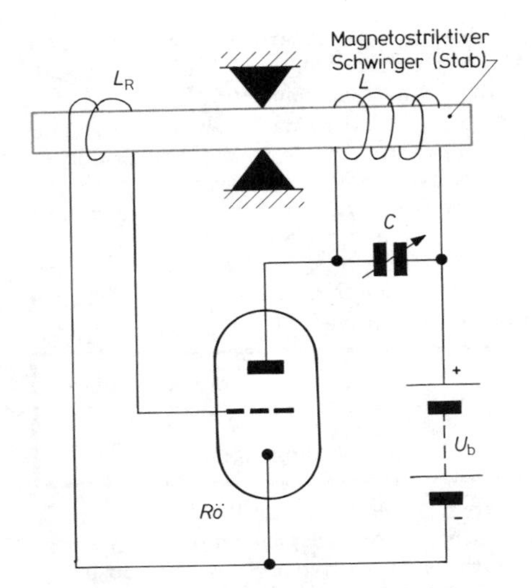

Bild 12.3. Prinzipieller Aufbau des magnetostriktiven Ultraschallsenders nach G. W. Pierce

12.1.3.2. Piezoelektrische Ultraschallerzeuger

Die piezoelektrische Ultraschallerzeugung beruht auf der Anwendung des **reziproken piezoelektrischen Effektes,** siehe dazu auch Abschnitt 7.2.5. Piezoelektrische Ultraschallgeber werden in der Praxis am häufigsten verwendet. Mit ihnen lassen sich die höchsten Ultraschallfrequenzen erzeugen, nämlich bis zu etwa 1 GHz.

Die ultraschallerzeugenden Schwinger bestehen im wesentlichen aus **Quarz, Turmalin, Zinkblende** oder einigen **Ferroelektrika.** Sie kommen vorwiegend in Plattenform, gelegentlich auch in Stabform zum Einsatz.

Bringt man eine piezoelektrische Platte, z.B. aus Quarz, in ein elektrisches Wechselfeld, wobei die Richtung des elektrischen Feldes mit der Richtung einer der **piezoelektrischen** oder **polaren Achsen** (s. S. 94) der Platte übereinstimmt, so führt diese elastische Schwingungen aus und strahlt dabei Ultraschallwellen ab. Ist die Frequenz des erregenden elektrischen Wechselfeldes gleich der mechanischen Eigenfrequenz der Platte **(Resonanzfall),** so treten besonders große Schwingungsamplituden auf.

Je nachdem ob man einen piezoelektrischen Schwinger zu **Längs-** oder zu **Dickenschwingungen** anregt (s. a. Bild 7.11., bzw. Abschnitt 7.2.5.), ergeben sich unterschiedliche Eigenfrequenzen. In beiden Fällen werden die Eigenfrequenzen durch die Abmessungen des Schwingers, z. B. einer Platte, in der Schwingungsrichtung bestimmt. – Die **Grundfrequenz** eines **Dickenschwingers** beträgt

$$f_d = \frac{1}{2 \cdot d} \cdot \sqrt{\frac{E_x}{\varrho}}.$$

E_x = Elastizitätsmodul in Schwingungsrichtung
d = Plattendicke

Die **Grundfrequenz** eines **Längsschwingers** beträgt

$$f_l = \frac{1}{2 \cdot l} \cdot \sqrt{\frac{E_y}{\varrho}}.$$

E_y = Elastizitätsmodul in Schwingungsrichtung
l = Plattenlänge

Siehe dazu auch Bild 12.4. – Beim **Quarz** betragen die beiden **Eigenfrequenzen**

$$f_d = \frac{2{,}850 \cdot 10^5}{d} \text{ in Hz},$$

$$f_l = \frac{2{,}726 \cdot 10^5}{l} \text{ in Hz}.$$

(d und l in cm)

Zur Ultraschallerzeugung verwendet man sowohl Längsschwinger als auch Dickenschwinger.

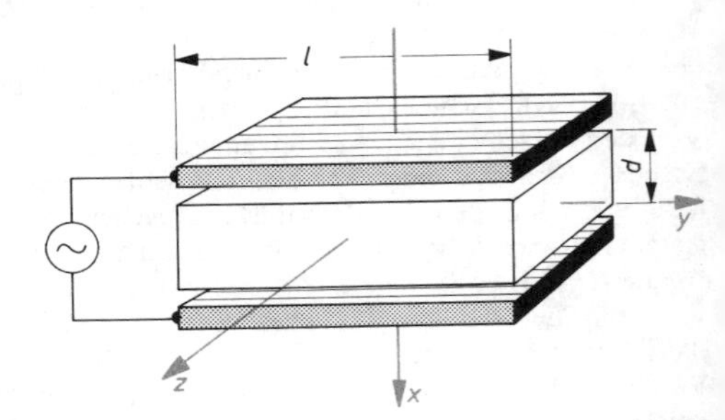

Bild 12.4. Piezo-Schwinger zwischen zwei Elektroden

Die **Schwingungsanregung** erfolt in der Praxis über **zwei metallische Elektroden,** die an den entsprechenden Flächen des piezoelektrischen Schwingers angebracht sind. Die Anbringung der Elektroden kann durch chemische Versilberung, durch Aufdampfen einer metallischen Schicht im Vakuum oder durch Katodenzerstäubung erfolgen. – Die konstruktive Ausführung der Schwingerhalterung wird durch den jeweiligen Verwendungszweck bestimmt.

Zur Anregung verwendet man eine elektrische Wechselspannung, die von einem ultraschallfrequenten Oszillator bezogen wird, siehe Bild 12.5. Solche Oszillatoren sind teils noch mit Röhren bestückt, teils aber auch schon transistorisiert. – Der Drehkondensator C dient zur Abstimmung des Schwingkreises auf die Eigenfrequenz des Piezo-Schwingers.

Die von einem piezoelektrischen Schwinger in einem bestimmten Medium **abgestrahlte Schallintensität** wird im wesentlichen durch die am Schwinger wirksam werdende **elektrische Feldstärke** und durch die **Schallkennimpedanz** des betreffenden **Mediums** bestimmt. – Mit Quarz-Schwingern erreicht man Schallintensitäten bis zu etwa 55 W/cm². Unter Zuhilfenahme von schallkonzentrierenden **Ultraschallinsen** oder von **Hohlquarzen** erzielt man besonders hohe Schallintensitäten. Im Brennpunkt eines Hohlquarzes können Schallintensitäten bis zu 500 W/cm² auftreten.

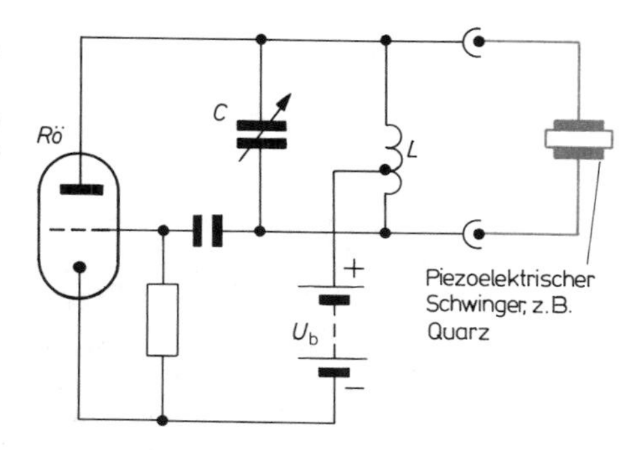

Bild 12.5. Schematisiertes Schaltungsbeispiel eines röhrenbestückten Generators zum Betrieb eines piezoelektrischen Schwingers zur Ultraschallerzeugung

Der akustisch-elektrische Wirkungsgrad piezoelektrischer Ultraschallgeber ist außerordentlich hoch (z.B.: > 60% bei 1 MHz mit Quarz).

12.2. Ultraschallwirkungen

12.2.1. Mechanische Wirkungen

Beschallt man Flüssigkeiten mit Ultraschall, so bilden sich darin – in den meisten Fällen – kleine **Gasbläschen.** Diese Gasbläschen pulsieren im Rhythmus der Druckschwankungen, d.h. ihr Volumen ändert sich periodisch. Erreichen die Bläschen eine bestimmte Größe, so geraten sie in **Resonanz.** Die Resonanzfrequenz solcher Gasblasen ist durch folgende Beziehung gegeben:

$$f_{Gb} = \frac{1}{\pi \cdot d} \cdot \frac{3 \cdot \varkappa \cdot p_-}{\varrho}$$

d = Bläschendurchmesser
$\varkappa$ = Adiabatenexponent des in den Bläschen eingeschlossenen Gases
p_- = Hydrostatischer Druck
ϱ = Dichte der Flüssigkeit

In **stehenden Ultraschallwellen** kommt es je nach der Größe der Gasbläschen zu einer Trennung derselben. Blasen, deren Durchmesser größer als der Resonanzdurchmesser ist, wandern in die Druckknoten; Bläschen, deren Durchmesser kleiner als der Resonanzdurchmesser ist, wandern in die Druckbäuche. Auf diese Weise können Flüssigkeiten, z.B. Metallschmelzen oder Glasschmelzen (optische Gläser!), mit Hilfe von Ultraschall **entgast** werden.

12.2.2. Kavitation

Treten in einer Flüssigkeit sehr große Zugspannungen auf, so können in ihr kurzzeitig Hohlräume entstehen, die im nächsten Moment bereits wieder zusammenfallen, und zwar mit sehr großer Heftigkeit. Diese Erscheinung bezeichnet man in der **Hydrodynamik** als **Kavitation.** Neben der **echten Kavitation** ,bei der die Hohlraumbildung durch Zerreißen einer völlig entgasten Flüssigkeit zustande kommt, gibt es die sogenannte **Pseudokavitation.** Eine Pseudokavitation tritt stets in solchen Flüssigkeiten auf, in denen sich Gase (z. B.: Luft) befinden. Die in jeder Schallwelle vorhandenen Unterdrucke haben Zugspannungen zur Folge, die bei ausreichend großer Intensität eine Gasabscheidung in Form von Blasen bewirken, siehe Abschnitt 12.2.1. –

Bei der echten Kavitation reißt die Flüssigkeit bevorzugt an **Störstellen** auf, die sich in ihr befinden, z.B. an Staubteilchen. Man bezeichnet solche Störstellen daher auch als **Kavitationskeime.** – Die Ausbildung einer Kavitation erfordert eine gewisse Zeit. Diese Zeit hängt sowohl von der Höhe des Unterdrucks als auch von der Form und Größe der Kavitationskeime ab. Die für das Zustandekommen einer Kavitation erforderliche Schallintensität ist um so größer, je höher die Frequenz ist.

Akustisch macht sich eine Kavitation als **Rauschen** bemerkbar, das man mit Hilfe eines Mikrofons aufnehmen und analysieren kann. – **Optisch** ist das Auftreten einer Kavitation durch eine **Eintrübung** der betreffenden (entgasten) Flüssigkeit zu erkennen. Mit dunkeladaptierten Augen kann man sogar **Lumineszenzerscheinungen** beobachten. Die Ursache hierfür sind elektrische Entladungen innerhalb der Hohlräume, die durch Kavitation in der Flüssigkeit aufgerissen werden. Besonders starke Lumineszenzerscheinungen treten bei **Nitrobenzol** und **Glyzerin** auf.

12.2.3. Thermische Wirkungen

Bei der **Absorption** von **Ultraschall** durch Flüssigkeiten oder durch feste Stoffe wird Energie absorbiert, die eine **Erwärmung** der absorbierenden Substanz zur Folge hat. Die aufgenommene und in Wärme umgesetzte Energie hängt vom Absorptionsgrad und von der Dicke der durchschallten Materie ab. Eine **besonders große Erwärmung** beobachtet man an den **Grenzflächen** zwischen zwei verschiedenen Medien, die mit Ultraschall durchsetzt sind. Taucht man z. B. ein mit den Fingern festgehaltenes Thermometer in ein Ölbad, das mit intensivem Ultraschall durchsetzt ist, so kann man es wegen der starken lokalen Erwärmung zwischen Finger und Thermometerglas nicht lange festhalten, obgleich die vom Thermometer angezeigte Ölbad-Temperatur nur 25 °C beträgt. – Außer in Flüssigkeiten und in festen Stoffen führt eine intensive Ultraschall-Bestrahlung auch in Luft zu einer erheblichen Temperaturerhöhung, sobald sich dem Ultraschallstrahl schallabsorbierende Materie entgegenstellt. Einen Wattebausch z. B. kann man wenige Sekunden nach seinem Hineinhalten in den Ultraschallstrahl zur Entzündung bringen.

Die thermischen Wirkungen des Ultraschalls finden ihre praktische Nutzanwendung u. a. in der Ultraschall-Meßtechnik (z. B.: Messung der Schallintensität) und im Bereich der biologisch-medizinischen Therapie (z. B.: Diathermie).

12.2.4. Chemische Wirkungen

Besonders zahlreich sind die verschiedenen chemischen Wirkungen des Ultraschalls. Eine eindeutige Trennung, bzw. Abgrenzung gegenüber etwaigen gleichzeitig auftretenden thermischen Ultraschallwirkungen ist nicht in allen Fällen möglich. Für die Praxis von Bedeutung sind u. a. die **oxydierenden** und die **reaktionsbeschleunigenden Wirkungen** des Ultraschalls.

Die **oxydierenden Wirkungen** sind im wesentlichen auf Kavitation zurückzuführen. So tritt z. B. in reinem, destillierten Wasser bereits nach kurzzeitiger Ultraschalleinwirkung Wasserstoffperoxid auf.

Zu den verschiedenen **chemischen Reaktionen**, die durch Beschallung mit Ultraschall in ihrem Ablauf **beschleunigt** werden, zählen z. B. die Hydrolyse von Äthylazetat in wäßriger Lösung in Gegenwart von Salzsäure. –

Neben den oxydierenden Wirkungen des Ultraschalls sind auch **reduzierende Wirkungen** bekannt. – Weitere Ultraschall-Reaktionen sind beispielsweise **Siedepunktserniedrigungen** (z. B.: Bei Wasser, Äther), das **Auskristallisieren übersättigter Lösungen**, die **Beeinflussung elektrochemischer Vorgänge**, uam.

12.3. Praktische Anwendungen des Ultraschalls

Für den Ultraschall gibt es in der Praxis eine Vielzahl von Einsatz- und Verwendungsmöglichkeiten, sei es in Physik und Technik oder aber auch in der Biologie und Medizin. Dazu nachfolgend einige Beispiele.

12.3.1. Ultraschall in Physik und Technik

Mit Hilfe von **Ultraschall-Interferometern** lassen sich die **Schallgeschwindigkeit** und die **Schallabsorption** in **Gasen** und **Flüssigkeiten** bestimmen. – Für die gleichen Messungen in **festen Körpern** – hier treten im Gegensatz zu Gasen und Flüssigkeiten *nicht nur* reine Longitudinalwellen auf – verwendet man bevorzugt **Ultraschall-Impulsverfahren,** wobei die Laufzeit, bzw. die Amplitudenabnahme eines Wellenimpulses nach Durchlaufen einer bestimmten Strecke innerhalb des festen Körpers als Maß für die Schallgeschwindigkeit, bzw. für die Schallabsorption gewertet wird. –

In der **Nachrichtentechnik** bedient man sich des Ultraschalls bei **Ultraschall-Echoloten** (Seefahrt),

Fischlupen, Ultraschall-Verzögerungsleitungen, Ultraschall-Blindenleitgeräten, uam. –

In der **zerstörungsfreien Werkstoffprüfung** gibt es eine Reihe von bewährten **Ultraschall-Materialprüfverfahren (Durchschallungsverfahren, Impulsecho-Verfahren, Sichtverfahren, Resonanzverfahren),** deren Vorteil gegenüber den Röntgendurchstrahlungsverfahren oder gegenüber der Gammadefektoskopie in der Kleinheit und Beweglichkeit der erforderlichen Meßapparaturen liegt. –

In der **chemischen Industrie** verwendet man Ultraschall u.a. zur Herstellung hochwertiger Farben und Lacke. – In der **Feinmechanik** benutzt man Ultraschall zum **Reinigen** und **Entfetten** von Präzisionsteilen, Uhrwerken u.ä. – Beim **Löten** von **Aluminium** und **Aluminiumlegierungen** dient Ultraschall zur Zerstörung der Qxidschicht, mit der sich Aluminium, bzw. dessen Legierungen unter Einwirkung von Luft überziehen. – Hingewiesen sei auf die Versuche zur **Spirituosen-** und **Weinveredlung** mit Hilfe von Ultraschall. – Ein bemerkenswertes Werkzeug ist die **Ultraschallbohrmaschine.** Mit ihr lassen sich selbst die härtesten Werkstoffe bearbeiten. An Stelle eines rotierenden Bohrers arbeitet sie mit einem in seiner Längsrichtung schwingenden „Bohrer".

12.3.2. Ultraschall in der Biologie

Die **biologischen Wirkungen** des **Ultraschalls** sind neben einer **hochfrequenten Vibrationsmassage** (Hin- und Herbewegung von Gewebepartien) im wesentlichen auf **Kavitationsbildung**[1] (mit entsprechenden chemischen Folgereaktionen) und auf eine **thermische Beeinflussung** des lebenden Organismus zurückzuführen. Die grundlegenden biologischen Ultraschallversuche wurden seinerzeit nicht ohne Absicht zunächst an kleinen Lebewesen mit einfachem Aufbau (Bakterien, Mikroben) durchgeführt, da sich an ihnen morphologische und physiologische Veränderungen leichter erkennen und deuten lassen als an höher entwickelten Lebewesen. Kleintiere, wie z.B. **Frösche** und **Fische** zeigen unmittelbar nach Beginn einer Ultraschallbehandlung eine starke motorische Unruhe. Eine länger andauernde Behandlung mit Ultraschall führt zu Lähmungserscheinungen und schließlich sogar zum Tode ($J > 1$ W/cm² und $t > 60$ s). – Bei Fischen sind je nach Fischart, Schallintensität und Beschallungsdauer **Gleichgewichtsstörungen** zu beobachten; sie legen sich dabei auf die Seite, bzw. schwimmen sogar mit dem Bauch nach oben. Eine Reihe von Aquariumfischen zeigt bei einer Schallintensität von 2 W/cm² und einer Beschallungsdauer von 5 s noch keine erkennbaren Veränderungen; erst nach 12 s Beschallungsdauer beginnt sich eine allgemeine Unruhe einzustellen, der nach insgesamt 19 s Lähmungserscheinungen folgen. Wird die Beschallung bis zu einer Minute ausgedehnt, so beobachtet man ein Absterben der Fische. –

[1] Gemeint sind damit Pseudokavitationen.

Bringt man **Mikroben** in ein Feld stehender Ultraschallwellen, so werden sie in die Schwingungsbäuche gedrängt und dort zum Verbleiben gezwungen. –

Verschiedene **Bakterien** und **Viren** lassen sich – bei Versuchen *in vitro* – durch Ultraschall zertrümmern, deformieren oder sogar abtöten. Die dafür erforderlichen Schallintensitäten und Beschallungszeiten liegen allerdings weit oberhalb derjenigen Werte, die in der **Ultraschall-Therapie** üblich, bzw. zulässig sind. *Innerhalb biologischen Gewebes* ist daher eine Zerstörung der gleichen Bakterien durch Ultraschall nicht möglich. –

Über den Einfluß von Ultraschall auf das **Blutbild,** insbesondere bezüglich irgendwelcher Veränderungen an den roten und weißen Blutkörperchen, sind umfangreiche Untersuchungen durchgeführt worden. So kann z.B. eine länger andauernde Beschallung zu einem **Leukozytenschwund** führen. –

Sehr empfindlich reagieren **Knochen** auf eine Beschallung mit Ultraschall. Bei entsprechend hohen Schallintensitäten (> 3 W/cm²) und längeren Beschallungszeiten (> 10 min) kann es z.B. zur Abhebung der Knochenhaut (*Periost*) oder auch zu Wachstumshemmungen kommen. –

12.3.3. Ultraschall in der Medizin

In der Medizin wird Ultraschall sowohl zu **Therapie-** als auch zu **Diagnostikzwecken** benutzt.

Die mit der **Ultraschall-Therapie** erzielbaren Heilerfolge hängen sehr wesentlich von der richtigen **Dosierung** ab. Für therapeutische Zwecke werden **Schallintensitäten** von etwa 0,2 bis 4,0 W/cm² verwendet. Die benutzten **Frequenzen** liegen zwischen etwa 175 kHz und 3 MHz. Als **optimal** haben sich in der Praxis Frequenzen um etwa 800 kHz erwiesen; sehr viele **Ultraschall-Therapie-Geräte** arbeiten daher ausschließlich nur mit dieser Frequenz.

Da Luftschichten – seien sie noch so dünn – den Ultraschall stark absorbieren, benutzt man in der Behandlungspraxis sogenannte **Kontaktmittel** (Paraffinöl, Glyzerin, u. ä.), die man zwischen den Schallgeber (**Schallkopf**) und die zu behandelnde Körperstelle bringt.

Die Ultraschall-Therapie benutzt man u. a. zur Behandlung von **Ischias**, von **peripheren Neuralgien** und **Muskelrheumatismus**, bei **Erkrankungen** der **Gelenke**, der **Luftwege** und des **Magens**. Auch im Bereich der **Zahnheilkunde** sind therapeutische Erfolge mit Ultraschall erzielt worden.

In der Praxis wird die Ultraschall-Therapie häufig kombiniert mit anderen Behandlungsarten, z. B. mit Krankengymnastik und Unterwassermassage, zur Anwendung gebracht. –

In der **Ultraschall-Diagnostik** (**Ultraschallechoverfahren** und **Ultraschallsichtverfahren**) arbeitet man mit sehr viel kleineren Schallintensitäten als in der Therapie. –

13. Anhang

Tafel 13.1. Übersicht über die wesentlichsten bisher benutzten und künftig nicht mehr verwendeten Einheiten und ihre Umrechnungsbeziehungen zu den kohärenten SI-Einheiten.

Größe	Einheitenzeichen	Name der Einheit	Umrechnungsbeziehungen zu den SI-Einheiten
Mechanik:			
Kraft	kp[1]	Kilopond	1 kp = 9,81 **N**
	dyn[1] (= g · cm/s²)	Dyn	1 dyn = 10^{-5} **N**
Druck	atm[1]	Physik. Atmosphäre	1 atm = 101 325 **N/m²**
	at[1] (= kp/cm²)	Techn. Atmosphäre	1 at = 9,81 · 10^{4} **N/m²**
	Torr[1] (= mm Hg[1])	Torr (Millimeter Hg-Säule)	1 Torr = 1 mm Hg = 133,32 **N/m²**
	µbar[1] (= dyn/cm²)	Mikrobar	1 µbar = 10^{-1} **N/m²**
Mechan. Impedanz	dyn · s/cm (g/s)	Mechan. Ohm	1 dyn · s/cm = 10^{-3} **Ns/m**
Leistung	PS[1]	Pferdestärke	1 PS = 735,498 **W**
Energie	erg[1] (= dyn · cm)	Erg	1 erg = 10^{-7} **J**
Magnetismus:			
Magnet. Fluß	M	Maxwell	1 M = 10^{-8} **Wb**
Magnet. Induktion	G	Gauß	1 G = 10^{-4} **T**
Magnet. Feldstärke	Oe	Oersted	1 Oe = $10^{3}/4\pi$ **A/m**
Akustik:			
Schalldruck	µbar	Mikrobar	siehe: Druck
Schallkennimpedanz / Spez. Schallimpedanz	µbar · s/cm (= g/cm² · s)	Rayl	1 µbar · s/cm = 10 **Ns/m³**
Akustische Impedanz	µbar · s/cm³ (= g/cm⁴ · s)	Akust. Ohm	1 µbar · s/cm³ = 10^{5} **Ns/m⁵**

[1] Befristet zugelassene Einheiten

Tafel 13.2. Verhältniszahlen linearer, bzw. quadratischer Größen zueinander für Pegel zwischen 0 und 20 dB, bzw. zwischen 0 und 10 dB.

Pegel in Dezibel für Verhältnisse linearer, bzw. quadrat. Größen zueinander		Verhältniszahlen linearer, bzw. quadrat. Größen zueinander
$20 \lg \frac{y_1}{y_0}$	$10 \lg \frac{Y_1}{Y_0}$	$\frac{y_1}{y_0}$ $\frac{Y_1}{Y_0}$
0,0	0,0	1,000
1,0	0,5	1,122
2,0	1,0	1,259
3,0	1,5	1,413
4,0	2,0	1,585
5,0	2,5	1,778
6,0	3,0	1,995
7,0	3,5	2,239
8,0	4,0	2,512
9,0	4,5	2,818
10,0	5,0	3,162
11,0	5,5	3,548
12,0	6,0	3,981
13,0	6,5	4.467
14,0	7,0	5,012
15,0	7,5	5,623
16,0	8,0	6,310
17,0	8,5	7,079
18,0	9,0	7,943
19,0	9,5	8,913
20,0	10,0	10,000

20 dB entsprechen bei Verhältnissen linearer Größen zueinander dem Faktor 10. Erhöht man den Pegel um weitere 20 dB auf 40 dB, so entspricht das wegen des logarithmischen Zusammenhangs einem Faktor von insgesamt $10 \cdot 10 = 100$. Einem Pegel von z. B. 74 dB entspricht folglich ein Faktor, bzw. eine Verhältniszahl (y_1/y_0) von $10 \cdot 10 \cdot 10 \cdot 5{,}012 = 5012$.

Entsprechendes gilt für Verhältnisse von quadratischen Größen zueinander, nur daß in diesem Falle 10 dB der Verhältniszahl 10 entsprechen.

Fourierintegrale

Ist $x(t)$ ein **nichtperiodischer Vorgang,** so bekommt man in der Frequenzdarstellung ein **kontinuierliches Frequenzspektrum,** das durch folgende Gleichung beschrieben werden kann:

$$x(t) = x_0 + \int_{\omega=0}^{\infty} a(\omega) \cdot \cos \omega t \, d\omega + \int_{\omega=0}^{\infty} b(\omega) \cdot \sin \omega t \, d\omega$$

Die hierbei vorkommenden Integrale heißen **Fourierintegrale.** Der **Gleichanteil** x_0 und die **Spektralfunktionen** $a(\omega)$ und $b(\omega)$ können durch die Beziehungen

$$x_0 = \frac{1}{2} [x(t)_{t=-\infty} + x(t)_{t=+\infty}]$$

$$a(\omega) = \frac{1}{\pi} \int_{-\infty}^{+\infty} x(t) \cdot \cos \omega t \, dt$$

$$b(\omega) = \frac{1}{\pi} \int_{-\infty}^{+\infty} x(t) \cdot \sin \omega t \, dt$$

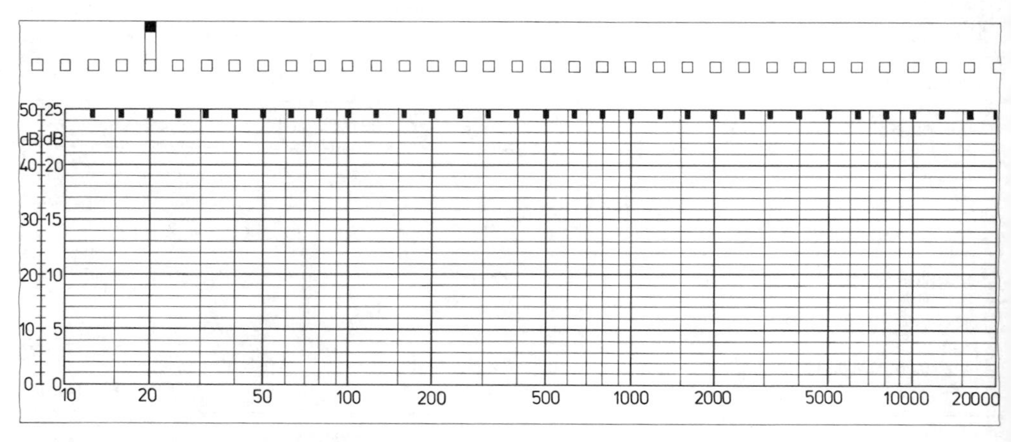

Bild 13.1. Beispiel eines vorgedruckten Registrierstreifens für einen Pegelschreiber

Tafel 13.3. **Dichte ϱ_-, Schallkennimpedanz Z_0 und Schallgeschwindigkeit c für verschiedene Stoffe. Die Werte gelten für die angegebene Bezugstemperatur. Bei Gummi (anisotropisches Material!) kann die Schallgeschwindigkeit sehr unterschiedliche Werte annehmen; Biegewellen z.B. können sich in Gummi mit 50 ... 100 m/s ausbreiten.**

Stoff		$\frac{\vartheta}{°C}$	$\frac{\varrho_-}{kg/m^3}$	$\frac{Z_0}{Ns/m^3}$ $Z_0 = \varrho_- \cdot c$	$\frac{c}{m/s}$ in unbegrenztem Medium	in Stäben $d \ll \lambda$
Feste Stoffe	Aluminium	20	2700	$16,9 \cdot 10^6$	6260	5080
	Blei	20	11400	$24,6 \cdot 10^6$	2160	1200
	Gold	20	19300	$62,6 \cdot 10^6$	3240	2030
	Gummi	20	900	$1,33 \cdot 10^6$	1479	
	Knochen (kompakt)		1700	$6,1 \cdot 10^6$	3588	
	Kupfer	20	8900	$41,8 \cdot 10^6$	4700	3710
	Messing	20	8100	$36,0 \cdot 10^6$	4430	3490
	Muskel		1040	$1,63 \cdot 10^6$	1567	
	Nickel	20	8800	$49,5 \cdot 10^6$	5630	4785
	Silber	20	10500	$37,8 \cdot 10^6$	3600	2640
	Stahl	20	7800	$45,6 \cdot 10^6$	5850	5170
	Zink	20	7100	$29,6 \cdot 10^6$	4170	3810
Flüssigkeiten	Azeton	20	792	$0,95 \cdot 10^6$	1190	
	Äthyläther	20	714	$0,72 \cdot 10^6$	1008	
	Äthylalkohol	20	789	$0,93 \cdot 10^6$	1180	
	Benzol	20	878	$1,16 \cdot 10^6$	1326	
	Methylalkohol	20	792	$0,89 \cdot 10^6$	1123	
	Quecksilber	20	13551	$19,7 \cdot 10^6$	1451	
	Tetrachlorkohlenstoff	20	1595	$1,50 \cdot 10^6$	938	
	Transformatorenöl	20	895	$1,28 \cdot 10^6$	1425	
	Wasser	**10**	**1000**	$\mathbf{1,44 \cdot 10^6}$	**1440**	
Gase	Äthylen	0	1,26	400	317	
	Chlor	0	3,2	660	206	
	Luft	0	1,29	426	331	
	Luft	**20**	**1,189**	**408**	**343**	
	Sauerstoff	0	1,43	452	316	
	Stickstoff	0	1,25	417	334	
	Wasserstoff	0	0,0899	116	1285	

aus der Ausgangsfunktion $x(t)$ errechnet werden. Die Integrationen sind oft nur schwer oder überhaupt nicht ausführbar. In diesen Fällen benutzt man Tafeln, aus denen zu den wichtigsten vorkommenden Zeitfunktionen die dazugehörigen Spektralfunktionen entnommen werden können. –

Ableitung der Gleichung für den Leerlaufübertragungsfaktor eines nach dem Reziprozitätsverfahren zu kalbirierenden Mikrofons (siehe Abschnitt 8.1.3.1.)

Die beim 1. Kalibrierschnitt erhaltenen Mikrofonleerlaufspannungen $\tilde{u}_x$ und $\tilde{u}_{re}$ verhalten sich zueinander wie ihre Leerlaufübertragungsfaktoren B_{lEx} und B_{lEre}:

$$\frac{\tilde{u}_x}{\tilde{u}_{re}} = \frac{B_{lEx}}{B_{lEre}} \quad \text{oder} \quad B_{lEre} = B_{lEx} \cdot \frac{\tilde{u}_{re}}{\tilde{u}_x}$$

Beim 2. Kalibrierschritt erzeugt der jetzt als **Sender** betriebene (Hilfs-)Schallwandler Mi_{re} einen Schalldruck von

$$\tilde{p}'_{re} = B_{lSre} \cdot \tilde{i}'_{re}.$$

An den Klemmen des Mikrofons Mi_x hat der Schalldruck $\tilde{p}'_{re}$ eine Leerlaufspannung von

$$\tilde{u}'_x = B_{lEx} \cdot \tilde{p}'_{re} = B_{lEx} \cdot B_{lSre} \cdot \tilde{i}'_{re}$$

Tafel 13.4. Frequenzen musikalischer Töne.

Musikal. Bezeichnung	Frequenz in Hz	Musikal. Bezeichnung	Frequenz in Hz
C_2	16,35	c^2	523,25
D_2	18,35	d^2	587,33
E_2	20,60	e^2	659,26
F_2	21,83	f^2	698,46
G_2	24,50	g^2	783,99
A_2	27,50	a^2	880,00
H_2	30,87	h^2	987,77
C_1	32,70	c^3	1046,51
D_1	36,71	d^3	1174,67
E_1	41,20	e^3	1318,52
F_1	43,65	f^3	1396,92
G_1	49,00	g^3	1567,99
A_1	55,00	a^3	1760,00
H_1	61,74	h^3	1975,54
C	65,41	c^4	2093,02
D	73,41	d^4	2349,33
E	82,41	e^4	2637,03
F	87,31	f^4	2793,84
G	98,00	g^4	3135,98
A	110,00	a^4	3520,00
H	123,47	h^4	3951,09
c	130,81	c^5	4186,03
d	146,83	d^5	4698,66
e	164,81	e^5	5274,07
f	174,61	f^5	5587,68
g	196,00	g^5	6271,97
a	220,00	a^5	7040,00
h	246,94	h^5	7902,18
c^1	261,63	c^6	8372,06
d^1	293,67	d^6	9397,32
e^1	329,63	e^6	10548,13
f^1	349,23	f^6	11175,36
g^1	392,00	g^6	12543,93
a^1	**440,00**	a^6	14080,00
h^1	493,89	h^6	15804,36

zur Folge. – Unter Zuhilfenahme des **Reziprozitätstheorems** kann man den Stromübertragungsfaktor $B_{i\,\mathrm{Sre}}$ des umkehrbaren Hilfswandlers Mi_{re} durch seinen Leerlaufübertragungsfaktor $B_{l\mathrm{Ere}}$ ausdrücken:

$$B_{i\mathrm{Sre}} = \frac{B_{l\mathrm{Ere}}}{I}, \quad \text{(}I\text{ **Reziprozitätsparameter**)}$$

Damit ist

$$\tilde{u}'_{\mathrm{x}} = B_{l\mathrm{Ex}} \cdot B_{l\mathrm{Ere}} \cdot \frac{1}{I} \cdot \tilde{i}'_{\mathrm{re}}.$$

Setzt man darin für $B_{l\mathrm{Ere}}$ den Ausdruck der ersten Gleichung (ganz oben) ein, so ergibt das

$$\tilde{u}'_{\mathrm{x}} = B_{l\mathrm{Ex}} \cdot B_{l\mathrm{Ex}} \cdot \frac{\tilde{u}_{\mathrm{re}}}{\tilde{u}_{\mathrm{x}}} \cdot \frac{1}{I} \cdot \tilde{i}'_{\mathrm{re}},$$

bzw.

$$B_{l\mathrm{Ex}} = \sqrt{\frac{\tilde{u}'_{\mathrm{x}}}{\tilde{i}'_{\mathrm{re}}} \cdot \frac{\tilde{u}_{\mathrm{x}}}{\tilde{u}_{\mathrm{re}}} \cdot I}.$$

14. Schrifttum

14.1. Bücher

1. Békésy, G. v.: *Experiments in Hearing.* New York/Toronto/London: McGraw-Hill Book Comp., Inc., 1960.
2. Beranek, L.: *Noise and Vibration Control.* New York: McGraw-Hill Book Comp., Inc., 1971.
3. Bergmann, L.: *Der Ultraschall.* Stuttgart: S. Hirzel Verlag, 1954.
4. Bethge, D., Hagen, A., v. Lüpke, A.: *Technische Anleitung zum Schutz gegen Lärm (TA Lärm).* Köln/Berlin/Bonn/München: Carl Heymanns Verlag KG, 1969.
5. Blauert, J.: *Räumliches Hören.* Stuttgart: S. Hirzel Verlag, 1974.
6. Bürck, W.: *Die Schallmeßfibel für die Lärmbekämpfung.* München: Rohde & Schwarz, 1965.
7. Cremer, L.: *Wissenschaftliche Grundlagen der Raumakustik.* Stuttgart: S. Hirzel Verlag, 3 Bände.
8. Cremer, L., Heckl, M.: *Körperschall.* Berlin/Heidelberg/New York: Springer-Verlag, 1967.
9. Feldtkeller, R., Zwicker, E.: *Das Ohr als Nachrichtenempfänger.* Stuttgart: S. Hirzel Verlag, 1967.
10. Fischer, F. A.: *Grundzüge der Elektroakustik.* Berlin: Fachverlag Schiele & Schön, 1950.
11. Hecht, H.: *Die elektroakustischen Wandler.* 5. Auflage. Leipzig: J. A. Barth-Verlag, 1961.
12. Heckl, M., Müller, H. A.: *Taschenbuch der Technischen Akustik.* Berlin/Heidelberg/New York: Springer-Verlag, 1975.
13. Kraak, W., Weissing, H.: *Schallpegelmeßtechnik.* Berlin: Verlag Technik, 1970.
14. Kurtze, G.: *Physik und Technik der Lärmbekämpfung.* Karlsruhe: Verlag G. Braun, 1964.
15. Kuttruff, H.: *Room Acoustics.* London: Applied Science Publishers Ltd., 1973.
16. Langenbeck, B., Lehnhardt, E.: *Lehrbuch der praktischen Audiometrie.* Stuttgart: Georg Thieme Verlag, 1970.
17. Meyer, E., Neumann, E.-G.: *Physikalische und Technische Akustik.* Braunschweig: Friedrich Vieweg & Sohn, 1967.
18. Meyer, E., Guicking, D.: *Schwingungslehre.* Braunschweig: Friedrich Vieweg & Sohn, 1974.
19. Morse, P., Ingard, U.: *Theoretical Acoustics.* New York: McGraw-Hill Book Comp., Inc., 1968.
20. Olsen, H. F.: *Acoustical Engineering.* D. v. Nostrand Comp., Inc.
21. Philippow, E. (Herausgeber): *Taschenbuch der Elektrotechnik.* Berlin: Verlag Technik, 1967, Band 3, Nachrichtentechnik, S. 1371—1494 (Elektroakustik).
22. Plath, P.: *Das Hörorgan und seine Funktion.* Berlin: Carl Marhold Verlagsbuchhandlung, 1969.
23. Rayleigh, J. W. S.: *The Theory of Sound.* New York: Dover Publications, 1945, Vol. I and II.
24. Reichardt, W.: *Grundlagen der Elektroakustik.* Leipzig: Akademische Verlagsgesellschaft Geest & Portig, 1960.
25. Schirmer, W. und Autorenkollektiv: *Lärmbekämpfung.* Berlin: Verlag Tribüne, 1971.
26. Schmidt, K.-O., Brosze, O.: *Fernsprech-Übertragung.* Berlin: Fachverlag Schiele & Schön GmbH, 1967.
27. Skudrzyk, E.: *Die Grundlagen der Akustik.* Wien: Springer-Verlag, 1954.
28. Skudrzyk, E.: *The Foundations of Acoustics.* Wien: Springer-Verlag, 1971.
29. Stenzel, H., Brosze, O.: *Leitfaden zur Berechnung von Schallvorgängen.* Berlin: Springer-Verlag, 1958.
30. Stevens, S. S., Warshofsky, F.: *Schall und Gehör.* Reinbek: Rowohlt-Verlag Life-Bildsachbuch-Serie, Nr. 15, 1970.
31. Trendelenburg, F.: *Einführung in die Akustik.* Berlin/Göttingen/Heidelberg: Springer-Verlag, 1961.

14.2. Zeitschriften und Periodika

32. *Acustica.* S. Hirzel Verlag, Stuttgart
33. *Acoustics Abstracts.* Multi-Science Publishing Comp. Ltd., London
34. *Applied Acoustics.* Applied Science Publishers Ltd., London
35. *Hochfrequenztechnik und Elektroakustik.* Akademische Verlagsgesellschaft Geest & Portig K.-G., Leipzig
36. *Journal of Sound and Vibration.* Academic Press, London and New York
37. *Lärmbekämpfung.* Verlag für Angewandte Wissenschaften GmbH, Baden-Baden
38. *Revue d'Acoustique.* Département Acoustique du CNET, Lannion, (Frankreich)
39. *Soviet Physics Acoustics.* Übersetzung aus: Akusticheskii Zhurnal (АКУСТИЧЕСКИЙ ЖУРНАЛ), herausgegeben vom American Institute of Physics, New York
40. *The Journal of the Acoustical Society of America.* Acoustical Society of America, American Institute of Physics, New York
41. *ULTRASONICS.* Science and Technology Press Ltd., Guildford, (England)
42. *Zeitschrift für Hörgeräte-Akustik.* medianverlag, H.-J. v. Killisch-Horn, Heidelberg

14.3. Normen, Richtlinien und Vorschriften

[43] DIN 1311 Schwingungslehre
[44] DIN 1318 Lautstärkepegel; Begriffsbestimmung, Meßverfahren
[45] DIN 1320 Akustik; Grundbegriffe
[46] DIN 1332 Akustik; Formelzeichen
[47] DIN 4109 Schallschutz im Hochbau
[48] DIN 45401 Normfrequenzen für akustische Messungen
[49] DIN 45403 Messung von nichtlinearen Verzerrungen in der Elektroakustik
[50] DIN 45500 Heimstudio-Technik (Hi-Fi)
[51] DIN 45510 Magnettontechnik; Begriffe
[52] DIN 45538 Schallplatten-Abspielgeräte; Begriffe
[53] DIN 45570 Lautsprecher
[54] DIN 45573 Lautsprecher-Prüfverfahren
[55] DIN 45590 Mikrophone; Begriffe, Formelzeichen, Einheiten
[56] DIN 45591 Mikrophon-Prüfverfahren
[57] DIN 45592 Mikrophon-Kopfhörer-Kombination
[58] DIN 45600 Elektrische Hörhilfen; Messen der akustischen Eigenschaften
[59] DIN 45611 Messung der Schalldämmung von Gehörschützern nach der Hörschwellenmethode
[60] DIN 45620 Audiometer zur Hörschwellenbestimmung
[61] DIN 45621 Wörter für Gehörprüfung mit Sprache
[62] DIN 45630 Grundlagen der Schallmessung
[63] DIN 45631 Berechnung des Lautstärkepegels aus dem Geräuschspektrum; Verfahren nach E. Zwicker
[64] DIN 45633 Präzisionsschallpegelmesser
[65] DIN 45635 Geräuschmessung an Maschinen
[66] DIN 45636 Außengeräuschmessungen an Kraftfahrzeugen
[67] DIN 45641 Ermittlung des äquivalenten Dauerschallpegels für Schallvorgänge mit schwankendem Pegel
[68] DIN 45651 Oktavfilter für elektroakustische Messungen
[69] DIN 45652 Terzfilter für elektroakustische Messungen
[70] DIN 45661 Schwingungsmeßgeräte; Begriffe, Kenngrößen, Störgrößen
[71] DIN 52210 Bauakustische Prüfungen; Messungen zur Bestimmung des Luft- und Trittschallschutzes
[72] DIN 52212 Bauakustische Prüfungen; Bestimmung des Schallabsorptionsgrades im Hallraum

[73] VDI 2058 Beurteilung von Arbeitslärm
[74] VDI 2560 Persönlicher Schallschutz
[75] VDI 2571 Schallabstrahlung von Industriebauten
[76] VDI 2711 Schallschutz durch Kapselung
[77] ISO R 507 Verfahren zur Bestimmung von Fluggeräuschen in der Umgebung von Flugplätzen
[78] Unfallverhütungsvorschrift, Abschnitt 13, „Lärm" (VBG 121)

Sachwortverzeichnis

THEMA MASCHINENBAU

Strömungsmaschinen leicht verständlich!

Bohl, Willi
Strömungsmaschinen 1
Aufbau und Wirkungsweise
Kamprath-Reihe
330 Seiten, 368 Bilder, 2farbig

Einleitung, Hauptbetriebsdaten von Strömungsmaschinen, Energieumsetzung im Laufrad, Modellgesetze und Kennzahlen, Kavitation, Überschallgrenze, Wasserturbinen, Dampfturbinen, Gasturbinen, Kreiselpumpen, Ventilatoren, Gebläse, Turboverdichter, hydrodynamische Kupplungen und Wandler, Betriebsverhalten.

Bohl, Willi
Strömungsmaschinen 2
Berechnung und Konstruktion
Kamprath-Reihe
288 Seiten, 300 Bilder, 2farbig

Teil A: Strömungstechnische Auslegung und Berechnung der Bauteile (Laufräder, Schaufelgitter, weitere Bauteile) –
Teil B: Festigkeitsberechnung und Konstruktion der Bauteile (rotierende Teile, Gehäuseteile, Lager, Kupplungen, Fundamente).

Vogel Buchverlag
97064 Würzburg
Tel. (09 31) 4 18-24 19, Fax -26 60

Das praxisorientierte Fachwissen

G

H

I

K

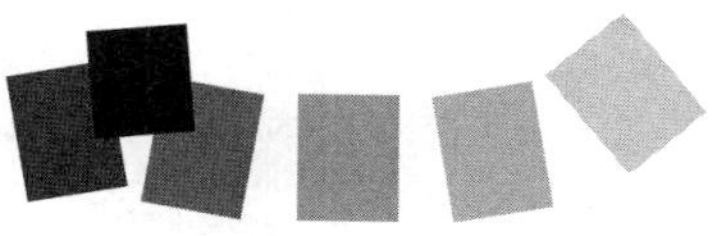

[Fachwissen griffbereit]

Praxisorientierte Fachbücher und Lernprogramme auf CD-ROM in den Bereichen

- **Elektrotechnik/Elektronik**
- **Kraftfahrzeugtechnik**
- **Maschinenbau**
- **Umwelttechnik**
- **Verfahrenstechnik**
- **Management**

für die Berufswelt von
heute und morgen

VOGEL

Fordern Sie den Katalog "Fachwissen griffbereit" an!

Vogel Buchverlag, 97064 Würzburg, Tel. 0931/418-2419, Fax 0931/418-2660
http://www.vogel-medien.de/buch, E-mail: buch@vogel-medien.de

01179-048

S

T

U

V

W

Z